现代食品深加工技术丛书
“十三五”国家重点出版物出版规划项目

水产发酵调味品加工技术

解万翠　主编

科 学 出 版 社
北　京

内 容 简 介

本书系统介绍了国内外传统水产发酵调味品的加工工艺、风味特色、技术要点、设备，以及检测分析方法、行业标准。内容涉及水产原料学、水产品加工技术、水产品发酵技术、水产品风味化学、水产食品安全学、水产发酵食品加工设备、水产调味品质量标准，以及现代仪器检测和感官分析技术等。本书拓展了现代水产发酵调味品新产品，汇总了近年来水产发酵调味品的最新研究成果。

本书可以作为食品科学与工程、水产品加工及发酵工程等相关专业高校教材或相关加工企业技术人员的培训教材，也可供相关科研院所的科研人员参考。

图书在版编目（CIP）数据

水产发酵调味品加工技术/解万翠主编. —北京：科学出版社，2019.3
（现代食品深加工技术丛书）
“十三五”国家重点出版物出版规划项目
ISBN 978-7-03-060871-0
Ⅰ. ①水… Ⅱ. ①解… Ⅲ. ①水产品-调味品-食品加工 Ⅳ. ①TS264
中国版本图书馆 CIP 数据核字（2019）第 049101 号

责任编辑：贾 超 侯亚薇 / 责任校对：杜子昂
责任印制：吴兆东 / 封面设计：东方人华

科 学 出 版 社 出版
北京东黄城根北街 16 号
邮政编码：100717
http://www.sciencep.com
北京虎彩文化传播有限公司 印刷
科学出版社发行 各地新华书店经销
*
2019 年 3 月第 一 版 开本：720 × 1000 B5
2019 年 3 月第一次印刷 印张：14 1/4
字数：270 000

定价：98.00 元

（如有印装质量问题，我社负责调换）

本书编委会

主　　编： 解万翠

副 主 编： 杨锡洪　宋　琳

编　　委（以姓名汉语拼音为序）：

车红霞　青岛科技大学

李银平　青岛科技大学

李钰金　荣成泰祥食品股份有限公司

史振平　青岛科技大学

宋　琳　青岛科技大学

解万翠　青岛科技大学

杨锡洪　青岛科技大学

张俊逸　青岛信和源生物科技有限公司

赵宏伟　青岛科技大学

丛 书 序

食品加工是指直接以农、林、牧、渔业产品为原料进行的谷物磨制、食用油提取、制糖、屠宰及肉类加工、水产品加工、蔬菜加工、水果加工、坚果加工等。食品深加工其实就是食品原料进一步加工，改变了食材的初始状态，例如，把肉做成罐头等。现在我国有机农业尚处于初级阶段，产品单调、初级产品多；而在发达国家，80%都是加工产品和精深加工产品。所以，这也是未来一个很好的发展方向。随着人民生活水平的提高、科学技术的不断进步，功能性的深加工食品将成为我国居民消费的热点，其需求量大、市场前景广阔。

改革开放30多年来，我国食品产业总产值以年均10%以上的递增速度持续快速发展，已经成为国民经济中十分重要的独立产业体系，成为集农业、制造业、现代物流服务业于一体的增长最快、最具活力的国民经济支柱产业，成为我国国民经济发展极具潜力的、新的经济增长点。2012年，我国规模以上食品工业企业33692家，占同期全部工业企业的10.1%，食品工业总产值达到8.96万亿元，同比增长21.7%，占工业总产值的9.8%。预计2020年食品工业总产值将突破15万亿元。随着社会经济的发展，食品产业在保持持续上扬势头的同时，仍将有很大的发展潜力。

民以食为天。食品产业是关系到国民营养与健康的民生产业。随着国民经济的发展和人民生活水平的提高，人民对食品工业提出了更高的要求，食品加工的范围和深度不断扩展，所利用的科学技术也越来越先进。现代食品已朝着方便、营养、健康、美味、实惠的方向发展，传统食品现代化、普通食品功能化是食品工业发展的大趋势。新型食品产业又是高技术产业。近些年，具有高技术、高附加值特点的食品精深加工发展尤为迅猛。国内食品加工中小企业多、技术相对落后，导致产品在市场上的竞争力弱。有鉴于此，我们组织国内外食品加工领域的专家、教授，编著了“现代食品深加工技术丛书”。

本套丛书由多部专著组成。不仅包括传统的肉品深加工、稻谷深加工、水产品深加工、禽蛋深加工、乳品深加工、水果深加工、蔬菜深加工，还包含了新型食材及其副产品的深加工、功能性成分的分离提取，以及现代食品综合加工利用新技术等。

各部专著的作者由工作在食品加工、研究开发第一线的专家担任。所有作者都根据市场的需求，详细论述食品工程中最前沿的相关技术与理念。不求面面俱到，但求精深、透彻，将国际上前沿、先进的理论与技术实践呈现给读者，同时还附有便于读者进一步查阅信息的参考文献。每一部对于大学、科研机构的学生或研究者来说，都是重要的参考。希望能拓宽食品加工领域科研人员和企业技术人员的思路，推进食品技术创新和产品质量提升，提高我国食品的市场竞争力。

中国工程院院士

孙宝国

2014 年 3 月

序

中国经济的快速发展，饮食消费水平的提高，为调味品生产行业带来巨大的市场空间和发展机遇。海洋中蕴藏着丰富的水产食品资源，海鲜调味料以其滋味鲜美、营养丰富等特点已成为饮食调味增鲜的主要调味品。水产发酵调味品是食品科学中水产品加工的重要产品，行业发展迅猛，在人们饮食生活中起到越来越重要的作用。

本书基于水产发酵调味品，探讨相关交叉学科的理论及产业化应用，以调味品加工方式为线索，叙述了基本工艺、基本配方、新技术和研究进展；从水产原料学、食品微生物学、食品发酵、食品化学、食品工艺学、食品分析及标准法规等方面建立完整、健全的知识体系；明确了水产发酵调味品相关概念的内涵和外延，避免了相似、相近概念的混淆与困扰；系统介绍了经典水产发酵调味品从传统工艺到新技术、新设备的发展；重点介绍了新产品的开发及发展趋势。

本书具备三个特色：新颖、系统、实用。新颖是指全书以水产发酵调味品为主要内容，介绍了新工艺、新技术、新设备、新进展；系统是指全书从原料、工艺、检测、安全、法规等方面，建立了系统的科学理论；实用是指本书既可以作为海洋、水产类高校的本科生、研究生教材和参考书，又可以供科研院所、管理部门及行业科技人员借鉴。

2019 年 3 月

前　言

传统水产发酵调味品以海洋资源(鱼、虾、贝、藻及其副产物等)为原料，利用自身的酶或微生物经过一定的周期自然发酵而成，既能给消费者提供丰富的营养物质，又可以赋予食品独特的海鲜风味，因而深受人们的喜爱。自饮食文化形成时起，水产发酵调味品作为调味品的重要分支，在调味品大类中就占有一席之地，具有重要的地位和作用。

本书第一章对水产调味品的概念、分类等进行综述；第二章和第三章对发酵微生物及原料进行介绍；第四至第七章分类介绍了鱼、虾、贝、藻四大类主要水产发酵调味品的风味和工艺等；第八章介绍了水产发酵调味品的安全性；第九章介绍了水产发酵调味品分析检测及评价技术，主要对水产风味的感官评价、仪器分析和风味指纹分析等技术进行详述，并对最新研究进展和未来发展趋势进行总结与展望。

参加本书编写的人员均为青岛科技大学海洋科学与生物工程学院从事海洋食品加工和海洋生物资源利用相关教学及科研的老师，全书由解万翠统稿。第一章由解万翠编写；第二章、第三章由史振平、赵宏伟编写；第四章、第五章由杨锡洪、宋琳编写；第六章由李银平编写；第七章由车红霞编写；第八章由解万翠编写；第九章由杨锡洪、解万翠编写；李钰金、张俊逸对各章涉及的产业化技术进行了探讨；同时，研究生尹超、赵誉焜、辛荣玉、吴晓菲、许志颖、李敏、张景禹、李明爽等参与了部分文献的整理工作。在本书的编写过程中，大家结合教学及科研经验，查阅大量文献，全力协作、多次修订，在此一并感谢。

希望通过本书与国内外相关领域的专家共同切磋、共同进步；同时，书稿在撰写过程中难免有疏漏和不足之处，恳请各位读者和专家批评指正，我们会不断修正，以利再版。

解万翠

2019 年 3 月

目　录

第一章　水产调味品概述

第一节　引　　言

食品工业是一个古老而又永恒的常青产业。在中国，随着经济和人民生活水平的不断提高，居民人均食品购买能力及支出逐年提高，食品消费的需求量快速增大，与此同时，消费者对食品的感官及营养品质也提出了更高的要求，从而促使食品制造业生产水平快速提高，产业结构不断优化，产品种类更加丰富。赋予食物良好的感官品质，调味品的使用必不可少。调味品是指能改善加工食品的色、香、味等品质，满足消费者的感官需要，有益于人体健康的辅助食品，主要包括咸味剂、酸味剂、甜味剂、鲜味剂和辛香剂等。根据国家统计局制定的《国民经济行业分类》(GB/T 4754—2017)，调味品行业被归入制造业(代码 C14)下的“调味品、发酵制品制造”业(代码 C146)。进入 21 世纪以来，中国调味品产业进入了高速发展阶段，尤其是近几年，每年的产值增长速度均达到两位数，总产值已超过 3000 亿元。而据不完全统计，全球每年调味品营业额高达 2400 亿美元，中国调味品市场占比约为世界调味品市场总额的 20%，由此可见，与世界调味品行业规模相比，中国调味品市场存在着巨大的发展潜力。

中国调味品的生产及食用具有悠久的历史。古时候，人类在酿酒时，由于当时发酵技术水平有限，偶尔酒味会变酸，人们发现变酸的酒味道也不错，可以用于调味，称为“苦酒”，这就是醋的由来。西周时，我们的祖先学会用麦芽和谷物制作饴糖，这是世界上最早的人工甜味剂。另外，当时人们还学会用鱼肉加盐和酒发酵制成各种美味的调味酱。进入现代社会，随着人们饮食结构的改变和食品工业的发展，调味品的种类越来越多，品质及其营养价值不断提高，调味品产业步入繁荣，市场竞争日趋激烈。调味品行业的产业链与食品制造产业链类似，上游主要以大豆、玉米、小麦等粮食为主要原材料，经发酵、干晒、酿造等工艺进行制作；中游主要包括味精、酱油、食醋等各类调味品；下游按照消费终端不同包括餐饮业、食品加工和家庭消费，因此，调味品行业的竞争来源于上游原料、下游替代品、同行企业之间的综合因素。

调味品，也称调味料，前者主要强调其商品属性，而后者主要指其功能性，主流产品是发酵调味品，伴随着调味品产业的发展壮大、循环利用、节能减排和废物再利用等，兼顾安全、卫生、营养和健康的发酵调味品成为新时期的发展方向。

第二节　水产调味品的起源及发展趋势

全球调味品行业普遍具有品类繁多、生产量大、效益可观等特点，尤其是日本和东南亚国家，调味品工业发展很快，日本的复合调味品产量已达到年产千万吨，远多于我国。随着食品工业的进步，最近几年，我国的调味品工业也得到了较快发展，同时依靠科研保障，调味品质量得到保证，种类和规模也飞速增长。

我国水产品资源丰富，营养价值高，富含牛磺酸、活性肽、维生素及矿物质等多种对人体有益的物质，且具有独特风味的肌苷酸钠、鸟苷酸钠、谷氨酸钠、琥珀酸钠等呈鲜物质。从调味品发展进程可知，第四代复合天然系调味品已开始充分利用水产品资源生产中高级水产调味料。随着科技水平的增强，水产调味品的发展一直延续至高度加工的天然调味料时代，因而研制新型天然水产调味品成为当今水产品开发的热点，为水产品的高效应用提供新途径的同时，也开阔了水产品的应用前景和增加了其市场价值。

一、水产调味品的起源

水产调味品也称海鲜调味品，自中国饮食文化形成时起，就在调味品大类中占有一席之地，具有重要的地位和作用。早在北魏时期的《齐民要术》一书中，鱼酱油这一海鲜调味品就有详细记载，后来其工艺传至日本及东南亚国家，成为这些国家重要的调味品。

由于人们对生活品质的重视，餐桌上的食物逐渐由以陆地生物为主发展到以海洋生物为主。海洋生物如鱼、虾、贝等含有更高含量且更易吸收的蛋白质成分、更全面的氨基酸组成、更多更全的微量元素等。同时，越来越多的水产品及其加工下脚料被作为酶解原料，包括虾类、贝类及其蒸煮液，以及一些水产罐头产品的下脚料等。水解后，蛋白质利用率提高，水解得到的短肽也更易被人体吸收，水解氨基酸包括大多数人体必需氨基酸，同时由于分解出了呈鲜味氨基酸，产品味道更加鲜美，更受消费者欢迎。中国海洋资源非常丰富，而水产品加工是食品工业中较为薄弱的环节。所以，对水产资源进行充分利用，开发研制新型的天然水产调味品，有利于实现水产品的综合利用。

二、水产调味品的发展趋势

日本科学家按照调味品出现和发展的情况，将调味品开发进程分为六个时期。第一时期为基本调味品时代，第二时期为使用谷氨酸钠时代，第三时期为复合化学调味品时代，第四时期为复合天然系调味品时代，第五时期为天然系调味品为主时代，第六时期为高度加工的天然系调味品时代。而水产调味品属于在第四时期开始出现的中高级调味品。用于制造水产调味品的原料来源非常丰富，包括水产鱼贝类、甲壳类、海藻类生物及其蒸煮液或下脚料。我国海域辽阔，水产资源丰富，淡水鱼、低值海水鱼以及贝、藻类等水产品约占水产品总产量的60%，对该类资源的加工目前仍是水产品加工的薄弱环节。若能充分利用这些现有资源，开发新型调味品，则为低值水产品深加工提供了一条新途径。据资料介绍，日本年产天然调味品达1000万吨，是全球主要调味品的产地。新加坡在2002年水产调味品的消费总额超过100亿元人民币。在东南亚地区，传统味精于10年前已基本退出市场，目前主流调味品也是天然水产调味品。

水产调味品是以水产品为原料，采用抽出、分解、加热、浓缩、干燥及造粒等手段来制造的调味品。天然水产调味品，因含有丰富的氨基酸、多肽、糖、有机酸、核苷酸等营养成分和牛磺酸等保健成分，而越来越受到人们的青睐。

低值鱼贝含有丰富的蛋白质和氨基酸等营养物质，如面条鱼、沙丁鱼、黄姑鱼、金钱鱼等，出肉率只有35%，加工下脚料约为65%，造成大量蛋白质资源的浪费。早在100多年前，人们就开始对鱼类水解蛋白质进行研究，并逐渐将蛋白质水解物作为调味剂添加到食品中。水产调味品含有多种营养成分，还有许多有益于人体健康的活性物质，如牛磺酸、活性肽和维生素等，加上其浓郁的水产风味，备受市场青睐。近年来，随着我国水产品深加工业的迅速发展，鱼类加工工艺与理论的研究也逐步深入。因地制宜、就地取材、综合利用，拓宽酱油生产蛋白质类原料的来源，逐渐成为酱油生产的一个发展趋势。近年来，日本十分重视传统的水产调味品，如鱼露、蚝油、扇贝酱、南极磷虾酱、蚝酱等，尤其重视其丰富的呈味性，并展开了一系列的研究和开发。但是，目前市面上流通的水产调味品多数采用人工调配，产品的主要特征香气单一，且通常不耐高温；并且，国内天然水产调味品生产技术的产业化技术和研究成果都还不够成熟，因此研发天然水产调味品的制备技术具有广泛的应用前景和市场价值。

随着人们对生活品质、健康生活和天然美味的重视，水产调味品将朝着多元化、保健化、营养化、礼品高档化及方便化发展。新的加工技术也逐渐应用于新水产调味品的研发和加工中，如生物酶技术，该技术不仅不会产生其他水解技术易产生的有害物质氯丙醇，且能定向产生一些风味的前驱体。此外，真空浓缩干燥、微胶囊技术、无菌包装等也应用于水产调味品的生产，在不改变产品风味的前提下，使之易储存、运输。分子蒸馏技术、超临界萃取技术对提取呈香物质、避免溶剂污染有重要作用。随着加工技术的成熟和各类质量标准规范的完善，未来水产调味品市场将快速增长，水产调味品将更受消费者的欢迎，成为餐桌上不可缺少的佐餐佳品。因此，水产调味品将有非常广阔的市场前景，相关研究和开发将具有重要的现实意义。

第三节　水产调味品的概念和分类

水产调味品包括传统水产调味品和新型调味品，常见的蚝油、虾酱、鱼露、虾油等属于传统水产调味品，而新型调味品则是指利用现代生物或化学手段开发的调味品，如黑虾油、鱼酱油、虾味素等。传统水产调味品多为发酵型水产调味品，常利用盐渍防腐，并借助机体自溶酶及微生物酶的分解作用，使水产品经长时间的自然发酵，变为具有独特风味的酱、汁类制品；或使用曲、糠、酒糟及其他调味品与食盐配合盐渍水产品，借助食盐及醇类和有机酸类成分的抑菌作用增强储藏性，并利用其有益微生物的发酵作用，熟化后变为风味浓郁的调味制品。

根据水产调味品加工方法的不同，可将其分为分解型、抽提型和反应型。

一、分解型水产调味品

分解型水产调味品是指利用富含蛋白质的水产原料，通过加酸、加酶或者利用原料自身所含酶类及微生物的作用，将原料组织分解，形成含有氨基酸、多肽、有机酸、生物碱等营养成分及风味成分的调味液，再通过调配、浓缩或造粒而成的一类天然水产调味品。通常根据所采用的分解方法的不同，将分解型水产调味品分为发酵型、酸法水解型和酶法水解型三种。

（一）发酵型水产调味品

天然水产组织富含多种蛋白酶，包括组织蛋白酶、消化器中的消化蛋白酶和体内微生物蛋白酶。发酵型水产调味品就是通过控制发酵条件，利用水产品自身所含的蛋白酶以及微生物的作用，将水产组织蛋白分解成氨基酸和肽类而制得的一类调味品。

1. 酱油

鱿鱼内脏含有 19%的蛋白质，采用自身酶解发酵法，可作为制造酱油的原料。西班牙和日本都有鱿鱼酱油的生产和销售。此外，还能以蚝为原料加工蚝油，目前蚝油已经在市场逐步推广。

鱼酱油具有色、香、味一体，五味调和的特色。研究发现，低值水产品的提取物含有多种无机物，还有锌、铜、锰、碘等在营养上必需的微量元素及维生素A、维生素 D 等多种生理活性物质，具有抗肿瘤、抗病毒、抗衰老等多种生理功能。另外，鱼酱油中的氨基酸总量高于普通酱油，是营养丰富的调味品。

2. 鱼露

鱼露是以经济价值较低的鱼及水产品加工的下脚料为原料，利用鱼体自身含有的酶及微生物产生的酶类，在一定的条件下发酵制得的调味品。鱼露营养丰富、风味独特，含有人体所必需的各种氨基酸，特别是含有丰富的赖氨酸和谷氨酸，还含有有机酸等营养成分和钙、铁等营养元素，最近又发现鱼露中含有生物活性肽。

鱼露发酵方法可分为天然发酵法和快速发酵法。天然发酵法一般要经过高盐盐渍和发酵，其生产周期长，产品的含盐量高，味道鲜美，气味是氨味、干酪味和肉味的混合味。传统方法与现代方法相结合的快速发酵法，又称速酿技术。通过保温、加曲和加酶等手段，既可以缩短鱼露的生产周期，降低产品盐含量，又可减少产品的腥臭味，但是要求严格控制工艺条件，否则会影响产品的风味。

3. 鱼酱

传统鱼酱大部分是发酵产品，含盐量为25%。鱼体处理后加入盐(鱼肉质量与用盐质量比为3∶1)，放入发酵器进行发酵加工制得传统鱼酱。1991年，有人发现，鱼肉质量与用盐质量之比为4∶1时，生产的鱼酱品质较好，如果再加入米曲，可以加速鱼酱在低盐含量下的发酵。杨华等以龙头鱼为原料，经脱腥、采肉、鱼肉粉碎、复配食品添加剂等过程，开发美味的鱼肉酱制品。同时利用鱼骨本身的钙元素，强化产品的钙含量，提高了低值鱼深加工制品的附加值。

(二)酸法水解型水产调味品

鱼贝类等动物蛋白作原料，经加酸水解制得的产品称为水产品水解动物蛋白。调味品的生产一般采用盐酸水解法，通常是在原料蛋白中添加稀盐酸溶液，在100～120℃加热10～24h进行水解，然后将水解物冷却，用Na_2CO_3或NaOH中和至pH 4.0～6.0，再除去固体物质，调配，浓缩或干燥后，得到产品。

酸法水解由于速度快，成本低，适宜工业化生产。但是酸法水解也存在一定的弊端，由于水解条件剧烈，在水解过程中有大量营养成分分解、损失，而且水解程度难以控制。

(三)酶法水解型水产调味品

酶法水解型水产调味品是以天然水产品为原料，利用外加蛋白酶，通过合理的蛋白酶配比及用量、合适的水解条件及准确的水解度控制进行酶解，酶解物经过调配、真空浓缩或者喷雾干燥得到产品。酶法水解具有水解条件温和、专一性强、产品纯度高且易于控制水解进程等优点，逐渐受到重视，在水解动物蛋白的生产中得到广泛的应用。酶法水解得到的产品滋味、口感浓厚，在开发水产调味品中应用广泛。

余杰和陈美珍研究优化酶法水解龙头鱼的工艺，通过正交试验确定了以水解龙头鱼蛋白为基料制备水产调味品的配方。此外，单一蛋白酶的水解能力有限，因此可采用双酶法水解技术制作水产调味品。例如，通过添加中性蛋白酶和胃蛋白酶两种外源酶来水解翡翠贻贝贝肉蛋白的方法，获得较好的水解效果，最终水解率达到82%。

二、抽提型水产调味品

抽提型水产调味品是以天然的鱼、虾、蟹等为原料，经过抽提、分离、混合、浓缩或干燥等工序生产的一类味感鲜美浓郁、风味特征性强的天然浸出物。其因含有天然原料的全部水溶性成分，且味道自然，无化学调味品的异味，可有利于强化和突出食品的特征风味。这类产品调味作用的核心是赋香、强化、改善味道等功能。常见的抽提型水产调味品有：采用乙醇提取法经浓缩干燥制备的对虾调味品；以对虾为原料，通过水浸提法经浓缩干燥制备的虾精粉。已有研究报道了鲍鱼天然水抽提物的制备工艺条件，通过试验，在9倍加水量、3%加盐量及pH 6.8、100℃条件下先抽提，再通过蛋白酶水解和脱苦，可得到风味良好而且得率很高的鲍鱼天然抽提物。

三、反应型水产调味品

反应型水产调味品是以水产原料为基料，采用氨基酸与糖类之间的美拉德反应制备天然肉味香料，再通过调配而得的一类水产调味品。目前关于美拉德反应制备肉味香精的研究主要集中在牛肉、鸡肉、猪肉等风味体系方面，也有利用虾酶解液结合美拉德反应研制的虾味香精。

第四节　水产调味品的风味及营养功能特色

水产调味品以天然海产品为原料，具有天然的独特鲜味，直接体现了原料原有的风味特色，鲜香美味、口味醇厚、四季皆宜，其独特的风味远远超越了普通烹调方式得到的风味，因此水产调味品常用于各类食品中，如烘烤食物、肉制品、鱼糜制品、膨化食品以及其他调味品，有增色、增香的作用。尤其是对于现代快餐中常见的鸡肉棒、烤鸡等肉制品，以及鱼丸、鱼排等鱼糜制品而言，水产调味品发挥了重要的作用。

近年来，人们对营养、健康有了更高的追求，水产调味品由于含有氨基酸、牛磺酸等活性物质，除了具有增强风味的效果外，还有一定的营养及预防保健作用，因此人们更倾向于选择它作为调味品。水产调味品具有丰富的营养价值，以酶解产物为基料，含有氨基酸、核酸、多肽及有机酸等多种人体有益成分，水解后的产物更易被吸收，大大增加了机体对这些营养成分的有效利用率。同时短肽也具有一定的活性功能，除了提供生长发育所需的营养素，兼有预防疾病、治疗疾病、抗氧化、抗衰老、调节生理机能的效果。此外，天然的水产调味品还含有牛磺酸、微量元素、维生素等成分，使该类调味品也有特定的保健功能。

调味品的主要功能是调味，因此呈味作用在一定程度上决定了产品是否受欢迎。虽然各类水产调味品在选用原料、呈味成分构成等方面有所不同，但是同以粮食为原料制成的酱、酱油等相比，其特点仍然显著。水产调味品中鲜味和咸味是呈味的主要部分。一般来说，水产调味品中的鲜味成分主要由谷氨酸钠、肌苷酸钠、鸟苷酸钠及琥珀酸钠等构成，还有水解蛋白得到的鲜味氨基酸，如L-羟脯氨酸等，其中谷氨酸钠是其鲜味的主要来源。除此之外，丙氨酸、甘氨酸、甜菜碱等成分也有增效作用。呈味成分间还有协同作用，如肌苷酸钠、鸟苷酸钠及谷氨酸钠配合时，会放大鲜味效果。天然水产调味品的风味由核心呈鲜物质与其他呈味物质一起构成，当然鲜美浓郁的香味和口感是天然水产调味品独有的，但是仅靠这些简单的风味成分累加无法达到，因此水产品的发酵或酶解得到的复杂呈味成分共同协调构成了水产调味品的特有鲜香风味。

一、风味特色

天然水产调味品以水产鱼、虾、蟹、贝、海带等为主产原料，它们本身含有丰富的鲜味成分，如谷氨酸、琥珀酸、核苷酸、多肽等，因此水产调味品都具有或浓或淡的鲜美滋味，不管是鱼鲜味、虾鲜味，还是蟹、贝类的特有水产鲜味，风味独特、诱人，浓郁的水产风味能明显促进唾液分泌，增强食欲。水产品历来深受消费者的喜爱，天然水产调味品是一种比较理想的调味品，适合烹调多种美味佳肴，也必然会受到越来越多的人的喜爱。

研究表明，水产调味品中常见的呈味物质是谷氨酸、次黄嘌呤、核苷酸、鸟苷酸、琥珀酸等。除此之外，甘氨酸、丙氨酸等甜味氨基酸以及挥发性成分也给水产调味品带来了丰富多彩的风味。

1. 海鲜酱

海鲜酱的风味成分主要来源有以下四方面：一是由原料成分分解产生；二是由米曲霉代谢生成；三是由耐盐酵母和乳酸菌的代谢生成；四是酱在成熟过程中发生化学反应生成。酱品的香味为酯香、酱香、肉香、花香、醇香及水果香等，以酱香和酯香为主。酱香主要是呋喃化合物和酚类的气味；酯香主要是一些易挥发性物质的气味，包括醇、酯、醛、酸、酮等。一些有特色的复杂香气成分不仅与原料有关，还与酱类产品不同于其他酿造产品的独特生产方法有关。

2. 虾汁

虾汁系列调味品采用生物工程中的酶解技术、美拉德反应技术和独特的干燥技术生产，有别于传统的水产干燥物经简单粉碎混合工艺制备的产品，是将氨基酸溶液和还原性淀粉糖浆混合进行美拉德反应获得海鲜调味品香基，然后将不同的调味辅料与海鲜调味品香基一起进行调配、优化试验，研制出的天然的、富含营养物质的、具鲜虾风味的新型水产调味品；它富含谷氨酸、甘氨酸、丙氨酸、天冬氨酸、核苷酸类、癸二烯三醇、二甲基硫醚、糠基硫醇等海鲜呈味物质，既保留了水解液中的呈味物质，又增加了虾的特殊风味，是新一代的调味品。

3. 鱼露

鱼露挥发性风味组成相当复杂，多数研究认为鱼露风味由氨味、肉味和干酪味组成。其中，氨和多种胺类物质等导致氨味的产生，而相对分子质量低的挥发性脂肪酸，特别是甲酸、乙酸、丙酸、正丁酸、正戊酸、异戊酸产生干酪风味。肉类风味形成原因较为复杂，风味化合物种类繁多，如含硫化合物通常是特征性风味成分。鱼露某些挥发性风味前体物质与鱼类的挥发性风味前体物质相似，都是氨基酸或者脂肪在微生物和酶的复杂降解与相互影响的过程中形成的各种挥发性化合物。江津津等根据各化合物气味特性、含量和阈值等指标，将3-甲硫基丙醛、2-甲基三硫、2-甲基二硫、丁酸、乙酸、3-甲基丁酸、2-甲基丁酸、2-甲基丙醛、3-甲基丁醛、2-甲基丁醛、三甲胺以及苯甲醛十二种化合物确定为潮汕鱼露特征挥发性化合物。这些化合物相互协同与制约，共同构成潮汕鱼露独特浓郁的气味。鱼露可用于汤类、鱼贝类、畜肉、蔬菜等菜肴的调味，也可用作烤肉、烤鱼串、烤鸡的调味品，适用于煎、炒、蒸、炖等多种烹饪，尤宜调拌或作蘸料，也可兑制鲜汤和用作煮面条的汤料，民间还常用其腌制鸡肉、鸭肉、猪肉。除潮汕地区外，我国的东部及东南沿海地区，如辽宁、天津、山东、江苏、广东、广西等，均有鱼露的生产厂家。由于滋味鲜美，鱼露在餐饮业和食品加工业中使用得越来越广泛，常用于对加工食品进行调味或者直接作为其他海鲜调味品的加工辅料。

4. 紫贻贝调味品

紫贻贝调味品经固相微萃取-气相色谱-质谱分析共检测出 44 种挥发性化合物，其中，醛类 8 种，占总挥发性物质的 41.18%；酸类 8 种，占总挥发性物质的 18.80%；酮类 5 种，占总挥发性物质的 2.34%；醇类 5 种，占总挥发性物质的 0.84%；酯类 4 种，占总挥发性物质的 9.16%；胺类 3 种，占总挥发性物质的 9.33%；呋喃类 3 种，占总挥发性物质的 1.14%；硫化物 2 种，占总挥发性物质的 4.68%；烷烃类 3 种，占总挥发性物质的 12.26%；其他杂环挥发性化合物 3 种，占总挥发性物质的 0.24%。

醛类阈值比较低，很低浓度即可对食品风味产生显著影响。醛类化合物中苯甲醛贡献令人愉快的坚果香、杏仁香和草香，呋喃甲醛具有烤肉的香味，2,4-壬二烯醛贡献酯香、花香，3-甲硫基丙醛对海鲜风味有贡献作用。二甲基二硫醚和二甲基三硫醚等含硫化合物普遍存在于蟹肉、虾、牡蛎等热加工的水产品中，并因其阈值很低，能影响反应产物的整体芳香性，具有坚果香、蔬菜香、烤肉香、清香、肉香的风味。呋喃类物质是一类非常典型的风味物质，大多具有极低的香气阈值以及很强的肉香味，主要是糖分解和美拉德反应的生成物。另外，检测到的酸类物质含量较高，但是，绝大部分酸类化合物因阈值高对风味的影响作用极低。酮类和醇类化合物的含量虽然比较低，但都是水产风味基料的重要挥发性风味物质。这些风味成分相互作用，共同构成了紫贻贝调味品浓郁的香气。

二、营养功能特色

天然水产鲜味调味品不但风味独特，而且营养十分丰富，它们含有较高含量的蛋白质，还有脂肪、碳水化合物，并含多种维生素及矿物质。其中蛋白质为完全蛋白质，氨基酸种类齐全，比例合适。另外，水产调味品含有丰富的对人体健康有益的生理活性物质(如牛磺酸)及多种微量元素，具有特殊的保健营养功能。

从科学角度分析，水产调味品是营养丰富的调味品，含有 18 种氨基酸，其中有 8 种人体必需氨基酸，还含有氨基乙磺酸、丙酮酸、富马酸、琥珀酸、醇、酯等有机成分，此外还含有人体新陈代谢所必需的微量元素，如铜、锌、铬、碘、硒等，具有预防心血管疾病、保护视力、预防癌症、健脑等功效。另外，水产调味品中的氨基酸总量是普通酱油的 2～3 倍，磷等元素的含量是普通酱油的 8 倍，并富含牛磺酸、维生素等营养成分。牛磺酸是鱼露的特有成分，鱼露还含有有机酸，如丙酮酸、富马酸等。表 1-1 为鱼露营养成分列表，鱼露的蛋白质含量高，是东南亚一些国家和地区人们主要的膳食蛋白来源。

表 1-1　鱼露的营养成分列表(每 100g 中的含量)

成分名称	含量	成分名称	含量	成分名称	含量
碳水化合物	0g	蛋白质	11.2g	脂肪	0.2g
灰分	23.3g	膳食纤维	0mg	胆固醇	0mg
视黄醇	0μg	维生素 A	0μg	胡萝卜素	0μg
烟酸	1.8mg	硫胺素	0mg	核黄素	0.13mg
钙	24mg	维生素 C	0mg	维生素 E	0mg
钠	9350mg	磷	0mg	钾	199mg
锌	0.3mg	镁	0mg	铁	3mg
锰	0.09mg	硒	6mg	铜	0.08mg

李春萍等对臭鳜鱼发酵中营养成分的变化进行研究，分析发现从新鲜到发酵第10d的过程中，粗脂肪和粗蛋白经分解含量减少，其中单不饱和脂肪酸减少，多不饱和脂肪酸增加，脂肪酸总不饱和度比例增加；总氨基酸先增后减，发酵第6d和第7d含量分别高达867.84mg/g和866.26mg/g；必需氨基酸与非必需氨基酸比值从0.64持续增大至0.95，进一步证明发酵中氨基酸品质有所提升，综合以上营养指标的分析结果，臭鳜鱼发酵过程中，整体营养品质稳定性较好，部分指标甚至有所改善。

第五节　传统发酵食品与现代发酵工程

发酵是一种古老、传统的食品加工与储存方法。利用微生物的发酵作用而制得的食品都可以称为发酵食品。发酵可提高食品的营养价值，改善色、香、味和质地等感官品质，并且能够提高食品的储藏性。典型的发酵食品有面包、酸乳、干酪、食醋、酸泡菜和腊肠等。发酵工艺在中国有几千年的历史，与中国的传统文化紧密相连，对保持食品质量有着重要的作用。在中国，发酵食品工艺世代传承，不断发展，成为增加食品安全性和营养价值、改善风味的传统技术手段。历经千百年的传承与发展，我国的传统发酵食品仍然保持着自成一派的活力，以其独特的魅力在国人的餐桌上稳占一席之地。随着现代生物技术的发展，将有更多的新技术与新工艺用以解决目前传统发酵食品在产品性状、风味物质、制备过程及储藏运输等环节出现的问题。同时，充分认识和挖掘传统发酵食品中的功能因子及其益生作用，以更加严谨科学的方式诠释中华美食文化，为推动我国传统发酵食品产业的振兴提供新的助力。

一、传统发酵食品

传统发酵食品以制作成本低、改善食品的风味及营养品质、有较强的耐储藏性等优点在世界各国广泛分布。许多国家和地区都有具有当地特色的传统发酵食品，如中国的酱油和腐乳、日本的纳豆与清酒、韩国的泡菜，以及欧美国家的香肠、酸奶和干酪等。尤其是在非洲的不发达国家，发酵技术因其低廉的成本被广泛应用，发酵食品相继产生，从谷物、豆类、蔬菜、水果到酸乳、鱼、肉等种类繁多。在食品加工的过程中，传统发酵技术承担着以下5个重要的角色：①增加食品的香气，改善食品的风味和组织结构；②通过高盐、乳酸菌、酒精发酵等方式保存食物；③增加食品生物元素，如维生素、基础氨基酸和基础脂肪酸等；④发酵的解毒作用，如分解和去除食品原料中的有害物质；⑤便于烹饪。由于发酵技术可以通过控制致病菌的生长来增加食品的安全性，因此，它在食品加工与储存中非常重要。

中国发酵食品历史悠久，种类丰富，很多发酵食品形成了各自独特的风味。中国传统发酵食品包括发酵谷类食品、发酵豆类食品、腌渍蔬菜食品、发酵肉制品和乳品，以及酒、茶类制品等。传统发酵食品的分类方法很多，依照传统发酵食品的发酵形式主要分为液态发酵食品、固态发酵食品和自然发酵食品。传统酿造一般采用固态发酵，是利用添加谷物或者稻壳等辅料，进行糖化和发酵的“双边发酵”工艺。这一工艺的特点是发酵时间较长，但产品风味浓厚。纯种发酵，周期短，生产易于机械化，干扰因素少，如纯种制曲技术。此外，很多分类是依据生产中所用的不同原料和微生物来进行划分的。依据微生物不同，传统发酵食品主要分为酵母菌发酵食品、霉菌发酵食品、乳酸菌发酵食品等。依据原料不同，传统发酵食品分为发酵谷类食品(馒头、酒、发酵米粉、醋、面酱等)、发酵豆类食品(豆豉、豆酱、酱油、腐乳等)、发酵蔬菜(酸菜、泡菜等)、发酵乳制品(酸奶、干酪等)、发酵肉制品(腌鱼、香肠等)以及其他发酵制品(葡萄酒等)。表 1-2 是国外一些研究者对传统发酵食品的分类。Steinkraus 在 1996 年总结的发酵食品类型主要有 8 类：①从豆类和谷类中发酵产生结构性植物蛋白作为肉类代替品；②高盐、咸肉风味、富含氨基酸和多肽的酱膏发酵制品；③乳酸发酵制品；④酒精发酵制品；⑤醋酸发酵制品；⑥碱性发酵制品；⑦膨松面包；⑧无酵饼。

表 1-2　国外研究者归纳的传统发酵食品类型

研究学者	提出时间	分类
Yokotsuka	1982 年	①酵母菌发酵的酒精饮料；②醋酸菌发酵制品；③乳酸菌发酵的乳制品；④乳酸菌发酵的盐渍制品；⑤乳酸菌发酵的鱼肉制品；⑥乳酸菌、霉菌和酵母菌发酵的植物蛋白制品
Kubaye	1985 年	①薯类；②谷类；③豆类；④饮料
Canpell-Plant	1987 年	①饮料；②谷物；③乳制品；④鱼制品；⑤果蔬；⑥豆类；⑦肉类
Odunfa	1988 年	①发酵淀粉；②发酵谷物；③酒精饮料；④发酵植物蛋白；⑤发酵动物蛋白

二、现代发酵工程

人们将生物技术划分为基因工程、细胞工程、发酵工程和酶工程四个方面。其中，基因工程和细胞工程是生物技术的主导方向，而发酵工程和酶工程则是基因工程、细胞工程研究成果的具体展现，只有通过发酵工程才能将基因工程或者细胞工程获得的具有某种所需性状的细菌进行工业化生产，最终验证基因克隆或者细胞融合是否成功，从而获得生产效益和经济价值。

现代发酵工程是将传统的发酵技术与生物技术结合(DNA 重组、细胞融合、分子修饰和改造等)并发展出来的现代发酵技术。现代发酵工程主要内容包括微生物菌种选育及培养、微生物资源开发与利用；细胞固定化及生物反应器设计；发酵条件的选择及自动化控制；代谢产物的分离及纯化等技术。发酵虽然是古老的技术，但现代生物技术(基因工程、细胞工程等)研究成果的转化，为其注入了新的内容，赋予了传统的发酵工艺新的生命力，使微生物发酵制品的品种不断增加。现代发酵工程在食品领域的应用进展主要表现在以下几个方面：改造现有食品工艺、功能性(保健)食品的开发和单细胞蛋白的生产等。

1. 改造现有食品工艺

从植物中直接提取食品物料成本高，且来源有限；采用化学合成生产食品物料虽然成本低，但化学合成率低，生产周期长，且产品对人体存在健康隐患。因此，发酵工程技术已成为食品配料生产的首选。例如，氨基酸的生产可以采用基因工程和细胞融合技术生成的工程菌进行发酵。与化学合成法相比，微生物发酵不仅成本降低，而且产量可成倍增加。L-苯丙氨酸通过红酵母二级发酵获得；L-异亮氨酸则通过枯草杆菌发酵获得；L-谷氨酰胺通过黄色短杆菌发酵制得；此外，部分人体必需氨基酸(赖氨酸、苏氨酸、色氨酸、亮氨酸等)也可采用微生物发酵法获得。腺苷一磷酸可以通过产蛋白假丝酵母发酵法生产，然后用热水提取核酸，再经酶(核酸酶、磷酸二酯酶)水解后制得；此外，肌苷一磷酸可以通过酵母菌发酵后经酶水解制得。

维生素B_2可通过阿氏假囊酵母等微生物发酵产生；维生素B_{12}主要通过黄杆菌、丙酸杆菌及灰色链霉菌等微生物经培养发酵后分离精制而得；维生素C可以利用弱氧化醋酸杆菌、氧化葡萄糖酸杆菌及条纹假单胞菌通过一定的工艺发酵生产。

2. 功能性(保健)食品的开发

功能性(保健)食品的概念最早起源于1988年日本厚生劳务省出台的管理法规。此后，很多国家对功能性(保健)食品都进行了相应规定，我国也对功能性(保健)食品的概念进行了划定。功能性(保健)食品指具有特定功能，用于特定人群食用，可调节机体的功能，又不以治疗为目的的食品。随着我国经济的快速发展，人们生活水平的提升，尤其是我国《保健食品管理办法》实施以来，功能性(保健)食品的发展驶入了快车道，复合增长率超过20.00%。

例如，赤藓糖醇为自然界相对分子质量最小的糖醇，是食品工业常用的新型功能甜味剂，工业生产的赤藓糖醇主要由耐高渗酵母、类酵母真菌等微生物通过水解淀粉生成葡萄糖后发酵，再通过后续分离、纯化等工艺获得；木糖醇作为新型的功能甜味剂，则可以利用假丝酵母等微生物以木糖为原料发酵获得。此外，常见的山梨醇、甘露醇也可以通过微生物发酵获得；γ-亚麻酸可以采用毛霉、根霉、深黄被孢霉菌发酵后获得；花生四烯酸可采用青霉、被孢霉发酵后获得；膳食纤维可以由混合菌曲、木醋杆菌等微生物通过分泌胞外酶降解纤维素来制备；虾青素可以由红发夫酵母、藻类、细菌等微生物发酵后获得。此外，类胡萝卜素也可利用三孢布拉霉和红酵母等微生物发酵获得。

3. 单细胞蛋白的生产

为了与植物蛋白、动物蛋白相区别，微生物蛋白又称为单细胞蛋白(SCP)。通常细菌、酵母菌、霉菌的蛋白质含量分别为60%～70%、45%～65%、35%～40%。因此，微生物菌体被认为是一种理想的蛋白质资源，也是解决全球蛋白质资源紧缺的可能途径之一。目前，用于生产SCP的微生物主要为酵母菌和藻类，也可采用细菌、放线菌和丝状真菌等。由于球藻和螺旋藻不仅蛋白质含量高，而且具有很多活性成分。因此，许多国家都在积极进行球藻和螺旋藻SCP的开发，如美国、日本、墨西哥等国生产的螺旋藻产品具有减肥功效而深受消费者的欢迎。微生物发酵生产的蛋白质，不仅可直接供人类食用，亦可作为禽畜的饲料使用，从而增加市场中蛋白质产品的供应。例如，饲料中添加 0.15%酵母培养物，猪日增重提高 11.00%。

目前，由于生物技术迅猛发展以及新手段的不断产生，食品工业将成为现代生物技术应用最广阔、最活跃、最富有挑战性的领域。随着现代发酵工程在食品领域的广泛应用，工业食品将不再是传统农业食品的概念，并且将在人们日常生活中占据重要的地位。人们越来越重视发酵工业以促进我国食品工业的改革，实现我国食品工业健康有序的发展。

参考文献

白凤翔. 2009. 微生物的发酵作用对传统酿造食品安全性的影响. 中国酿造, (2): 5-7.
陈洁, 曹春雨, 夏燕. 2000. 鳞鱼天然抽提物的研制. 无锡轻工大学学报, 19(5): 464-468.
邓尚贵, 章超桦, 黄晋. 2004. 翡翠贻贝双酶水解法的建立. 水产学报, 24(1): 72-75.
杜鹏, 霍贵成. 2004. 传统发酵食品及其营养保健功能. 中国酿造, (3): 6-8.
何忻, 杨荣华. 2005. 鲜味物质及其在水产调味品中的应用. 中国调味品, (4): 3-8.
江津津,曾庆孝,朱志伟,等. 2010. 潮汕鱼酱油中香气活性化合物的研究. 食品科技, 35(8): 294-300.
李春萍. 2014. 臭鳜鱼发酵中营养和风味变化的研究. 浙江工商大学硕士学位论文.
李里特, 李凤娟, 王卉, 等. 2009. 传统发酵食品的机遇和创新. 农产品加工, (8): 61-64.
路红波, 刘俊荣. 2005. 水产调味料概述. 水产科学, 3: 44-46.
罗晓妙. 2011. 我国发酵食品生产技术研究进展. 中国调味品, 36(12): 8-19.
沈月新. 2001. 水产食品学. 北京: 中国农业出版社.
史先振. 2005. 现代发酵工程技术在食品领域的应用研究进展. 中国酿造, 24(12): 1-4.
王文芹, 孔玉涵. 2007. 国内外发酵食品的发展现状. 发酵科技通讯, (4): 55-57.
徐寿植. 1998. 试谈虾精粉的制作. 苏盐科技, (2): 28-29.
杨华, 俞理斌, 童燕, 等. 2007. 脱腥富钙低值鱼鱼酱的研制. 中国调味品, (11): 47-50.

余杰，陈美珍. 2000. 酶法制取龙头鱼水解蛋白及海鲜风味料的研究. 食品与发酵工业，26(3)：39-43.
张冰，董磊. 2013. 现代发酵工程技术在食品领域的应用研究进展. 黑龙江科技信息，17(13)：4.
正山四郎. 1998. 天然调味料. 中国食品添加剂，3: 22-26,54.
祖道海，宋焕禄，李大明，等. 2006. 美拉德反应制备虾味香精. 食品科学，27 (9)：147-150.
Aloys N, Angeline N. 2009. Traditional fermented foods and beverages in Burundi. Food Research International, 42: 588-594.
Blandino A, Al-Asseeri M E, Pandiella S S, et al. 2003. Cereal-based fermented foods and beverages. Food Research International, 36(6): 527-543.
Campell-Platt G. 1994. Fermented foods—a world perspective. Food Research International, 27: 253-257.
Fox A T, Thomson M. 2007. Adverse reactions to cow's milk. Pediatrics and Child Health, 17(7): 288-294.
Liu S N, Han Y, Zhou Z J. 2011. Lactic acid bacteria in traditional fermented Chinese foods. Food Research International, 44(3): 643-651.
Motarjemi Y. 2002. Impact of small scale fermentation technology on food safety in developing countries. International Journal of Food Microbiology, 75: 213-229.
Ordóñez J L, Sainz F, Callejón R M, et al. 2015. Impact of gluconic fermentation of strawberry using lactic acid bacteria on amino acids and biogenic amines profile. Food Chemistry, 178: 221-228.
Park J N, Fukumoto Y, Fujita E, et al. 2001. Chemical composition of fish sauces produced in southeast and east Asian countries. Journal of Food Composition and Analysis, 14(2): 113-125.
Smid E J, Lacroix C. 2013. Microbe-microbe interactions in mixed culture food fermentations. Current Opinion in Biotechnology, 24(2): 148-154.
Steinkraus K H. 2002. Fermentations in world food processing. Comprehensive Reviews in Food Science and Food Safety, 1(1): 23-32.
To K A, Tanaka T, Nagano H. 1997. Isolation of collagenase producing bacteria from traditional foods. Journal of Home Economics of Japan, (12): 1083-1087.
Walther B, Karl J P, Booth S L, et al. 2013. Menaquinones, bacteria, and the food supply: the relevance of dairy and fermented food products to vitamin K requirements. Advances in Nutrition: An International Review Journal, 4(4): 463-473.
Westly A, Reilly A, Bainbriadge Z. 1997. Review of the effect of fermentation on naturally occurring toxins. Food Control, 8(5/6): 329-339.

第二章　水产调味品发酵微生物

第一节　引　　言

发酵型水产调味品是利用微生物的发酵作用，释放多种生物酶，对水产原料中的蛋白质、脂肪、糖类、核酸等生物大分子进行水解，得到相对分子质量低的氨基酸、多肽、脂肪酸、单糖或寡糖等呈味物质组成的天然调味品。以鱼、虾、贝、藻为原料进行发酵均可得到营养丰富、味道鲜美的调味品，如鱼露、虾酱、虾油、海藻发酵酱等，这些调味品已成为市场常见产品。发酵型水产调味品因具有天然、营养、保健等优点，以及独特的鲜味和发酵风味，自古以来就深受人们的喜爱。

微生物是包括细菌、病毒、真菌以及一些小型的原生生物、显微藻类等在内的一大类生物群体，它个体微小，结构简单，通常要用光学显微镜和电子显微镜才能看清楚。微生物除具有生物的共性外，也有其独特的特点，正因为其具有这些特点，才使得这些微不可见的生物类群引起人们的高度重视。其特点有：①种类繁多，分布广泛。微生物无处不在，是食品变质的主要污染来源。②生长繁殖快，代谢能力强。③遗传稳定性差，容易发生变异。微生物的遗传稳定性差，遗传保守性低，使得微生物菌种培育相对容易，可大幅度提高菌种的生产性能。目前在发酵工业上所用的生产菌种大多是经过突变培育的，其生产性能是原始菌株的几倍、几十倍，甚至几百倍。

微生物在发酵型水产调味品的风味形成、质量控制方面发挥重要的作用，所涉及的微生物种类包括霉菌、细菌、酵母菌等。由于传统的发酵型水产调味品都属于开放环境下的自然发酵品，因此，在原料发酵过程中，极易造成杂菌的污染，引起原料腐败变质，产生不良风味，影响产品质量，也会造成传统发酵调味品的安全性风险。

微生物的发酵过程是一个复杂的生化过程，通过选定优良微生物菌种，使其在适宜的环境中生长、繁殖，发生一系列生化反应，最后产生人们所希望的目的产品。随着基础科学的发展，发酵微生物学的研究正在不断深入，回顾整个发展进程，大致可以划分为以下几个主要阶段。

1. 天然发酵时期

天然发酵技术在我国有着悠久的历史，几千年前，广大劳动人民就已经有利用微生物的代谢作用制作各种饮料和食品的记载。例如，西汉刘向所著《战国策·魏策》早有记载："昔者，帝女令仪狄作酒而美，进之禹，禹饮而甘之。"《周礼》中已有关于酱油的记载。由于受科学进展的限制，人类在不知道微生物与发酵的关系的前提下，依靠前人的经验及落后的生产环境进行发酵，所以将这一时期称为天然发酵时期。

2. 纯培养技术的建立

1680年，荷兰人安东尼·列文虎克发现了细菌。又经过200多年，人们发现了发酵原理，认识到发酵是由微生物的活动引起的。19世纪初，R. Koch首先应用固体培养基分离微生物，随后建立了微生物分离培养技术，开创了人为控制微生物的时代。后来，人们发明了简便的密闭式发酵罐，发酵工业逐渐加入了近代化学工业的行列。

3. 通气搅拌技术(深层培养技术)的建立

随着青霉素的发现，抗生素工业逐渐兴起，由于青霉素大量生产的需要，人们引进了通气搅拌培养，建立了深层发酵技术，使许多产品都可以通过好氧性发酵进行大规模生产。深层发酵技术的建立，是发酵微生物学发展的一个转折点。

4. 代谢控制发酵技术的建立

日本于1957年用发酵法生产谷氨酸获得成功，此后，采用发酵法生产的赖氨酸等氨基酸也相继投产。这些氨基酸发酵工业的建立，是由于引入了代谢控制发酵的新型技术。代谢控制发酵技术以动态生物化学和微生物遗传学为基础，将微生物进行人工诱变，得到适合生产某种产品的突变株，再在有控制的条件下培养，即能选择性地大量生产人们所需要的物质。此项技术目前已用于氨基酸、核苷酸、有机酸和一部分抗生素类物质的发酵生产。

5. 酶法转化

甾体的微生物加氧反应，推动了甾体药物的研究和生产，开辟了一个新的生物转化领域。青霉素酰化酶催化合成苄青霉素、对羟基苄青霉素、氨基苄青霉素及头孢霉素的技术也已成功地用于生产。一些氨基酸和有机酸都可用化学法廉价合成其中间体后，再利用酶法加工而得到。

6. 固定化酶

1966年，日本成功进行了酰胺酶的固定化，并在1969年应用于连续化DL-氨基酸的拆分。自此，固定化酶和固定化细胞开始兴起。

7. 细胞融合技术

采用细胞融合技术可以进行微生物种内、种间和属间的遗传重组，克服了细胞壁阻碍遗传物质交换的屏障，为微生物育种提供了一个新的途径。

8. 基因工程菌的应用

基因工程菌不仅可以生产用一般微生物所不能生产的产品，如胰岛素等的动物激素和干扰素等，而且可以改进发酵产品，如氨基酸、酶制剂、抗生素等。

传统水产发酵调味品的现代化研究，特别是微生物代谢及调控的研究，逐渐成为一个重要的研究方向，对产业的升级发展及海洋资源的高值化利用均有重要意义。目前，大部分发酵型水产调味品的生产依然采用自然发酵，产品风味的形成是复杂微生物体系相互作用的结果。在这个复杂的发酵体系中，微生物在数量、功能、种群结构等方面都保持平衡状态。如果这个平衡状态被其他杂菌打破，可能会导致产品腐败、变质，影响产品风味及食用安全性。因此，在水产品发酵过程中需要严格控制水产原料的新鲜度，防止水产原料中微生物的菌相发生变化，从而避免原料的风味发生不可逆转的变化，甚至水产原料发生腐败变质；同时也需要严格监控水产品发酵及加工过程中的卫生条件，以防止环境中的腐败微生物对水产原料的发酵造成二次污染；此外还需严格监控发酵过程中的优势菌种，及时采取措施，对发酵过程进行代谢调控。

第二节　水产原料中的微生物

水产原料中的微生物种类繁多，几乎涵盖了真菌及细菌界的绝大多数种属，如棒状杆菌、小球菌等。由于不同水产品的类型、理化性质、所处环境的不同，水产原料中微生物种类及微生物之间的相互作用也有很大差异，对水产原料的影响也不尽相同。但总体来讲，有些微生物有益，如酵母菌、乳酸菌等。这些微生物能够分泌多种核酸酶、脂肪酶、水解酶等生物酶，通过对水产原料中生物大分子物质的水解，释放多种具有香味和鲜味的相对分子质量低的物质；并且有些微生物会利用水产品原料提供的营养物质，自身合成某些芳香物质，如一些酯类、醛类、酮类物质等。因此，这些有益微生物是发酵型水产调味品香气成分的主要“贡献者”。而另外一些微生物则会对发酵过程造成不利影响，属于有害微生物，如产毒素霉属。这些有害微生物会造成发酵原料的腐败变质，产生不良风味物质，代谢生成有毒物质，影响产品的食用安全性，因此在加工过程中要合理控制，尽量选择新鲜原料，坚决杜绝有害微生物在发酵过程中大量繁殖。本节将对鱼虾贝类中常见的微生物进行分类介绍。

一、鱼虾贝中的菌相组成

1. 假单胞菌和产碱杆菌

假单胞菌属细菌分离自新鲜的鱼贝类原料，几乎不产生非水溶性色素(类胡萝卜素系）。根据利用葡萄糖的形式，假单胞菌属细菌可分为Ⅰ、Ⅱ、Ⅲ/Ⅳ三群。Ⅰ群和Ⅱ群由好氧分解葡萄糖产生酸的细菌组成，为非嗜盐性的陆地生长菌。Ⅲ/Ⅳ群是不产酸的菌群，包含非嗜盐性和嗜盐性的细菌，是来源于海洋的生长菌，两者的区别在于能否产生荧光色素物质。

假单胞菌属中分解蛋白质和脂肪的细菌较多，低温好氧条件下冷藏鱼贝中的腐败菌就属于此菌群。Ⅰ群和Ⅱ群耐热性强，非嗜盐Ⅲ/Ⅳ群耐热性较差。食盐浓度在 6%左右，耐热性Ⅰ群、Ⅱ群以及非嗜盐性Ⅲ/Ⅳ群的发育被抑制，而嗜盐性Ⅲ/Ⅳ群的耐盐性强，有的在食盐浓度为 11%时仍能繁殖。所有假单胞菌都不耐酸，在 pH 5 左右，发育被阻碍。

产碱杆菌属细菌是一类革兰氏阴性杆菌，周身有鞭毛，专性好氧，有动力，不分解糖类。与假单胞菌相比，产碱杆菌在鱼贝类中出现频率低，腐败性较差。

2. 无色杆菌和气单胞杆菌

无色杆菌属和气单胞杆菌属细菌均可以分离自鱼贝类，尤其是腐败不新鲜的原料。低温性的无色杆菌能够产生脱羧酶，使组氨酸脱羧成组胺，造成鱼贝类原料腐败变质。气单胞杆菌为革兰氏阴性短杆菌，菌体两端钝圆，单极鞭毛，运动极为活泼，无芽孢，有窄的荚膜。这两类细菌耐热性差，50℃、15min 即死亡。但是耐酸性比假单胞菌强，个别菌株在 pH 4.5 时仍能存活。

3. 肠杆菌和发光杆菌

肠杆菌科包含埃希氏杆菌属、枸橼酸杆菌属、变形杆菌属等，氧化酶呈阴性，大部分靠周身鞭毛运动，可通过氧化多种简单有机化合物，以及发酵糖、有机酸或多元醇获取能量。一般肠内细菌为中温菌，但部分肠杆菌属、枸橼酸杆菌属、哈夫尼亚菌属的菌株能在 5℃左右繁殖，腐败能力比较强，海水鱼中检出率低。

从鱼贝类中分离而得的发光杆菌属细菌大部分为发光性海洋细菌，虽然腐臭能力很弱，但具有脱去组氨酸的羧基生成并积累组胺的性质。此外，在空气中，死鱼及水产加工食品的表面于暗处也会发光，这种发光现象是海生菌第二次生长繁殖的结果。

4. 摩氏杆菌和不动杆菌

鱼贝类中的摩氏杆菌和不动杆菌大部分是低温菌，但比假单胞菌、无色杆菌的繁殖速度慢，耐热性也差，大部分于 45℃、15min 即可死亡。

5. 黄色杆菌

黄色杆菌为革兰氏阴性菌，能够运动，产芽孢，耐低温性强，–20℃、20d 后大部分细胞还能存活，部分菌株在 4℃能生长，但与假单胞菌、无色杆菌、摩氏杆菌等相比，繁殖速度慢。

6. 小球菌和葡萄球菌

小球菌是绿球藻目小球藻科的一个属，又名小球藻，属单细胞藻类。葡萄球菌常堆聚成葡萄串状，菌体直径约为 0.8μm。小球菌和葡萄球菌均属于革兰氏阳性、非运动的球菌，特点是对过氧化氢呈阳性。从鱼贝类中分离出的小球菌和葡萄球菌在低温下能繁殖，但速度慢；抗冻性很强，即使在–20℃、20d 后几乎都能存活。葡萄球菌能够发酵分解糖，而小球菌不发酵分解糖。

7. 棒状杆菌和节杆菌

棒状杆菌和节杆菌都是革兰氏阳性、无芽孢、非运动性的杆菌，其特点是因培养条件不同细胞变形，两属区别较难，往往统称为棒状杆菌。*Corynebacterium-Arthrobacter* 为棒状杆菌-节杆菌。

8. 芽孢杆菌和梭状芽孢杆菌

两种微生物都是以形成芽孢为特征的革兰氏阳性杆菌，大部分靠周身鞭毛运动。芽孢杆菌是好氧性菌，梭状芽孢杆菌是厌氧性菌，芽孢呈圆形或卵圆形，直径大于菌体。

芽孢杆菌是罐头食品、包装加热食品的主要腐败细菌，如枯草杆菌、环状芽孢杆菌、凝结芽孢杆菌等是包装鱼糕、鱼香肠的腐败菌。梭状芽孢杆菌也是腐败菌，在厌氧条件下，只要营养充分，便迅速繁殖。

9. 肉毒杆菌

肉毒杆菌为厌氧芽孢细菌，能够在土壤、沉积物、鱼内脏和水中生存。目前已知的七种肉毒杆菌分别用 A～G 来表示。其中 A、B、E 类产生的毒素可引起人食物中毒。

肉毒杆菌是一种生长在缺氧环境下的细菌，在罐头食品及密封腌渍食物中具有极强的生存能力，是毒性最强的细菌之一。肉毒杆菌是一种致命病菌，在繁殖过程中分泌肉毒毒素，该种毒素是目前已知的剧毒物质之一，可抑制胆碱能神经末梢释放乙酰胆碱，导致肌肉松弛型麻痹。

二、鱼虾贝中的微生物

1. 鱼

海鱼鱼皮带菌量为 10^2～10^6CFU/cm^2，每克鳃带菌 10^3～10^7CFU/g。而且热带鱼的细菌数比温、寒带鱼多，肠内细菌数为 10^3～10^8CFU/cm^2。从零售店获得的加纳发酵鱼调味品分离出总共 67 种微生物菌株。菌株属于芽孢杆菌、乳杆菌、假单胞菌、片球菌、葡萄球菌、克雷白杆菌、德巴利酵母菌、汉逊酵母菌和曲霉，其中以芽孢杆菌为主，占37.7%。邹建春等按菌落总数，以及乳酸菌、葡萄球菌和酵母菌几个大类研究其微生物变化情况，发现乳酸菌为风干武昌鱼发酵过程中的优势菌群，各种微生物复杂变化的同时导致产品pH值和水分含量下降，水溶性固形物和水溶性蛋白氮的含量增加，产品的挥发性盐基氮含量符合国家标准。因此不同的鱼类，菌相组成也会有所差别，表2-1为鲜鱼的菌相组成。

表2-1 鲜鱼的菌相组成

<table>
<tr><th>菌种</th><th>属</th><th>百分比/%</th></tr>
<tr><td>Pseudomonas Ⅰ</td><td>假单胞菌</td><td rowspan="2">2.9</td></tr>
<tr><td>Pseudomonas Ⅱ</td><td>假单胞菌</td></tr>
<tr><td>Pseudomonas Ⅲ/Ⅳ(嗜盐性)</td><td>假单胞菌</td><td>29.8</td></tr>
<tr><td>Pseudomonas Ⅲ/Ⅳ(非嗜盐性)</td><td>假单胞菌</td><td>21</td></tr>
<tr><td>Vibrio</td><td>无色杆菌</td><td>25.0</td></tr>
<tr><td>Vibrio(发光性)</td><td>无色杆菌</td><td>0</td></tr>
<tr><td>Aeromonas</td><td>气单胞杆菌</td><td>0</td></tr>
<tr><td>Moraxella</td><td>摩氏杆菌</td><td>13.5</td></tr>
<tr><td>Acinetobacter</td><td>不动杆菌</td><td>1.0</td></tr>
<tr><td>Flavobacterium-Cytophaga</td><td>黄色杆菌-噬胞菌</td><td>1.0</td></tr>
<tr><td>Photobacterium</td><td>发光杆菌</td><td>0</td></tr>
<tr><td>Corynebacterium</td><td>棒状杆菌</td><td rowspan="2">1.9</td></tr>
<tr><td>Arthrobacter</td><td>节杆菌</td></tr>
<tr><td>Micrococcus</td><td>小球菌</td><td>2.9</td></tr>
<tr><td>Staphylococcus</td><td>葡萄球菌</td><td>1.0</td></tr>
</table>

从表2-1中可以看出，鲜鱼中的菌株以嗜盐性假单胞菌、非嗜盐性假单胞菌、无色杆菌为主，假单胞菌Ⅲ/Ⅳ群约占50%。因此，人们可以从菌株组成判断鱼的新鲜程度。

皮(或黏膜)的菌相组成与捕捞海域和渔期有关。例如，北海、挪威远海捕获的鱼中假单胞菌(Ⅰ及Ⅳ)、摩氏杆菌、黄色杆菌等检出率高。日本近海、沿岸捕获的鱼中假单胞菌、无色杆菌、摩氏杆菌等所占比例较多，其次是黄色杆菌、小球菌、棒状杆菌等。刚捕获的鱼，假单胞菌等海洋嗜盐性Ⅲ/Ⅳ群较多。

肠内细菌菌相和皮、鳃不同，无色杆菌所占比例较大，这可能是由于饵料中各种细菌从胃向肠移动时，因胆酸的作用被杀死，使无色杆菌占了优势。

2. 虾

有关虾的菌相研究较少。相关研究表明，虾中活菌数约为10^8CFU/g，摩氏杆菌占42%，假单胞菌Ⅲ/Ⅳ占15%，不动杆菌、节细菌、黄色杆菌分别为12%左右，其他菌占少数，有假单胞菌Ⅰ、假单胞菌Ⅱ、芽孢杆菌、乳杆菌和小球菌等。王祥红等对野生健康中国对虾成虾肠道微生物区系进行了研究。从其肠道中分离出47株菌，分别属于弧菌、发光杆菌、不动杆菌、假单胞菌、黄色杆菌、气单胞菌、屈挠杆菌和色杆菌8个属。其中，弧菌和发光杆菌在整个肠道中为优势菌属，不动杆菌和假单胞菌为次优势菌属，黄色杆菌、气单胞菌、屈挠杆菌和色杆菌为非优势菌属。在弧菌中溶藻胶弧菌、漂浮弧菌和坎贝氏弧菌为优势菌。Liu等通过16S rDNA的分子鉴定法检测了中国对虾的肠道微生物群，结果表明，弧菌是中国对虾肠道的优势菌群。但是虾的菌群会随环境的变化而变化，Durand等发现，虾的肠道微生物主要包括脱铁杆菌纲、柔膜菌纲、ε-变形菌纲和γ-变形菌纲。长期处于饥饿状态的虾中，优势菌从脱铁弧菌变为γ-变形菌属，结果进一步加强了假丝酵母与其肠道外生菌之间共生关系的假说。

3. 贝类

贝类根据养殖条件不同，细菌总数和菌相也不同。例如，“地牧场”式养殖贝类，细菌总数为10^4～10^5CFU/g，假单胞菌和无色杆菌大约各占一半。此外，还有黄色杆菌、小球菌等，这与海水鱼的菌相几乎相同。

Bosanac通过单增李斯特菌的经典的微生物学方法，从贻贝和牡蛎中分离出亚硫酸盐还原梭菌、沙门氏菌、大肠杆菌、霍乱弧菌、副溶血性弧菌和铜绿假单胞菌。曹荣等发现牡蛎体附着的细菌以变形菌门、γ-变形菌纲、弧菌目为主。在科的分类水平上，主要是弧菌科、希瓦氏菌科和交替假单胞菌科。在属的分类水平上，在牡蛎初始菌群中占比前三位的依次为弧菌属、希瓦氏菌属和交替假单胞菌属，其中弧菌属在冷藏前期比例迅速下降，希瓦氏菌属和交替假单胞菌属在系统进化关系上较为接近，可能在牡蛎腐败过程中起到重要作用。

第三节　生产环境中的微生物

生产过程是最容易被微生物污染的环节。若发酵过程被杂菌污染则可能使发酵的产品呈现出不良风味，因此微生物污染是所有食品企业共同关注的一大问题。食品受到微生物污染，则会导致产品延迟上市、产品直接销毁，甚至会危害消费者身体健康。随着社会的发展，越来越多的水产品更加趋向于经过加工生产，而生产过程中水产品质量容易受加工环境影响，即水产品中的微生物会随环境的变化而变化，因此，了解生产环境中微生物的分布对水产品加工具有重要的意义。

一、水

在水产品加工中，水不仅是微生物的污染源，也是微生物污染水产品的主要途径。如果使用了微生物污染严重的水作为水产品发酵的环境介质，则会留下水产品腐败变质的隐患。在水产品清洗中，特别是在水产动物屠宰加工中，即使是使用洁净自来水冲洗，如果方法运用得不恰当，自来水也可能成为水产品污染的媒介。

二、空气和尘埃

空气缺乏营养物质和水分且易受紫外线照射，不适于微生物生长繁殖，但空气中也有相当数量的微生物。空气中微生物的主要特点为：①种类、数量不稳定，短暂可变；②空气中微生物随空气流动而流动。

大多数的微生物能在水产品加工的空气和尘埃中找到，可来自土壤、水，以及人和动植物体表的脱落物、呼吸道及消化道的排泄物。空气中的微生物主要为霉菌、放线菌的孢子、细菌的芽孢及酵母菌。它们随风飘扬而悬浮在大气中，或附着在尘埃与液滴上飞扬及沉降，而污染水产品。不同环境空气中微生物的数量和种类有很大差异。公共场所、街道、屠宰场及通气不良处的空气中微生物数量较高。空气中的尘埃越多，所含微生物的数量也就越多，海洋、高山等空气清新的地方微生物的数量较少。

三、加工者自身污染源

人体正常微生物与人体之间表现为互生关系，即人体为微生物提供了良好的生活环境，使微生物生长、繁殖；微生物为人体提供多种营养物质，还可合成氨基酸，抑制致病微生物生长繁殖。

当人或动物感染了病原微生物后，体内会存在不同数量的病原微生物，其中有些菌种是人畜共患病原微生物，如布氏杆菌，它们可通过呼吸道和消化道向体外排出而污染食品。

四、加工机械设备

在水产品加工过程中，各种加工机械设备本身没有微生物所需的营养物，但是由于食品的汁液或颗粒黏附于内表面，食品生产结束时机械设备没有得到彻底的杀菌，使原本少量的微生物得以在其中大量生长繁殖，成为微生物的污染源。

五、包装材料

各种包装材料，如果处理不当也会带有微生物，在包装材料的理化检验项目中关于微生物的项目有沙门氏菌等。一次性包装材料比循环使用的包装材料所含微生物数量更少。塑料包装材料，由于带有电荷会吸附灰尘及微生物，造成水产品的二次污染。

有研究表明，水产品被捕获到船上后，因渔船甲板带有大量细菌，所以水产品接触甲板后，表面细菌数显著增加，分级分类后用干净的海水洗涤，细菌数会减少到洗涤前的 1/10～1/3，但在之后的冻结或加冰、装入渔舱过程中，由于渔舱、渔箱、碎冰中附着许多细菌，水产品的带菌数会再次增加。水产品被运入市场后，又被冷藏输送到消费市场、零售商店。从最初捕获到最终被消费的复杂流通路线中，水产品逐步受到种种容器、器材，以及工作人员的接触污染，因而菌相逐渐变化。

因此，虽然鲜活水产品的肌肉、内脏以及体液本来应是无菌的，但皮肤、鳃等部位由于与海水直接接触，沾染了许多微生物，特别是细菌，海水中除了本身的海洋细菌以外，也混杂着陆地转移的细菌，形成复杂的菌相。尤其在沿岸水域，细菌数量比远洋深海要高得多，而且这些细菌大部分形成鱼贝类的菌相。

原料中的微生物来源，一是来自生活在原料体表与体内的微生物，二是在原料的生长、捕获、运输、储藏、处理过程中造成的二次污染。因此水产品加工过程应该注重水产品的生产环境以及储存环境，避免二次污染。

第四节　发酵微生物的种类及作用

发酵微生物又称工业微生物，主要指那些能积累特定代谢产物的微生物，分为细菌、霉菌、酵母菌和放线菌四大类。细菌和酵母菌都是单细胞生物，细菌分裂繁殖，酵母菌出芽繁殖。霉菌是多细胞生物，除内生或外生孢子外，还有菌丝，肉眼可看。放线菌也是多细胞生物，有线状菌丝体和孢子。Prescott 和 Dunn 就曾指出，发酵是微生物分泌的酶作用于有机物而产生化学变化的过程。传统的发酵制品所需的微生物是原料中偶然混入的野生菌，细菌、酵母菌和霉菌在发酵水产品的生产中都得到应用，其作用各不相同。

一、发酵微生物的种类

（一）细菌

细菌是一类细胞微细、结构简单、胞壁坚韧、多以二分裂方式繁殖的单细胞原核生物。多数细菌的菌落一般呈现湿润、光滑、黏稠、较透明、易挑取、质地均匀及颜色较一致等共同特征。

1. 醋酸杆菌

醋酸杆菌(图 2-1)是一类能使糖类和乙醇氧化成乙酸等产物的短杆菌,没有芽孢，不能运动，好氧，在液体培养基的表面容易形成菌膜。醋酸杆菌也可氧化乙酸盐和乳酸成为水与二氧化碳，在含糖、乙醇和酵母膏的培养基上生长良好，常存在于醋类食品中。

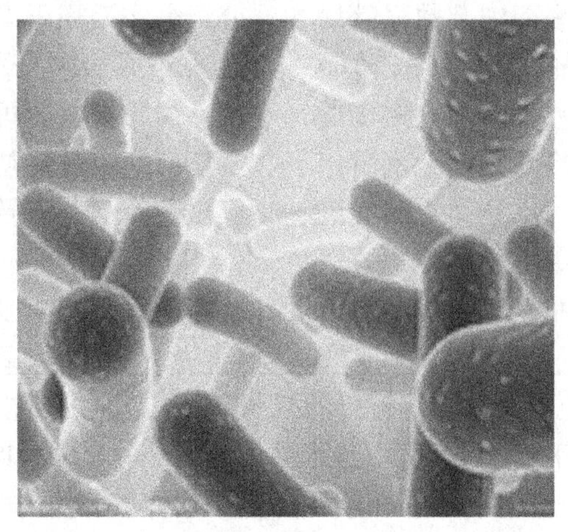

图 2-1　醋酸杆菌

好氧性的醋酸发酵是制醋工业的基础，制醋原料或乙醇接种醋酸菌后，即可发酵生成醋酸发酵液供食用，醋酸发酵液还可以经提纯制成一种重要的化工原料——冰醋酸。而厌氧性的醋酸发酵是我国用于酿造糖醋的主要途径。在发酵过程中，细菌还能产生一些产物，如乙酸乙酯，使醋有好闻的香气。同样可利用其产酸的特性对甲壳类的下脚料进行发酵脱盐，减少了使用强酸对环境的污染，使甲壳类的废物再利用成为可能。醋酸杆菌是醋酸发酵的主要发酵剂，并且通过进化获得了乙酸耐受性菌株，其中巴氏醋杆菌 Ab3 常用于工业生产高酸度(9%，*w/v*)的米醋。

Lee 等利用醋酸杆菌，通过半连续工艺发酵生产洋葱醋。为了高效生产洋葱醋，在连续补料分批发酵的情况下，用热带醋酸杆菌 KFCC11476P 发酵 30h 后，再向发酵液中连续供给少量的乙醇和洋葱汁，45h 后酸度继续增加至 4.5%，发酵速度比一般标准快 5 倍。吴定等用 2.5%的海藻酸钠与 4%的聚乙烯醇混合作醋酸杆菌包埋剂，滴入 2%～4%的钙离子硼酸液制备凝胶球。固定化醋酸杆菌分批发酵 50h 后产乙酸达 4.06g/100mL。

醋酸杆菌的主要用途有：①发酵生产各种食用醋，如恶臭醋酸杆菌浑浊变种 AS 1.41 能氧化乙醇高产乙酸；②发酵生产多种有机酸，如乙酸、酒石酸、葡糖酸等；③制备葡萄糖异构酶用于生产高果糖浆；④将山梨醇氧化为山梨糖，作为生产维生素 C 的中间体。

2. 乳酸菌

乳酸菌是指发酵糖类主要产物为乳酸的一类无芽孢、革兰氏阳性菌的总称，包括球状菌和杆状菌。这类细菌在自然界分布极为广泛，具有丰富的物种多样性，如图 2-2 所示。

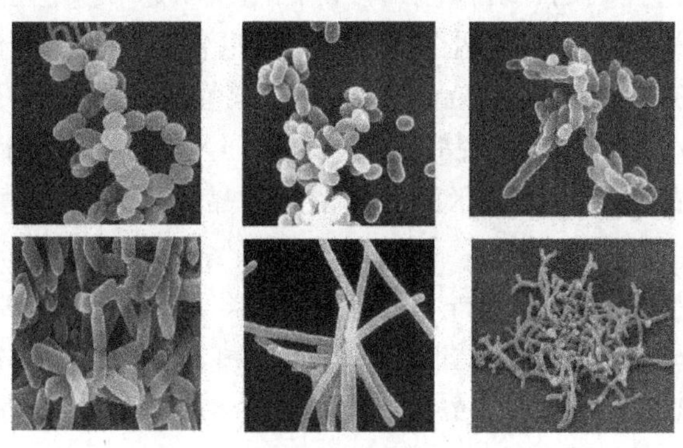

图 2-2　乳酸菌的几种存在形态

乳酸菌最早是从发酵肉制品中分离得到的，是在自然发酵时乘机而入的主要微生物，它能利用糖类产生乳酸，且耐酸性较强，产酸率高，对有害微生物有抑制作用，具有独特的生理功效，因此在发酵制品中经常使用。在欧洲，植物乳杆菌首先被作为发酵剂使用，和片球菌一直是商业发酵剂中的重要微生物，弯曲乳杆菌和米酒乳杆菌作为肉制品发酵剂，通常被共同使用，是自然发酵条件下肉制品发酵过程中的优势微生物类群。

在自然界中广泛分布的乳酸菌，能适应各种生存环境，并和其他菌之间形成共存关系。杨锡洪等从风味咸鱼中分离出乳酸菌和葡萄球菌共 23 种，它们是形成咸鱼风味的主要微生物。

乳酸菌可以通过抑制生长和产生抑菌代谢产物的方式来阻遏腐败菌的生长。这类代谢产物包括有机酸、细菌素。通过与腐败菌竞争生长环境和营养物质、代谢抑菌素等方式，乳酸菌提高了食品的安全性。在生鲜水产中，主要的菌群是肠道菌，而乳酸菌可以在水产品中生长繁殖，并且成为优势菌群。Wessels 和 Huss 的研究表明，乳酸乳球菌乳酸亚种 ATCC11454 产生的乳酸链球菌素有抑制单增李斯特菌的作用，他们将 ATCC11454 与单增李斯特菌 Scott A 共同接种在 BHI 培养基上，30℃培养 31h 后，单增李斯特菌量从 5×10^5CFU/mL 减少到 5CFU/mL，水产品病原菌减少的原因不是乳酸的作用，而是产生的乳酸链球菌素对单增李斯特菌的抑制作用。Yin 等研究了混合乳酸菌菌株（植物乳杆菌、乳酸乳球菌、干酪乳杆菌及乳杆菌）在鲭鱼糜发酵中的情况，测定到 pH 值下降，观察到主要微生物菌群受到抑制而乳酸菌大量增殖。

乳酸菌产生的乳酸可赋予发酵制品特殊的风味，还可抑制某些催化组氨酸、酪氨酸脱羧作用的酶，避免组胺和酪胺积累所造成的不良风味，而且随着 pH 值降低，可以促进亚硝酸的分解，降低亚硝酸的浓度。例如，Montel 等发现乳酸菌利用糖类生成的乳酸及少量的副产物，如乙酸、甲酸、琥珀酸等，可赋予香肠特殊的香味。有研究表明，乳酸菌对产品的组织状态和颜色也会产生影响。例如，米酒乳杆菌和食品乳杆菌两个商业菌种产酸快，酸化作用使肌肉组织的 pH 值在 5d 内降了 0.7 个单位，产品的口感好、颜色浅；栖鱼肉杆菌的 pH 值降低慢，5d 内降了 0.2 个单位，产品的肌肉软化。经感官评定，米酒乳杆菌和食品乳杆菌发酵的产品更好，因此米酒乳杆菌和食品乳杆菌是发酵鲑鱼鱼片的理想发酵剂。

在乳酸菌属中最常用的菌种为乳酸杆菌（图 2-3），它可利用葡萄糖进行发酵。乳酸杆菌是一群杆状或球状的革兰氏阳性菌，可发酵碳水化合物（主要指葡萄糖）并产生大量乳酸，在自然界分布广泛，是动物和人肠道等处重要的生理性菌群之一。

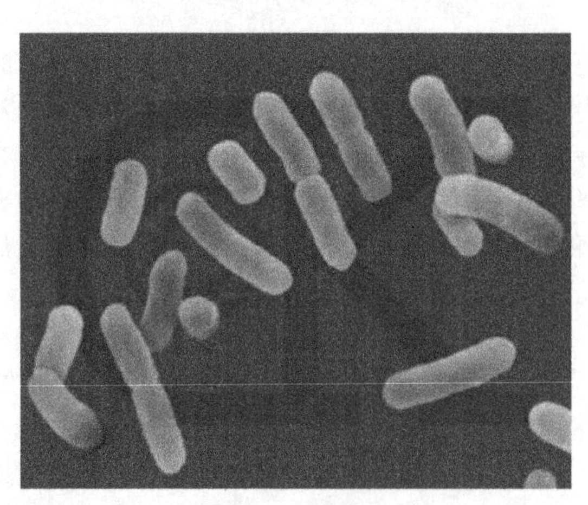

图 2-3　乳酸杆菌

乳酸杆菌的主要用途有：①工业生产乳酸，主要采用的生产菌种是德氏乳酸杆菌，其最适温度为 45℃。②发酵生产乳制品，如酸奶（凝固型、搅拌型、稀释型）、干酪等。主要菌种是德氏乳杆菌保加利亚亚种、嗜酸乳杆菌和干酪乳杆菌。例如，AS 1.1482 是由酸奶中分离的保加利亚乳杆菌，用于制作酸奶。③生产其他乳酸发酵食品，如乳酸发酵蔬菜和蔬菜汁、豆类乳酸发酵饮品、乳酸发酵谷物和薯类制品、乳酸发酵肉制品（如香肠）等。④生产药用乳酸菌制剂，用于保健、预防和治疗胃肠道疾病。药用乳酸杆菌主要有嗜酸乳杆菌、干酪乳杆菌、植物乳杆菌、莱氏乳杆菌和纤维二糖乳杆菌等。乳酸菌制剂的剂型主要有胶囊、片剂、口服液和嚼片等。⑤生产禽畜益生菌制剂，作为微生物饲料添加剂，提高饲料利用率和禽畜的生长速度。产品剂型为口服糊状剂和水溶性粉剂。

3. 芽孢杆菌

芽孢杆菌是一类能形成芽孢(内生孢子)的杆菌或球菌，包括芽孢杆菌属、芽孢乳杆菌属、梭菌属、脱硫肠状菌属和芽孢八叠球菌属等。它们对外界有害因子抵抗力强，分布广，存在于土壤、水、空气以及动物肠道等处。

芽孢杆菌在自然界中分布广泛，在食醋发酵过程中也大量存在。芽孢杆菌属大多是一类产芽孢、好氧细菌，在生长过程中能够代谢产生多种有机酸，如乳酸、酒石酸、丙酮酸等，使产品的口感变得柔和。许多芽孢杆菌都具有分泌表达淀粉酶和蛋白酶的功能，如枯草芽孢杆菌、解淀粉芽孢杆菌等，可以将蛋白质水解成氨基酸，将淀粉水解为小分子糖类，它们对酿造调味食品的风味和颜色起着重要的作用。

芽孢杆菌能提高动物生产性能是其产生多种消化酶的一个重要体现。研究表明，芽孢杆菌能产生多种消化酶，帮助动物对营养物质的消化吸收。芽孢杆菌分泌物具有较强的蛋白酶、淀粉酶和脂肪酶活性，同时还具有降解饲料中复杂碳水化合物的酶，如果胶酶、纤维素酶等，这些酶能够破坏植物饲料细胞的细胞壁，促使细胞中的营养物质释放出来，并能消除饲料中的抗营养因子，减少抗营养因子对动物消化利用的障碍。王波等以罗非鱼下脚料中的鱼排为试验材料，研制出具有一定抗氧化性的蛋白肽粉、热反应香型调味料及营养丰富的复合海鲜调味品，为高效利用罗非鱼下脚料提供了一定的理论依据。复合海鲜调味品以罗非鱼下脚料为原料，接种纳豆芽孢杆菌进行发酵。发酵液烘干后制得的蛋白肽粉作为调味料基粉，与其他调味料基粉经混合后可制得具有良好风味且营养价值较高的复合调味料。赵思扬从鱼露发酵液中筛选高产蛋白酶的细菌，利用实时荧光定量聚合酶链反应(PCR)技术检测不同时期鱼露发酵液中芽孢杆菌属的菌群数量变化，为进一步研究菌株在鱼露发酵中的更替以及鱼露发酵过程菌群变化的实时监测打下基础。高冰等以发芽黄豆为原料，纳豆芽孢杆菌作菌种，通过添加碳源，提高纳豆激酶的含量，还能够掩盖纳豆发酵过程中产生的氨臭味，改善纳豆的口感，使产品风味独特，更易于国内消费者接受。

水产养殖主要应用的是枯草芽孢杆菌(图 2-4)，当其进入养殖水体后能分泌蛋白酶、淀粉酶、脂肪酶等各种酶类，还可以合成 B 族维生素、类胡萝卜素、氨基酸等，又可产生枯草菌素和杆菌抗霉素等物质，并能够分解水体中其他生物的排泄物、残饵、浮游生物残体及有机碎屑等，因此，它抑制了水中致病菌的滋生，净化水质，从而维持水生态平衡，提高动物的免疫力和抗病力。另外，枯草芽孢杆菌中有的菌株是α-淀粉酶和中性蛋白酶的重要生产菌，有的菌株具有强烈降解核苷酸的酶系，故常作选育核苷生产菌的亲株或制取 5′-核苷酸酶的菌种。

图 2-4　枯草芽孢杆菌

枯草芽孢杆菌的用途主要有：①生产各种酶制剂。α-淀粉酶可液化淀粉，采用双酶法制淀粉水解糖、葡萄糖，广泛应用于食品工业和发酵工业；蛋白酶用于消化剂、抗炎剂等产品。②发酵生产核苷。采用枯草芽孢杆菌的营养缺陷型和抗药性变异株进行代谢调控发酵，可生产肌苷、黄苷、鸟苷等核苷，是多种核苷类药物的原料，此类药物用于治疗病毒性疾病，提高机体免疫功能。③生产某些抗生素，如杆菌肽、枯草菌素和短杆菌肽等。④生产各种多肽、蛋白质类药物和酶。经改造后的枯草芽孢杆菌是良好的基因工程受体菌，可在细胞中表达各种外源基因，其表达产物(酶、蛋白质)可分泌于胞外。

枯草芽孢杆菌对水产品中的弧菌、大肠杆菌和杆状病毒等有害微生物有很强的抑制作用，有效预防水产动物肠炎、烂鳃等疾病；其分泌的几丁质酶，可分解病原真菌的细胞壁而抑制真菌病害，净化水质；可以改善有害蓝藻泛滥造成的水质浑浊问题；具有较强的蛋白酶、脂肪酶、淀粉酶的活性，促进饲料中营养素降解，使水产动物对饲料的吸收利用更加充分；可以减少对虾病害发生，大大提高对虾产量，从而提高经济效益；生物环保，刺激水产动物免疫器官的发育，增强机体免疫力。

4. 葡萄球菌与微球菌

葡萄球菌(图 2-5)是中国传统酸肉中的重要微生物类群之一，李改燕在中国传统酸肉中分离的 101 株葡萄球菌中有 64 株对新生霉素有抗性，属腐生葡萄球菌群及相关种群。

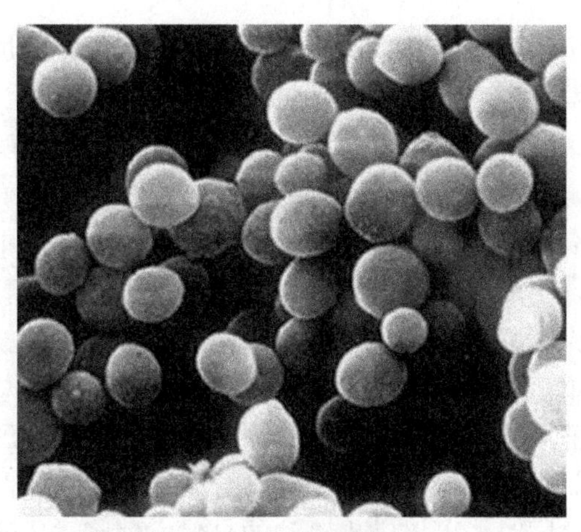

图 2-5　葡萄球菌

微球菌细胞呈微球状，常呈不规则堆团，但不呈八叠状；革兰氏阳性，但易于变成阴性；有少数种能运动；可产生黄色、橙色、红色色素。

微球菌的用途主要有：①生产各种重要的氨基酸，如谷氨酸微球菌及其变异株可用于生产谷氨酸、赖氨酸、缬氨酸、鸟氨酸和丝氨酸等。②生产多种酶类，如溶壁微球菌和玫瑰色微球菌可用于生产青霉素酰化酶和溶壁酶。③生产有机酸，如黄色微球菌能氧化葡萄糖，生产葡糖酸和黄色色素。

从自然发酵香肠中分离的肉葡萄球菌和木糖葡萄球菌不仅安全无毒，具有蛋白酶、脂肪酶和硝酸盐还原酶活性，并具有一定的耐盐力，对保持发酵肉制品的色泽有重要作用，是目前欧洲干发酵香肠常用的发酵剂。腐生型葡萄球菌、木糖葡萄球菌和肉葡萄球菌对肌原纤维蛋白有不同程度的水解能力，且毒性试验表明，其安全无毒，无致病性，可以作为肉类发酵剂的微生物资源。有研究报道表明，微球菌在肉制品发酵过程中产酸较慢，但是对肉的腌制有促进作用，可以分解蛋白质、脂肪及还原硝酸盐，对产品腌制色泽和特征风味形成具有重要作用。葡萄球菌和微球菌的蛋白质、脂肪分解能力依品种各异，它们在呈味方面作用极其显著。其中的优良菌株能够形成芳香化合物，改善风味，加速生产过程。Stahnke 等研究发现，接种肉葡萄球菌的发酵香肠比对照组成熟期提前了两周。通常情况下两者共同存在于各种发酵剂中。葡萄球菌和微球菌由于具有硝酸盐还原活性，肉品在成熟过程中，可将 NO_3^- 还原为 NO_2^-，NO_2^- 进一步分解为 NO 后再与肌红蛋白结合生成亚硝基肌红蛋白，从而最终使肉品呈腌制的特有色泽。

（二）酵母菌

酵母菌是一类能发酵糖类的单细胞真菌的统称。其个体一般以单细胞状态存在，多数以出芽方式繁殖，能发酵糖类产能。酵母菌是具有重要用途的微生物之一，可以说人类的生活和生产几乎离不开酵母菌，如面包的加工、各种酒类的酿制、乙醇和甘油的发酵生产、单细胞蛋白的生产。

杨锡洪等从中国传统虾酱中分离得到的一株季氏毕赤氏酵母，不仅产香能力较强，而且具有一定的耐盐性，可作为虾酱复合发酵剂的菌株之一，用于低盐虾酱的发酵，提高虾酱发酵香气，控制产品质量。从传统虾酱中分离的产香酵母，为虾酱快速生产用复合发酵剂的制备提供了理论基础。刘树青等使用复合蛋白酶和复合风味蛋白酶作为复合水解酶，同时采用产酯酵母发酵技术制备调味料，通过电位滴定法测定单菌株和多菌株发酵对双酶水解贻贝肉产总酯的影响，结果表明，经产酯酵母发酵后的调味料，酯香味浓郁，给予产品发酵特有的风味。熊明洲等以中性蛋白酶制得的酵母抽提物制备复合调味料，在保留现有酵母抽提物用于酱油酿造的优点的同时，可以突出酱油的自然发酵酱香风味，且酱油在高盐或酸性环境下不产生沉淀，提升了酱油品质。赵祥忠等以贝类下脚料为原料，采用微生物协同发酵制备了贝类海鲜调味料，探讨了米曲霉和热带假丝酵母单独发酵与协同发酵对可溶性蛋白质和氨基酸态氮含量的影响，优化了复合菌株协同发酵的条件，制得了氨基酸态氮含量为1.35%的贝类海鲜调味料。

1. 酿酒酵母

酿酒酵母(图 2-6)又称面包酵母或出芽酵母，是与人类关系最紧密的一种酵母，传统上常用于制作面包和馒头等食品及酿酒。酿酒酵母是酵母属中最主要的酵母种，也是发酵工业上最常用、最重要的菌种之一。它能发酵葡萄糖、蔗糖、麦芽糖和半乳糖等多种糖类，但不能发酵乳糖和蜜二糖，只发酵三分之一的棉子糖。

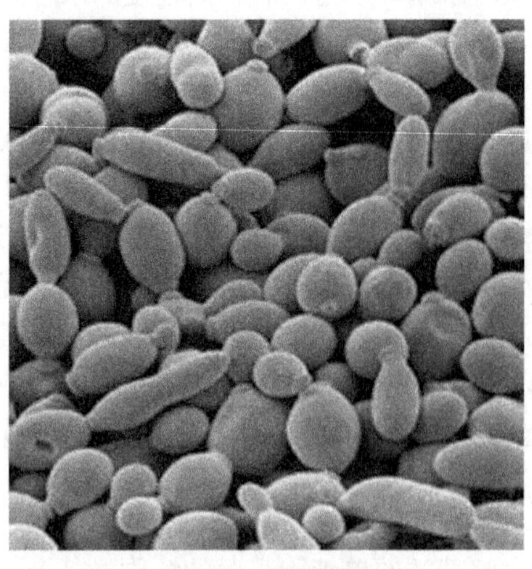

图 2-6　酿酒酵母

酒精发酵主要是酵母菌将葡萄糖转化为乙醇和二氧化碳的过程，葡萄糖经糖酵解(EMP)途径生成丙酮酸，后者在丙酮酸脱氢酶催化下生成乙醛，乙醛再经乙醇脱氢酶还原为乙醇，过程中除了生成乙醇与二氧化碳外，还会产生其他副产物，如甘油、戊醇、异戊醇、丁醇、异丁醇等高级醇类(统称为杂醇油)和多种酯类化合物等。

2. 卡尔斯伯酵母

卡尔斯伯酵母又称卡氏酵母，细胞为圆形或卵圆形，部分细胞的细胞壁有一平端。它与酿酒酵母的主要区别是能全发酵棉子糖。此外，在低温下的生长速度比酿酒酵母快。例如，在 8℃时，卡尔斯伯酵母的世代时间为 24h，而酿酒酵母却长达 42h，可见卡尔斯伯酵母适合于低温下的啤酒酿造。发酵时，酵母细胞悬浮于发酵液内，发酵后，酵母细胞凝结并沉积在罐底，形成紧密的沉淀。

卡尔斯伯酵母的主要用途有：①用于生产啤酒。该菌种是发酵啤酒的主要生产菌种，国内啤酒酿造业目前使用的菌种中，大多数是卡尔斯伯酵母或其变种，如 AS2.420、AS2.500 等。②用于生产食用、药用和饲料酵母，如 AS2.500，也用于生产活性干酵母。③用于提取麦角固醇(含量较高)。④作为维生素测定菌，可用于测定泛酸、硫胺素、吡哆醇和肌醇等。

3. 假丝酵母

假丝酵母在液体培养基中，细胞为球形、椭圆形或圆柱形；在马铃薯或玉米琼脂培养基中，容易形成发达的假菌丝，多极出芽。菌落为乳白色至奶油色，无光泽，有些菌株的菌落有褶皱或表面菌丝状，边缘不整齐或呈丝状。不生成子囊孢子，可生成厚垣孢子，不产生色素，很多种有酒精发酵能力。

假丝酵母的用途主要有：①生产酵母蛋白。作为人畜可食的蛋白质，产朊假丝酵母的蛋白质含量和维生素 B 含量均高于酿酒酵母。它能够在无任何生长因子，只有少量氮源的条件下，利用食品工厂的某些废液废料及造纸工业的亚硫酸废液、木材水解液(五碳糖和六碳糖)大量繁殖，用于制取酵母蛋白。②石油发酵脱蜡并制取饲料蛋白。热带假丝酵母的氧化烃类能力很强，是石油发酵制取饲料蛋白的优良菌种，如 AS2.637 可用作饲料酵母；以正烷烃培养 AS2.1387 获得的酵母菌体，还可用于制成酵母膏和提取麦角固醇。③正烷烃发酵生产柠檬酸等有机酸。例如，解脂假丝酵母在含 4%～6%的正烷烃培养基中发酵，柠檬酸转化率高达 53%，产量高达 34mg/mL；皱褶假丝酵母 AS2.511 可用于石油发酵生产反丁烯二酸。

(三) 霉菌

霉菌意指“发霉的真菌”，是一群低等丝状真菌(不含产生大型子实体的高等真菌)的统称。霉菌是好氧菌，在发酵制品中主要分布在表面和紧接表面的下层部分。

霉菌在发酵制品中的主要作用：形成特有的表面外观，并通过霉菌产生的蛋白酶、脂肪酶作用于水产发酵制品形成特殊风味；通过霉菌生长耗掉氧气，防止产品氧化褪色；抑制有害微生物的生长。发酵制品因霉菌而形成独特的表面特性和风味，主要是由于霉菌的酶系(蛋白酶、脂肪酶)发达，在肉制品表面生长，形成一层“保护膜”，这层膜不但可以减少肉品感染杂菌的概率，而且能很好地控制产品内水分的蒸发，防止出现“硬壳”现象；其后期变化主要是由于霉菌引起的蛋白质和脂肪的分解，产生特有的“霉菌”香味。

1. 根霉

根霉的菌丝无横隔膜，单细胞，菌丝体白色，气生性强，在固体培养基上迅速生长，交织成疏松的棉絮状菌落。千百年来，根霉一直是我国数种传统发酵食品的重要发酵菌。发酵工业中应用的根霉纯种主要是从自然发酵食品和传统酒曲中筛选获得。

根霉在自然界分布很广，用途广泛，其淀粉酶活性很强。根霉能生产延胡索酸、乳酸等有机酸，还能产生芳香性的酯类物质，亦是转化甾族化合物的重要菌类。

根霉的主要用途有：①用于制曲。酿酒米根霉、中国根霉、日本根霉、爪哇根霉、河内根霉、戴氏根霉、少根根霉和白曲根霉等许多根霉，具有高活性的淀粉糖化酶，多用来作糖化菌，并与酵母菌配合制成小曲，用于生产小曲米酒(白酒)。根霉还能产生少量乙醇和乳酸，两者结合生成乳酸乙酯，赋予小曲米酒特有的风味。②生产葡萄糖。根霉含有丰富的淀粉酶，其中共糖化型淀粉酶丰富，活性高，能将淀粉结构中的α-1,4-糖苷键和α-1,6-糖苷键打断，较完全地将淀粉转化为纯度较高的葡萄糖。③生产有机酸。米根霉产 L(+)-乳酸量最多；匍枝根霉和少根根霉的某些菌株可产生反丁烯二酸(富马酸)和顺丁烯二酸(马来酸)；戴氏根霉可产生延胡索酸。④生产发酵食品。米根霉和少根根霉可用于发酵豆类和谷类食品，如大豆发酵食品便是其中的一种传统发酵食品。

2. 曲霉

曲霉的菌丝有横隔膜，为多细胞丝状真菌。某些菌丝细胞特化膨大成为厚壁的足细胞，由足细胞生出直立的分生孢子梗(无横隔膜)。

曲霉是发酵工业和食品加工业的重要菌种，已被利用的有近60种，是一类具有重要经济价值而被广泛应用的真菌，主要用于生产传统食品、多种重要酶制剂(淀粉酶、蛋白酶、果胶酶、脱氧核糖核酸酶、葡萄糖氧化酶等)、工业化柠檬酸、多种真菌类抗生素(抗坏血酸、苹果酸、葡糖酸、曲酸等)、真菌毒素等产品。

1)米曲霉

米曲霉是曲霉属真菌中的一个常见种，菌落生长较快，质地疏松，初呈白色、黄色，后转为黄褐色至淡绿褐色，背面无色，是我国传统酿造食品酱和酱油的生产菌种。米曲霉是理想的生产大肠杆菌不能表达的真核生物活性蛋白的载体。米曲霉基因组所包含的信息可以用来寻找最适合米曲霉发酵的条件，这将有助于提高食品酿造业的生产效率和产品质量。

米曲霉是一类产复合酶的菌株，除产蛋白酶外，还可产淀粉酶、糖化酶、纤维素酶、植酸酶等。米曲霉在淀粉酶的作用下，将原料中的直链、支链淀粉降解为糊精及各种低分子糖类，如麦芽糖、葡萄糖等；在蛋白酶的作用下，将不易消化的大分子蛋白质降解为蛋白胨、多肽及各种氨基酸；而且可以降解辅料中粗纤维、植酸等难吸收的物质，提高营养价值、保健功效和消化率，被广泛应用于食品、饲料、曲酸、酿酒等发酵工业。

2）黑曲霉

黑曲霉（图 2-7）是曲霉属真菌中的一个常见种，广泛分布于世界各地的粮食、植物性产品和土壤中，黑曲霉不产生毒素，现已被许多国家批准作为食品用酶制剂生产菌，国外已实现黑曲霉制剂商品的工业化生产。

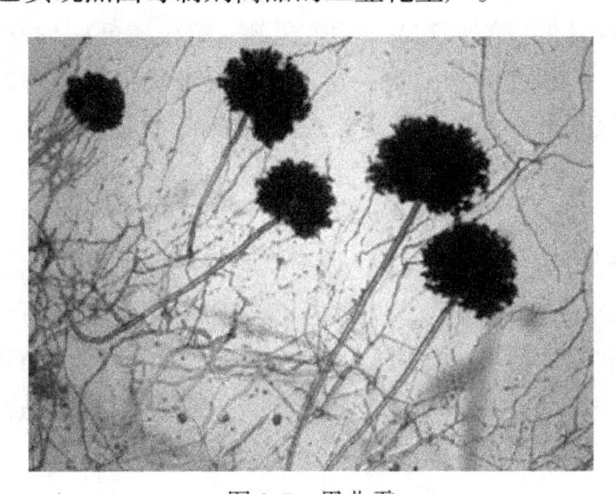

图 2-7　黑曲霉

黑曲霉具有很强的外源基因表达能力及高效的蛋白表达、分泌和修饰能力，同时重组子具有很高的遗传稳定性。随着越来越多的外源蛋白在黑曲霉中成功表达，且被证明具有较高的产量和活性，黑曲霉成了一个重要的酶表达体系，也逐渐成为重要的工业酶制剂生产菌种。

黑曲霉不仅在传统发酵生产上具有较大的优势，在其他方面也具有非常广阔的应用前景。黑曲霉在众多微生物表达系统中有突出优势的原因在于：

首先，黑曲霉是真核生物，细胞内有内质网、高尔基体等蛋白质加工模块、复杂的基因排列方式、内含子等原核生物没有的特征，这些特征使黑曲霉表达体系能够生产结构复杂的蛋白质或酶。许多工业酶、食品酶、医药类酶的结构复杂，其原因在于原核生物表达系统（如大肠杆菌、枯草芽孢杆菌等）无法完善表达酶结构，这使得黑曲霉在结构较复杂的酶种表达领域前景广阔。

其次，黑曲霉表达体系秉承了大部分好氧微生物生长快速、代谢旺盛、生存力强的优势，使黑曲霉产出的蛋白质和酶质量高、产量大。黑曲霉可适应26～37℃的生长温度，耐pH值范围达2.5～6.5，菌丝发达且分枝多，分生孢子梗由特化的厚壁从膨大的菌丝上生出，这样可以确保它在各种环境下快速增殖，并分泌表达各种蛋白质。

最后，黑曲霉基因组有众多强启动子。强启动子是微生物表达体系的外源蛋白表达工具，黑曲霉糖化酶启动子(UlaA)是其中运用最广泛的一个诱导型启动子，许多已经工业化的菌株都以它为启动子，并经过基因改造用来生产酶制剂。目前，黑曲霉野生菌株CBS513.88已经完成基因测序，黑曲霉基因的秘密正在被揭开。

在实际的生产中，人们常常不只利用其中一种发酵微生物，而是多种联用，只为了生产出口味更佳的发酵产品。例如，Kan等分别应用米曲霉、嗜热链球菌、酿酒酵母和地衣芽孢杆菌来发酵南极磷虾汁，生产出了具有令人愉快的味道和独特风味的南极磷虾汁的发酵调味品。他们发现，南极磷虾四种发酵液的风味较好，氨基酸含量较高，有机酸含量较高，抗氧化活性较高。酿酒酵母发酵的南极磷虾汁营养最丰富，氨基酸含量高达1368.30mg/100mL且富含八种人体必需氨基酸，对1,1-二苯基-2-三硝基苯肼(DPPH)自由基的清除率为71.308%。Zhao等以贝类废料为原料，通过协同发酵制备海鲜调味品，讨论了米曲霉和热带假丝酵母分别发酵和协同发酵对可溶性蛋白质和氨基态氮含量的影响，优化了多种发酵剂的协同发酵条件，制备了一种含有1.35%氨基酸态氮的美味海鲜调味品。Zeng等比较了不同微生物(嗜热链球菌、瑞士乳杆菌、保加利亚乳杆菌和酵母菌)对罗非鱼、尼罗罗非鱼蛋白质水解液中鱼臭味和苦味的去除效果，通过感官测试评估鱼臭味和苦味的去除效力，结果表明，乳酸菌从蛋白质水解液中去除鱼腥味效果优于酵母菌。

二、微生物在发酵中的作用

针对传统发酵海产调味品中微生物的研究主要集中在耐盐蛋白酶的功能、香气和风味物质形成和生物胺降解等方面，表2-2介绍了传统发酵海产调味品中微生物的发酵作用及功能。

表2-2 传统发酵海产调味品中微生物的发酵作用及功能研究

微生物	来源	作用与功能
soybean koji	酱油	快速发酵鱿鱼加工副产品、低盐鱼酱
Breribacillus sp. SK35	鱼露	降解组胺
T. halophilus Th221	酱油	免疫调节作用

续表

微生物	来源	作用与功能
Halobacillus sp.	泰国鱼露	产生中度嗜盐丝氨酸蛋白酶
Natrinema gari HDS34	凤尾鱼鱼露	降低产品组氨酸含量
L. plantarum IFRPD P15 和 *L. reuleri* IFRPD P17	淡水鱼	乳酸菌发酵剂
T. halophilus	鱼露	产生蛋白酶，形成风味物质
Virgibacillus sp. SK33	鱼露	发酵剂，产生耐盐蛋白酶
Staphlococcus carnosus FS19 和 *Bucills amyloliquefaciens* FS05	鱼露	新型发酵剂，降低组胺含量
Aspergillus 和 *Candida*	中国酱油	改善传统酱油质量
Kodamaea ohmeri M8	鱼露	降解生物胺

从表 2-2 中可以看出，微生物在发酵过程中具有广泛的优点：对形成产品的风味物质具有一定的影响；具有降解组胺的作用；可以提高产品品质和功能等。

1. 微生物降解生物胺作用

生物胺(BA)广泛存在于发酵食品中，并且对生物产生不利影响，影响人类中枢神经系统和血管系统。传统水产调味品发酵过程会产生生物胺，过量生物胺会使发酵食品产生严重的食品安全问题。生物胺主要是由多种微生物的组氨酸脱羧酶诱导产生的。发酵过程可以利用微生物控制组胺的形成，提高产品的安全性。研究表明，一些嗜盐菌，如枝芽孢杆菌属、极端嗜盐古细菌等，具有降解生物胺形成的作用，它们通过自身组胺氧化酶氧化降解组胺，减少组胺在食品内的累积。从发酵食品中分离出的一些乳酸菌已被证明能通过生产胺氧化酶来降解生物胺，属于乳杆菌属和片球菌属的 9 个菌株，表现出最大的生物胺降解能力。鱼酱油中分离出的嗜盐微生物短芽孢杆菌属 SK35 能够减少 99%的组胺。Zaman 等分别采用从具有胺氧化酶活性的鱼酱中分离的金黄色葡萄球菌 FS19 和解淀粉芽孢杆菌 FS05 进行水产调味品发酵，产品的组胺浓度分别降低 27.7%和 15.4%。因此，在鱼酱发酵中应用具有胺氧化酶活性的发酵剂可以有效减少生物胺的积累。Dapkevicius 等从鱼露中分离的 78 株奥默柯达酵母菌具有胺氧化酶活性的有 48 株，当用作纯培养物时，这些菌株中的 5 种在 30h 内可以降解多达 20%～56%的组胺，在鱼酱中也观察到这些分离菌株中的两种组胺降解高达 50%～54%。

2. 脱腥

发酵产生恶臭味的原因在于腐败微生物首先利用一些简单化合物，产生各种挥发性的臭味成分，如氧化三甲胺、肌酸、牛磺酸、尿酸、肌肽及其他氨基酸等，这些物质在腐败微生物的降解下产生三甲胺、氨、组胺、硫化氢、吲哚及其他化合物，以及蛋白质降解产生组胺、尸胺、腐胺、联胺等恶臭类物质。微生物的新陈代谢作用可以吸收利用部分化学物质，选择适宜的微生物菌株可将小分子腥味成分转变成无腥味的大分子物质，或者通过微生物酶的作用对腥味物质的分子结构进行修饰，转化成为无腥味成分，达到脱腥的效果。发酵脱腥不添加其他物质，是一种绿色的脱腥方法，能够比较彻底地除去腥味，常用微生物有乳酸菌、酵母菌、醋酸菌、米曲霉等。

乳酸菌和酿酒酵母具有发酵代谢、抑制腐败菌生长、促进良好风味形成的作用，因而在食品工业上应用广泛。酵母菌与乳酸菌发酵作用，在不同程度上对鱼下脚料都具有脱腥作用。分析脱腥原因主要是接入大量纯种微生物，有效抑制了下脚料中杂菌的繁殖分解作用，纯种微生物发酵造成环境 pH 值下降，也有效地抑制了杂菌的生长繁殖，同时发酵过程产生的风味物质还起到了掩盖腥味的作用。微生物发酵具有提高鱼下脚料粗蛋白利用的作用，其中酵母菌的提高幅度更大，这为鱼下脚料的开发与保存提供了新的思路。Seo 等采用米曲霉发酵海带，以热脱吸结合 GC-MS 技术分析得到 56 种海带风味物质，其中主要特征成分为异戊酸、异硫氰酸烯丙酯、辛醛和乙醛；30℃条件下发酵 4d 能有效去除腥味，腥味强度下降 4 倍。

3. 抑菌作用

微生物防腐剂是天然防腐剂中的一种，但这里所列举的微生物防腐剂不同于传统意义上的微生物防腐剂，如枯草芽孢杆菌菌体在生长过程中产生的枯草菌素、多黏菌素、制霉菌素和短杆菌肽等脂肽类抗生素活性物质，对致病菌或内源性感染的条件致病菌有明显的抑制作用。研究证明，发酵作用可以控制发酵物质中病原菌如肉毒杆菌、金黄色葡萄球菌、沙门氏菌的产生。林克忠通过对火腿上的霉菌与污染腐败细菌之间关系的研究，发现许多霉菌都有抑制腐败细菌生长的作用，使火腿在漫长的加工过程中不会腐败变质，保证火腿的质量和色香味的形成。张蕙蕴对海洋真菌 S-5 发酵产抑菌物质的性能进行探讨，S-5 菌株发酵液对几种革兰氏阳性和革兰氏阴性致病细菌生长具有快速的抑制作用，而对真菌没有明显抗菌性。乳酸菌可以利用糖类产酸，如利用葡萄糖产生乳酸，从而使肉制品的 pH 值下降至 5 左右，赋予肉制品特有的风味。酸性条件可以抑制病原菌和腐败菌的生长，提高发酵制品的安全性。

4. 减少亚硝酸盐的使用

亚硝酸盐在食品中或食用后生成致癌物，危害动物生殖和发育，国家标准要求其只能在限定范围内使用。但亚硝酸盐由于是潜在有毒物质，而且发生过一些将其误作为其他成分用于食品或饮料中的事件，所以应控制好肉制品中亚硝酸盐的使用限量，避免中毒风险。

Morita 等将同位素标记的 L-精氨酸作为 MRS 培养基氮源，在含有高铁肌红蛋白的培养基中，发现发酵乳杆菌 IFO 3956 具有最强的将高铁肌红蛋白转化为亚硝酰肌红蛋白的能力。该菌株将 L-精氨酸的两个当量胍基氮酶促合成一氧化氮，证明了 IFO 3956 可能拥有细菌一氧化氮合酶。Moller 等评估了两种发酵乳杆菌菌株(JCM1173 和 IFO3956)在肉汤培养基或发酵香肠中产生肌红蛋白的亚硝基化衍生物的能力。他们将菌株应用于 MRS 液体培养基和烟熏发酵香肠中，同时以商用发酵剂菌株戊糖片球菌 PC-1 和肉葡萄球菌XIII的菌种混合物及单独菌株为对照。研究结果表明，在添加了细菌培养物的烟熏香肠中，加入发酵乳杆菌的香肠中心检测到最高含量的亚硝酰肌红蛋白，但是添加 60ppm($1ppm=10^{-6}$)亚硝酸盐香肠的颜色形成更明显。就转化高铁肌红蛋白的活性而言，发酵乳杆菌 JCM1173 强于 IFO3956。某些乳酸菌可转化高铁肌红蛋白产生色泽，从而可部分替代亚硝酸盐，包括植物乳杆菌、发酵乳杆菌和肠膜明串珠菌等，它们对亚硝酸盐都有很好的降解作用，降解率在 98%以上，可降低硝酸盐的使用限量，避免中毒风险。

5. 提高制品的营养价值

发酵可使肉中的蛋白质分解为肽和氨基酸，同时产生大量风味物质，提高产品的营养价值。有研究者从传统发酵鱼酱、虾酱中检测出多达 155 种挥发性物质，其中醛、酮、醇、酯、芳烃、含氮和含硫化合物等挥发性物质占绝大多数，一些特征性含氮杂环化合物，如吡嗪，主要存在于虾酱中。泰国鱼酱中的嗜盐乳酸菌有助于醇类的积累，同时也产生少量的乙酸乙酯和不同含量的丙酮、2-丁酮、2,3-丁二酮和环己酮等挥发性成分，其中，菌株 *T. halophilus* MS33、MRC5-5-2、MCD10-5-15 有利于 2-甲基丙醛的形成，菌株 MRC10-1-3 有利于苯丙醛的形成。

第五节　水产品发酵微生物代谢调控

微生物有一整套可塑性极强和极精确的代谢调节系统，以保证上千种酶能正确无误、有条不紊地进行极其复杂的新陈代谢反应。为了与其他形式的生命竞争，微生物具有控制其代谢产物生产的调节机制，从而防止这些初级和次级代谢产物过量生产。在工业发酵领域，相反的概念占主导地位，发酵微生物学家在自然界中找寻有用的菌株，然后进一步使微生物失调，使其过量产生在商业上重要的产物，如酶。

微生物发酵生产的水平取决于生产菌种的性能，但有了优良的菌种还需要有最佳的环境条件即发酵工艺加以配合，才能使其生产能力充分体现。发酵通常会导致相对于起始时成分的深刻变化。然而，发酵通常是非常复杂的生物系统，发酵作用源于发酵生物体代谢活动产生的活性酶系统。盐的添加量、物料颗粒的大小、温度和氧气水平等因素也将对发酵过程中发生的化学反应产生重要影响。因此，必须研究生产菌种的最佳发酵工艺条件，如营养要求、培养温度、对氧的需求等，据此设计合理的发酵工艺，使生产菌种处于最佳成长条件下，才能取得优质高产的效果。

一、优势微生物代谢调控

优势微生物指在一定的环境下，具有最适活度、繁殖最快、数量最多的微生物菌群。在发酵过程中，优势微生物会随时间的变化而变化。李改燕按照最佳加工工艺条件生产糟鱼，得出糟鱼发酵过程中的优势微生物为芽孢杆菌、葡萄球菌、乳酸菌和酵母菌。芽孢杆菌是发酵前期和中期的优势微生物，葡萄球菌和乳酸菌是发酵后期的优势微生物，酵母菌是整个发酵过程中的优势微生物。发生变化的原因在于芽孢杆菌、乳酸菌具有产蛋白酶和脂肪酶的特性，酵母菌具有产脂肪酶的特性。有研究发现利用乳酸杆菌和明串珠菌作为发酵的优势菌，有利于鱼、肉、奶等发酵产品良好风味的形成，并能保障产品品质稳定，此外，接种发酵还能提高发酵食品的安全性。

二、温度对发酵的影响

发酵温度是影响发酵进程的重要因素之一，不同发酵温度下，水产品发酵过程中菌落总数、pH 值、氨基酸态氮、挥发性盐基氮、三甲胺、组胺等指标都会发生显著性变化，细胞生长、产物合成、发酵液的物理性质和生物合成方向等方面受到影响。

温度对发酵的影响主要表现在直接效应和间接效应两个方面。直接效应包括影响微生物的生长速率、酶活性、细胞组成和营养需求等；间接效应包括影响溶质分子的溶解性、离子的运输和扩散、细胞膜的渗透压及表面张力等。温度通过影响微生物膜的液晶结构、酶和蛋白质的合成及活性，以及 RNA 的结构及转录等进而影响微生物的生命活动。具体表现为：随着微生物所处环境温度的升高，细胞中生物化学反应速率加快，生长速率加快；随着温度上升，细胞中对温度较敏感的组分(如蛋白质、核酸等)可能会受到不可逆的破坏。

随着温度的上升，细胞的生长繁殖加快，这是由于生长代谢以及繁殖都有酶参加。从酶促反应的动力学角度来看，温度升高，反应速率加快，呼吸强度增加，最终导致细胞生长繁殖加快。但随着温度的上升，酶失活的速率也越大，使衰老提前，发酵周期缩短，这对发酵生产是极为不利的。高温会使微生物细胞内的蛋白质发生变性或凝固，同时还破坏了微生物细胞内的酶活性，从而杀死微生物；而低温又会抑制微生物的生长。研究表明，用于植物病害防治的普城沙雷氏菌在一定温度范围内，生长速率随温度的升高而加快，同时菌液浓度也随温度升高而增大，但温度过高会抑制普城沙雷氏菌的生长，最终优化条件以28℃为最适发酵温度。另外，一些微生物在培养过程中，各个发酵阶段的最适温度也不同。例如，在青霉素的发酵过程中，如果按照首先5h、30℃，然后6～35h、25℃，再36～85h、20℃，最后40h再升到25℃的方式来控制各阶段的发酵温度，可使发酵后青霉素产量比25℃恒温培养提高10.7%。表2-3为不同菌种的生长温度三基点。

表2-3　不同菌种的生长温度三基点

菌种	生长温度/℃		
	最低	最适	最高
嗜热液化芽孢杆菌	37	60	70
嗜热纤维芽孢杆菌	50	60	68
丙酮丁醇梭菌	20	37	47
植物乳杆菌	10	30	40
干酪乳杆菌	10	30	40
大肠杆菌	10	37	47
淋病奈瑟氏球菌	25	37	40
金黄色化脓小球菌	15	37	40
翠雀单胞菌	1	25	30
乳脂链球菌	10	30	37
嗜热链球菌	20	40～50	53
枯草杆菌	15	30～37	55
结核分枝杆菌	30	37	42
绿脓杆菌	0	37	42
黑曲霉	7	30～39	47
啤酒酵母	10	28	40

1. 温度影响发酵液的物理性质

温度除了影响发酵过程中各种反应速率外，还可以通过改变发酵液的物理性质间接影响微生物的生物合成。例如，温度对氧在发酵液中的溶解度就有很大影响，随着温度的升高，气体在溶液中的溶解度减小，氧的传递速率也会改变。

2. 最适温度的选择与发酵温度的控制

温度对微生物的生长和发酵过程有重要的影响。各种微生物在一定条件下都有一个最适的生长温度范围，在此温度范围内，微生物生长繁殖最快，如图2-8

所示。选择最适温度应该考虑微生物生长的最适温度和产物合成的最适温度。最适发酵温度与菌种、培养基成分、培养条件和菌体生长阶段有关。但最适发酵温度的选择实际上是相对的，应根据其他发酵条件进行合理地调整，需要考虑的因素包括菌种、菌体生长阶段和培养条件等，还应考虑培养基成分和浓度，在使用浓度较稀或较易利用的培养基时，过高的培养温度会使营养物质过早耗竭，而导致菌体过早自溶，使产物合成提前终止，产量下降。但如果生产菌相对耐高温，这会对发酵过程有促进作用，这是由于耐高温特点不仅可以减少污染杂菌机会，还可以减少夏季培养所需的降温辅助设备，降低成本。

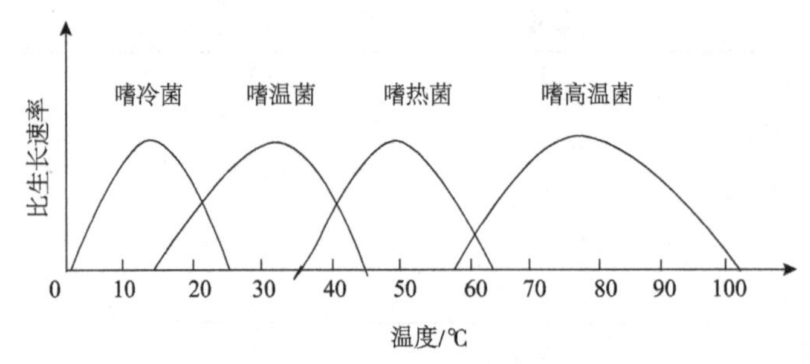

图 2-8　温度对嗜冷菌、嗜温菌、嗜热菌和嗜高温菌比生长速率的影响

戴萍等为了探究传统虾酱发酵过程中的安全性品质变化规律，研究了发酵温度(25℃、35℃、45℃)对虾酱发酵过程中(15d 内)菌落总数、pH 值、氨基酸态氮、挥发性盐基氮、三甲胺和组胺的影响。结果表明，不同发酵温度下，菌落总数、pH 值、三甲胺的差异不显著，但会显著影响氨基酸态氮和挥发性盐基氮含量，温度越高，氨基酸态氮和挥发性盐基氮含量越高。

三、pH 值对发酵的影响

pH 值是微生物代谢的综合反映，影响微生物代谢的进行，是发酵过程中十分重要的参数。发酵过程中 pH 值是不断变化的，通过观测 pH 值的变化规律可以判断发酵的正常与否。最佳初始 pH 值对不同种类微生物发酵后目的产物的产量及质量影响较大，主要原因在于 pH 值影响微生物细胞原生质膜的电荷，进而影响微生物的生长和新陈代谢，以及微生物对营养物质的吸收和利用。例如，对苏云金芽孢杆菌的研究表明，其芽孢萌发率在 pH 7.0 时最高，当 pH 值小于 6.5 或大于 8.0 时，萌发率显著降低，仅为 40%；此外，如果培养基 pH 值不合适，还会对毒素产量造成影响，甚至完全不产生伴胞晶体毒素；对生防菌株 YB6 的研究表明，在初始 pH 9.0 的碱性环境下，菌株发酵产物对番茄青枯病原菌的抑菌活性最强。

1. pH 值影响酶的活性

当 pH 值抑制微生物某些酶的活性时，微生物的新陈代谢受阻。pH 值影响微生物细胞膜所带电荷，从而改变细胞膜的透性，影响微生物对营养物质的吸收及代谢物的排泄，因此影响新陈代谢的进行。环境 pH 值还影响培养基中营养物质的离子化程度，从而影响微生物对营养物质的吸收，或有毒物质的毒性。

2. pH 影响代谢产物的质量和比例

pH 值不同往往引起微生物代谢过程的不同，使代谢产物的质量和比例发生改变。由于 pH 值的高低对微生物生长和产物合成产生明显的影响，所以在工业发酵中，维持最适 pH 值已成为影响生产成败的关键因素之一。

四、氧气对发酵的影响

好氧的液体发酵通常需要供给大量的空气才能满足微生物对溶氧的需求。溶氧不仅影响代谢产物的合成途径，也会影响代谢产物的合成速率。在发酵过程中，由于菌体密度高，发酵过程摄氧量大，摇瓶条件一般采用降低装液量、增加转速的方法，发酵罐条件一般采用增大搅拌转速和增加空气流量的方法，以达到增加溶氧量的目的。装液量对枯草芽孢杆菌 B47 产抗菌物质影响最大，且具有负效应，即装液量越少，菌株产生的抗菌物质越多；溶解氧浓度在一定范围内与芽孢形成量呈正相关，但溶解氧浓度过高会造成产孢量下降。推测其原因可能是在对数生长期和芽孢形成期，充足的通气量使得发酵培养基中的溶氧水平升高，从而有利于芽孢的产生；但通气量过大导致溶解氧过量时，菌体自溶现象的出现反而使芽孢数下降。因此溶氧是需氧发酵控制最重要的参数之一。由于氧在水中的溶解度很小，在发酵液中的溶解度也如此，因此，需要不断通风和搅拌，才能满足不同发酵过程对氧的需求。

发酵生产中，供氧的多少应根据不同的菌种、发酵条件和发酵阶段等具体情况决定。在需氧微生物发酵过程中影响微生物需氧量的因素很多，除了和菌体本身的遗传特性有关外，还和下列因素有关。

1. 培养基的成分和浓度

培养基的成分和浓度对微生物需氧量的影响是显著的，其中碳源的种类和浓度对微生物需氧量的影响尤其显著。一般来说，碳源在一定范围内，需氧量随碳源浓度的增加而增加。在分批发酵过程中，微生物的需氧量随补入的碳源浓度而变化，一般补料后，需氧量均呈现不同程度的增大。

2. 不同菌龄及细胞浓度

同一微生物的不同生长阶段，其需氧量也不同。一般来说，微生物处于对数生长阶段的呼吸强度较高，生长阶段的需氧量大于产物合成期的需氧量。在分批发酵过程中，需氧量在对数生长期后期达到最大值。因此一般认为，培养液的需氧量达最高时，培养液中菌体浓度达到了最大值。

3. 培养液中溶解氧的浓度

在发酵过程中，培养液中的溶解氧浓度高于微生物生长的临界需氧浓度时，微生物的呼吸就不受影响，微生物的各种代谢活动不受干扰。

4. 培养条件的影响

若干试验表明，微生物呼吸强度的临界值除受培养基组成的影响外，还与培养液的 pH 值、温度等培养条件相关。一般来说，温度越高，营养成分越丰富，其呼吸强度的临界值也相应增高。

5. 有毒产物的形成及积累

在发酵过程中，有时会产生一些对菌体生长有毒性的代谢产物，如 CO_2，如不能及时从培养液中排除，势必影响菌体的呼吸，进而影响菌体的代谢活动。

五、添加剂对发酵的影响

无机盐类是微生物生长不可缺少的营养物质。其主要作用是构成菌体细胞成分，作为酶的组成部分、酶的激活剂或抑制剂，调节培养基的渗透压、pH 值、氧化还原电位等。一般微生物所需无机盐类包括硫酸盐、磷酸盐、氯化物和含钾、钠、镁、铁的化合物等，有的还需要微量的铜、锰、锌、碘等。尽管微生物对无机盐的需要量很少，但无机盐用量在一定程度上影响着菌体的生长和代谢产物的形成。

1. 碳源代谢物抑制

碳源，如玉米淀粉、葡萄糖、果糖和废糖蜜，经常用于发酵生产酶、抗生素和其他次级代谢产物。但是这种生产经常受碳源代谢物的负调控，这种调控机制称为碳源代谢物抑制(CCR)。CCR 广泛分布于微生物中，主要功能是当环境中有多种碳源时，CCR 就选择性利用碳源。在这种机制的调控下，细胞首先代谢培养基中的最优碳源，这时，利用其他底物进行合成酶的反应就会受到抑制，直到这种占主导地位的底物耗尽为止。有关细菌和真菌受 CCR 调控合成酶及其他次级代谢产物的例子很多。例如，丝状真菌米曲霉生产 *α*-淀粉酶受到作为碳源的乙酸和葡萄糖的抑制。值得注意的是，在这个例子中，葡萄糖除了通过 Crc A 蛋白对酶的合成起抑制作用外，还对酶的活性起诱导作用。

2. 氮调控

微生物生长可以利用许多种氮源，但不是所有的氮源都有相同的促生长功效。良好的氮源有氨、谷氨酰胺、天冬酰胺，而脯氨酸和尿素则被认为是较差的氮源。为了能从各种可选择的氮源中筛选出最优氮源，微生物已进化形成了感应调节机制。这使得微生物可以首先利用培养基中最优氮源，这时采用其他氮源合成酶的反应就受到抑制，直到最优底物用完为止。氮源调控的酶有用于监测和去除水中硝酸盐的硝基还原酶、用于尿酸测定及去除的尿酸氧化酶、用于日用品和洗涤剂的蛋白酶等。氮调节在工业微生物学中具有广泛的意义，因为它影响涉及初级和次级代谢的酶的合成。微生物的许多次级产物的生产都受氮源的负调控。所以，发酵培养基经常含有高蛋白原料(如豆粉)，而限定性培养基常含有同化氨基酸(如脯氨酸)作为氮源以获得次级代谢产物的高产。一些氨基糖苷类抗生素的生产受到氨的抑制，如新霉素和卡那霉素，而硝酸和某些特定氨基酸却有相反的作用，它们具有刺激作用。

氮浓度高低会影响初、次级代谢中敏感酶的合成，以及对发酵培养基中各种氮源的利用。现在已有关于发酵生产代谢物时氮的负作用的报道。通过传统的遗传学方法，可以分离出抗氮负效应的突变菌株。其中一个成功的例子是乙内酰脲酶的生产。避免氨抑制的其他方法还有限制发酵培养基中抑制性氮源的浓度。

3. 磷酸盐调控

磷酸盐是几乎所有食物的天然成分之一，作为重要的食品配料和功能添加剂被广泛用于食品加工中。磷作为浮游植物生长的限制营养元素，其需要量比氮少；作为水体初级生产力的限制性营养元素之一，对水体初级生产力的限制作用往往比氮更强。磷的三种形式为溶解无机磷(DIP)、溶解有机磷(DOP)、颗粒磷(PP)，三种形式的转化在微生物的作用下构成磷的一个重要且复杂的动态循环。磷的动态循环可以看成是增磷作用与耗磷作用的矛盾运动过程，而养殖水体中含磷量的变化量，即增加量或减少量，就是由这对矛盾体决定的。

磷调控包括特异性调控和一般调控。无机磷酸盐的特异性负作用是由于它能抑制磷酸酶。因为特定的次级代谢产物的中间体(如氨基糖苷类抗生素中间体)是磷酸化形式而不是最终产物，所以生物合成需要磷酸酶。为了高产，磷酸盐敏感性抗生素的发酵必须在游离磷酸盐浓度较低的条件下进行，通常是在微生物最适生长的条件下进行。

微生物只有在适宜的环境条件下才能正常生长繁殖。在发酵生产中，除培养基成分及其浓度外，只有环境条件能够直接调控，发酵过程中的温度、pH值、溶解氧等环境变量都会对微生物的繁殖、代谢活动造成影响。通过调整控制培养条件，为微生物创造适宜的环境，是提高发酵产物产量、质量的重要手段。

参 考 文 献

曹荣, 刘淇, 赵玲, 等. 2016. 基于高通量测序的牡蛎冷藏过程中微生物群落分析. 农业工程学报, 32(20): 275-280.

褚福娟, 孔保华, 黄永. 2008. 发酵肉制品常见微生物及其对风味的影响. 肉类研究, (1): 8-11.
戴萍, 李展锐, 潘裕, 等. 2013. 温度对传统虾酱发酵过程中安全性品质影响. 食品科技, (4): 286-290.
杜云建, 唐喜国, 陈鸣. 2006. 发酵调味虾酱的研究. 中国酿造, (10): 68-70.
高冰, 高泽鑫, 王常苏. 2014. 一种富含纳豆激酶的风味纳豆的制备方法: CN103734627AP.
贾英民. 2005. 食品微生物学. 北京: 中国轻工业出版社.
蒋秋燕, 孙君辉, 刘向松, 等. 2017. 乳酸菌生产发酵水产品的研究进展. 食品研究与开发, 38(16): 199-204.
李改燕. 2009. 糟鱼发酵过程中微生物菌群和风味变化的研究. 宁波大学硕士学位论文.
李沛军, 孔保华, 郑冬梅. 2010. 微生物发酵法替代肉制品中亚硝酸盐呈色作用的研究进展. 食品科学, 31(17): 388-391.
李晓波. 2009. 发酵肉制品常用的微生物及其特性. 肉类研究, (7): 65-69.
李莹, 白凤翎, 励建荣. 2013. 传统海产调味品中微生物及其发酵作用研究进展. 食品与发酵工业, 39(10): 187-191.
连鑫, 杨锡洪, 解万翠, 等. 2014. 中国传统虾酱中产香酵母的分离鉴定及其耐盐性分析. 现代食品科技,(7): 92-97.
林克忠, 杨耀寰, 竺尚武, 等. 1992. 金华火腿的质量和色香味形成与霉菌关系的研究. 肉类研究, (2): 10-16.
刘金梅, 张凤英. 2013. 根霉在发酵工业与环境科学中的研究进展. 生物技术通报, (11): 26-33.
刘树青, 江晓路, 牟海津. 2005. 双酶水解紫贻贝制备酵母调味料研究. 微生物学通报, 32(6): 58-62.
路红波, 刘俊荣. 2005. 水产调味料概述. 水产科学, 24(3): 44-46.
鄯晋晓, 盛占武. 2007. 发酵肉制品中微生物的作用. 肉类工业, (2): 15-18.
沈月新. 2001. 水产食品学. 北京: 中国农业出版社.
孙业盈, 单长民, 武玉永. 2011. 蜢子虾酱中度嗜盐菌的分离、鉴定及特性研究. 中国酿造, 30(11): 94-97.
王锦华, 陈振风. 2000. 微生物发酵实验的改革. 实验室研究与探索, 19(2): 44-47.
王檬, 姚池璇, 侯丽华. 2014. 调味品微生物防治新方法的发展与展望. 中国酿造, 33(7): 1-4.
王祥红, 李会荣, 张晓华. 2000. 中国对虾成虾肠道微生物区系. 青岛海洋大学学报, 30(3): 493-498.
吴定, 温吉华, 程绪铎, 等. 2005. 固定化酵母菌和醋酸杆菌发酵食醋工艺研究. 中国酿造, 24(1): 20-22.
吴渊. 2014. 乳酸菌发酵应用于水产防腐. 浙江大学硕士学位论文.
熊明洲, 王卓, 陈雪松, 等. 2015. 一种用于酱油的酵母抽提物复合调味料及其制备方法: CN104905210AP.
颜方贵. 1993. 发酵微生物学. 北京: 中国农业大学出版社.
杨晋, 陶宁萍, 王锡昌. 2006. 水产调味料的研究现状和发展趋势. 食品科技, 31(11): 51-54.
杨锡洪, 吴海燕, 解万翠, 等. 2009. 风味咸鱼中乳酸菌和葡萄球菌的分离与鉴定. 食品科学, 30(21): 192-194.
袁三平. 2013. 一种用乳酸菌发酵制作虾酱的方法: CN 102987359AP.
张熙, 韩双艳. 2016. 黑曲霉发酵产酶研究进展. 化学与生物工程, 33(1): 13-16.
赵思扬. 2012. 鱼露发酵液产蛋白酶菌株的筛选、鉴定与定量检测. 华南农业大学硕士学位论文.

赵祥忠, 张合亮, 杨晓宙. 2014. 微生物协同发酵生产海鲜调味料的技术研究. 中国酿造, 33(5): 72-76.
朱燕, 罗欣. 2003. 肉类发酵剂及其发酵方式. 肉类研究, (1): 13-15.
Alberto M, Juan J C, Miguel A, et al. 2004. Contribution of a selected fungal population toproteolysis on dry-curedham. International Journal of Food Microbioloy, 94: 55-66.
Dapkevicius M L N E, Nout M J R, Rombouts F M, et al. 2000. Biogenic amine formation and degradation by potential fish silage starter microorganisms. International Journal of Food Microbiology, 57(1): 107-114.
Durand L, Zbinden M, Cueff-Gauchard V, et al. 2010. Microbial diversity associated with the hydrothermal shrimp *Rimicaris exoculata*, gut and occurrence of a resident microbial community. Fems Microbiology Ecology, 71(2): 291-303.
Garcíaruiz A, Gonzálezrompinelli E M, Bartolomé B, et al. 2011. Potential of wine-associated lactic acid bacteria to degrade biogenic amines. International Journal of Food Microbiology, 148(2): 115-120.
Gelman A, Drabkin V, Glatman L. 2000. Evaluation of lactic acid bacteria, isolated from lightly preserved fish products, as starter cultures for new fish-based food products. Innovative Food Science & Emerging Technologies, 1(3): 219-226.
Kan F, You Z, Teng Y, et al. 2015. The fermentation of Antarctic krill juice by a variety of microorganisms. Journal of Aquatic Food Product Technology, 24(8): 824-831.
Kobayashi M, Shimizu H, Shioya S. 2008. Beer volatile compounds and their application to low-malt beer fermentation. Journal of Bioscience and Bioengineering, 106(4): 317-323.
Kuivanen J, Penttilä M, Richard P. 2015. Metabolic engineering of the fungal D-galacturonate pathway for L-ascorbic acid production. Microbial Cell Factories, 14(1): 2-10.
Lee B H, Ka B K H, Yoon K H, et al. 2007. Harmful microorganisms occurred on the bed-logs of several *Quercus* spp. for shiitake cultivation. Korean Journal of Mycology, 35(1): 33-36.
Lee S, Jang J K, Park Y. 2016. Fed-batch fermentation of onion vinegar using *Acetobacter tropicalis*. Food Science and Biotechnology, 25(5): 1407-1411.
Liu H, Wang L, Liu M, et al. 2011. The intestinal microbial diversity in Chinese shrimp (*Fenneropenaeus chinensis*) as determined by PCR-DGGE and clone library analyses. Aquaculture, 317(1-4): 32-36.
Mcfeeters R F. 2004. Fermentation microorganisms and flavor changes in fermented foods. Journal of Food Science, 69(1): FMS35-FMS37.
Moller J K S, Jensen J S, Skibsted L H, et al. 2003. Microbial formation of nitrite-cured pigment, nitrosylmyoglobin, from metmyoglobin in model systems and smoked fermented sausages by, *Lactobacillus fermentum*, strains and a commercial starter culture. European Food Research & Technology, 216(6): 463-469.
Montel M C, Reitz J, Talon R, et al. 1996. Biochemical activities of micrococcaceae and their effects on the aromatic profiles and odours of a dry sausage model. Food Microbiology, 13(6): 489-499.
Morita H, Yoshikawa H, Sakata R, et al. 1997. Synthesis of nitric oxide from the two equivalent guanidino nitrogens of L-arginine by *Lactobacillus fermentum*. Journal of Bacteriology, 179(24): 7812-7815.

Morzel M, Fitzgerald G F, Arendt E K. 1997. Fermentation of salmon fillets with a variety of lactic acid bacteria. Food Research International, 30 (10) : 777-785.

Patel H, Chapla D, Divecha J, et al. 2015. Improved yield of α-L-arabinofuranosidase by newly isolated *Aspergillus niger* ADH-11 and synergistic effect of crude enzyme on saccharification of maize stover. Bioresources and Bioprocessing, 2 (1) : 11-16.

Pel H J, de Winde J H, Archer D B, et al. 2007. Genome sequencing and analysis of the versatile cell factory *Aspergillus niger* CBS 513.88. Nature Biotechnol, 25 (2) : 221-231.

Qin H B. 2010. Expression of *cbhB* gene driven by promoter glaA in *Aspergillus niger*. China Biotechnology, 30 (11) : 34-38.

Sanchez S, Demain A L. 2002. Metabolic regulation of fermentation processes. Enzyme and Microbial Technology, 31 (7) : 895-906.

Sanni A I, Ayernor M A S. 2002. Microflora and chemical composition of *Momoni*, a Ghanaian fermented fish condiment. Journal of Food Composition and Analysis, 15 (5) : 577-583.

Seo Y S, Bae H N, Eom S H, et al. 2012. Removal of off-flavors from sea tangle（*Laminaria japonica*）extract by fermentation with *Aspergillus oryzae*. Bioresource Technology, 121 (121) : 475-481.

Sinsuwan S, Montriwong A, Rodtong S, et al. 2010. Biogenic amines degradation by moderate halophile, *Brevibacillus* sp. SK35. Journal of Biotechnology, 150 (6) : 316.

Stahnke L H, Holck A, Jensen A, et al. 2002. Maturity acceleration of Italian dried sausage by *Staphylococcus carnosus* relationship between maturity and flavor compounds. Journal of Food Science, 67: 1914-1921.

Wessels S, Huss H H. 1996. Suitability of *Lactococcus lactis* subsp. *lactis* ATCC 11454 as a protective culture for lightly preserved fish products. Food Microbiology, 13 (4) : 323-332.

Xu W, Yu G, Xue C, et al. 2008. Biochemical changes associated with fast fermentation of squid processing by-products for low salt fish sauce. Food Chemistry, 107 (4) : 1597-1604.

Yin L J, Pan C L, Jiang S T. 2010. Effect of lactic acid bacterial fermentation on the characteristics of minced mackerel. Journal of Food Science, 67 (2) : 786-792.

Zaman M Z, Abu B F, Jinap S, et al. 2011. Novel starter cultures to inhibit biogenic amines accumulation during fish sauce fermentation. International Journal of Food Microbiology, 145 (1) : 84-91.

Zeng S K, Yang P, Chen X H. 2009. Study on the removal of fish odour and bitter from protein hydrolysates of tilapia by-products by microorganism fermentation. South China Fisheries Science,（4）: 58-63.

Zhao X Z, Zhang H L, Yang X Y. 2014. Production of seafood condiments in cooperative fermentation technology. China Brewing,（5）: 72-76.

Zhe W, Ning Z, Jieyan S, et al. 2015. Comparative proteome of *Acetobacter pasteurianus* Ab3 during the high acidity rice vinegar fermentation. Applied Biochemistry and Biotechnology, 177 (8) : 1573-1588.

第三章　水产原料组成及其发酵特性

第一节　引　　言

水产原料是指可食用的有一定经济价值的水生动植物原料的统称，按照物种不同，可以分为鱼、虾、蟹、贝、藻。在水产贸易中，依据联合国《国际贸易标准分类》(SITC)和原海关合作理事会《商品名称及编码协调制度》(HS)实行的分类，水产品分为鱼及鱼产品、甲壳动物及制品、软体动物及制品、其他水生动物制品、水生植物产品及其他水产品。

当水产品的结构、质地、风味、色泽、营养价值及保质期不能令人满意时，对水产品进行不同方式的加工，在水产品中添加天然的或人工合成的其他成分，可以改善水产品的一项或多项特性。按照加工工艺不同，水产品可以分为冷藏食品、冻结食品、热处理食品、发酵食品、干制品、物理技术处理食品、腌制烟熏食品、化学保藏食品等，本章着重介绍发酵食品。发酵是指人们借助微生物在有氧或无氧条件下的生命活动来制备微生物菌体本身、直接代谢产物或次级代谢产物的过程。发酵也是一种水产品加工中的常用方式，它能有效地保藏食品，制作成本低，产品风味独特。而不同水产原料的组成不同，各种组成成分也存在差异，不同的组分对发酵工艺有很大的影响。

第二节　主要营养组成

水产原料的主要成分有碳水化合物、蛋白质、脂肪及其衍生物。此外，还有无机物、矿物质和一系列微量有机物质，包括维生素、酶、有机酸及风味物质等。各种成分的不同组合，就构成了不同水产原料特有的结构、质地、风味、色泽及营养价值。通过对水产原料进行加工，得到的水产品的成分组成大致可分为一般营养成分、活性成分、风味成分、有害成分。一般营养成分是可给人体提供能量、构成机体、修复组织，以及具有生理调节功能的化学成分。活性成分是具有医疗效用或生理活性，能用分子式和结构式表示，并具有一定熔点、沸点、旋光度、溶解度等理化常数的单体化合物。水产品的风味成分是水产品中可以使人产生综合感觉(嗅觉、味觉等)的成分，如谷氨酸、天冬氨酸等一些氨基酸类成分。有害成分是已经证明人和动物在摄入达到某一数量时可能带来相当程度危害的物质，如水产品中的砷、铅和汞等。

主要营养组成分为无机物和有机物，无机物主要包括水分和无机盐，有机物主要是糖类、脂肪、蛋白质、维生素。它们和通过呼吸进入细胞的氧气一起，经过新陈代谢过程，转化为维持生命活动的能量和组成。

所谓水产原料的结构组成，即质量组成，是指胴体、肉、头、内脏及鳍、骨、皮、鳞、壳等各部分的质量占鱼虾贝个体总质量的百分数。鱼虾贝肉的一般化学组成大致是水分占70%～80%，粗蛋白占20%左右，脂肪占0.5%～30%，糖类在1%以下，灰分占1%～2%。但其具体组成不仅随种类而异，还随个体大小、部位、性别、年龄、渔场、季节、鲜度等因素而异。

一、水分

水分与水产品的质量和稳定性有非常密切的关系。根据其相互作用的性质和程度，可以将水产品中的水分为体相水和结合水。结合水通常是指存在于溶质或其他非水组分附近的、溶质分子之间通过化学键结合的那一部分水。

水分的含量、分布、状态和取向不仅对水产品的结构、外观、质地、风味、色泽、流动性、新鲜程度和腐败变质的敏感性产生极大的影响，而且对生物组织的生命过程也起着至关重要的作用。

许多研究者认为影响水产动物肌肉水分含量的因素很多，如龄期、生长阶段、饥饱程度、体长、温度、饲料水平、是否野生等。海水鱼的水分相对淡水鱼的含量低，而蛋白质含量高于淡水鱼。不同鱼类的龄期是影响肌肉组织水分含量的重要因素。鱼类生长阶段差异，如稚鱼、幼鱼、成鱼的肌肉组织水分存在显著性差异。鱼的饥饱程度也显著影响分析结果，饥饿状态下水分含量显著高于饱食状态。通过对3种无公害养殖鱼类斑鳜、草鱼和彭泽鲫的生化组成进行分析，研究者认为水分含量与鱼体长存在线性关系，随着体长的增加，水分含量逐渐降低，而水分与季节的关系不明显。温度对半滑舌鳎的生长、生化组成和能量收支有影响的同时，鱼体肌肉组织中的水分含量随温度升高有所增加，但总体变化不大；池塘鳖与温室鳖肌肉水分含量差异不显著。水产动物肌肉水分含量也受饲料水平高低的影响，人工养殖的、野生的花斑裸鲤的肌肉水分含量差异显著，野生的肌肉水分显著高于人工养殖的。研究人工养殖与野生鳙鱼肌肉营养成分时发现，两者的肌肉水分含量几乎无差异。

二、蛋白质

蛋白质是一切生物体中普遍存在的一类高分子含氮化合物，是由天然氨基酸通过肽键连接而成的生物大分子。蛋白质是表达生物遗传性状的一类物质，其种类繁多，具有较高的相对分子质量。蛋白质具有复杂的分子结构和特定的生物功能，不仅是水产品原料的重要组成成分，而且作为水产品加工中的营养补充剂和添加剂，在加工中对品质起着重要作用。

蛋白质的功能性质是指在加工、储藏和销售过程中蛋白质对产品特征做出贡献的那些物理和化学性质，可分为以下4个主要方面：

(1)水化性质：取决于蛋白质与水的相互作用，包括水的吸收与保留、湿润性、溶胀性、分散性、溶解性和黏性等。

(2)表面性质：包括蛋白质的表面张力、乳化性、起泡性、成膜性、气味吸收持留性等。

(3)结构性质：即蛋白质相互作用所表现的有关特性，如产生弹性、沉淀、胶凝作用及形成其他结构时起作用的那些性质。

(4)感官性质：如颜色、气味、口味、适口性、咀嚼度、爽滑度、浑浊度等。

上述几类性质并不是完全独立的，而是相互间存在一定的内在联系。例如，胶凝作用不仅包括蛋白质-蛋白质相互作用，还有蛋白质-水相互作用；黏度和溶解度是蛋白质-水和蛋白质-蛋白质的相互作用的共同结果。蛋白质具有的功能特性，如溶解性、气泡性和乳化性等，对可加工性、风味、色泽及储藏性都有影响。各种蛋白质具有不同的功能性质，在加工中发挥不同的功能。

蛋白质的物理和化学性质，包括蛋白质大小与形状，氨基酸组成和顺序，净电荷和电荷的分布，疏水性和亲水性之比，二级、三级和四级结构，分子柔性和刚性，蛋白质分子间相互作用，以及与其他组分作用的能力等，决定蛋白质的功能性质。由于蛋白质具有很多物理和化学性质，因此很难确定这些性质中的每一种在指定的功能性质中所起的作用。

鱼贝类肌肉中的主要蛋白质种类包括可溶于稀盐溶液的肌原纤维蛋白、可溶于水和盐溶液的肌浆蛋白以及不溶于水和盐溶液的肌基质蛋白。

在非蛋白态氮化合物中，游离氨基酸的含量最多。不同种鱼贝肉中的游离氨基酸种类、组成大不相同，红身鱼类和白身鱼类之间存在显著差别，红身鱼类的组氨酸含量远高于白身鱼类。与鱼肉相比，甲壳类肌肉的游离氨基酸组成中甘氨酸、精氨酸、脯氨酸、牛磺酸的含量高，牛磺酸不是构成蛋白质的氨基酸，其分子中含硫，对人体有预防胆固醇积蓄的功效，并有降血压的作用等。

鱼肉的肌原纤维蛋白占其全蛋白质量的60%～70%，是以肌球蛋白和肌动蛋白为主体组成的、可支撑肌肉运动的结构蛋白质，由肌球蛋白为主组成肌原纤维的粗丝，由肌动蛋白为主组成肌原纤维的细丝。但鱿鱼、乌贼、贝类、虾蟹等无脊椎动物的肌肉还含有副肌球蛋白，如乌贼的肌原纤维含10%～15%，扇贝的横纹肌含3%，牡蛎的横纹肌含19%。

肌浆蛋白由作为细胞原生质存在的白蛋白以及活体代谢所必需的各种蛋白酶和色素蛋白(肌红蛋白)构成，其含量为全蛋白含量的20%～35%，由于其相对分子质量较小，易溶于水中，在活体中能发挥其各自的生理机能。红身鱼类的肌浆蛋白含量多于白身鱼类，含肌浆蛋白少的鱼肉在煮熟时易于解体，含量多者则煮熟后易变硬。

肌基质蛋白是由胶原蛋白、弹性蛋白及连接蛋白构成的结缔组织蛋白，含量较少。与家畜肉相比，鱼肉含肌原纤维蛋白多，而含肌基质蛋白很少，故肉质较软。在鱼类中，软骨鱼肉中的肌基质蛋白含量高于硬骨鱼。鱼类褐色肉与白肉中蛋白质含量的差别在于褐色肉中的蛋白质含量低于白肉。褐色肉中的肌基质蛋白含量较高，这是其结构比白肉坚实的原因之一。褐色肉的肌浆蛋白含有 6%～10%的色素蛋白，肌红蛋白占色素蛋白总量的 80%～90%。

鱼类肌肉蛋白质按其溶解性可分为水溶性蛋白质、盐溶性蛋白质和不溶性蛋白质。其中盐溶性蛋白质是形成鱼糜凝胶的主要蛋白质。表 3-1 列出了鲢鱼、鳙鱼、草鱼和鲫鱼四种淡水鱼的粗蛋白、不溶性蛋白质、盐溶性蛋白质和水溶性蛋白质含量的分析结果。

表 3-1　四种淡水鱼蛋白质组成

种类	粗蛋白含量/%	不同蛋白质含量/%			在粗蛋白中的比例/%		
		不溶性蛋白质	盐溶性蛋白质	水溶性蛋白质	不溶性蛋白质	盐溶性蛋白质	水溶性蛋白质
鲢鱼	18.10	3.22	9.90	4.98	17.79	54.70	27.51
鳙鱼	18.39	2.93	10.33	5.13	15.93	56.17	27.90
草鱼	18.89	2.36	10.89	5.64	12.49	57.65	29.86
鲫鱼	18.14	3.34	9.12	5.68	18.41	50.28	31.31

从表 3-1 可以看出四种淡水鱼鱼肉的粗蛋白含量差异不大，但不溶性蛋白质、盐溶性蛋白质和水溶性蛋白质在粗蛋白中所占比例存在明显差异。以四种淡水鱼鱼肉为原料加工成的鱼糜制品的凝胶特性也存在明显差异（表 3-2），鳙鱼鱼糜的凝胶强度最高，鲢鱼和草鱼次之，鲫鱼的凝胶强度最低。将四种鱼糜凝胶强度与鱼糜蛋白质组成比例进行相关性分析，结果表明，盐溶性蛋白质含量与鱼糜凝胶强度呈极显著正相关（R=0.7751），盐溶性蛋白质含量越高，其凝胶强度越大，弹性越好。

表 3-2　四种淡水鱼鱼糜的凝胶特性

种类	破断强度/g	凹陷深度/mm	凝胶强度/(g·mm)	弹性率/(g/m)
鲢鱼鱼糜	253.43	10.16	2574.85	24.95
草鱼鱼糜	215.78	10.36	2235.48	20.84
鳙鱼鱼糜	275.38	9.60	2643.65	28.68
鲫鱼鱼糜	204.44	9.54	1950.36	21.42

文蛤贝肉蛋白质中盐溶性蛋白质含量约占蛋白质总量的30.00%，水溶性蛋白质约占45.00%，不溶性蛋白质约占15.00%，非蛋白氮约占1.00%。文蛤蛋白质中氨基酸种类齐全，必需氨基酸比例均衡，必需氨基酸和呈味氨基酸含量高。

南极磷虾、南美白对虾肌肉检测到16种游离氨基酸，半胱氨酸含量分别为610mg/100g和1200mg/100g；鲜味氨基酸分别为170mg/100g和520mg/100g；都以脯氨酸含量最高。南极磷虾中对滋味有明显作用的氨基酸为谷氨酸、丙氨酸、赖氨酸和精氨酸；南美白对虾中为甘氨酸、丙氨酸和精氨酸。游离氨基酸使南极磷虾和南美白对虾具有较强的鲜味和甜味。南极磷虾、南美白对虾肌肉中的呈味成分分别约为1480mg/100g和1800mg/100g，且均以游离氨基酸含量最高。两种虾中各呈味物质滋味贡献大小顺序相同，依次为有机酸、呈味核苷酸、甘氨酸、甜菜碱、游离氨基酸和氧化三甲胺，其中氧化三甲胺几乎无贡献。

鱼肉蛋白质中含量最多的肌原纤维蛋白是水产食品加工中主要的研究对象。在肌原纤维蛋白中，收缩蛋白(即肌球蛋白和肌动蛋白)占其质量的3/4，还有较多含量的主要调节蛋白(原肌球蛋白、肌钙蛋白等)以及各种微量调节蛋白等。肌球蛋白是构成肌原纤维粗丝的主要成分，其含量约占肌原纤维总量的一半。鱼类肌球蛋白的基本结构和生物化学功能与兔肉的肌球蛋白相同，氨基酸组成和物理化学性质也几乎相同，唯一的不同点就是其稳定性很差。鱼种之间肌原纤维的温度稳定性有很大差异，热带鱼较稳定，寒带鱼则不稳定，至少相差数十倍。

鱼肉鲜度降低或经冷冻储存后，肌球蛋白会变性，因而失去加工鱼糜时的适应性。所以，在加工时若使用肌原纤维不稳定的鱼种作为原料，应特别注意对原料的处理。在进行鱼糜加工时，为防止肌原纤维蛋白的变性，一是要加强对原料鱼肉的处理，如对红身鱼、沙丁鱼、鲐鱼等采肉之后，用碱液进行漂洗，就可有效地防止因pH值降低加速肌原纤维蛋白的变性；二是在冷冻鱼糜中添加适量的多聚磷酸盐和糖类，也能起到防止蛋白变性的作用。

三、糖类

糖类是生物体维持生命活动所需能量的主要来源，同时也是生物体的主要结构成分。人类摄取食物的总能量中大约80%由糖类提供，糖类是人类及动物的生命源泉。在水产品中，糖类除具有营养价值外，小分子糖类还可作为水产品的甜味剂，大分子糖类作为增稠剂和稳定剂而广泛应用于水产品中。此外，糖类还是水产品加工过程中产生香味和色泽的前体物质，对水产品的感官品质产生重要作用。

在糖类中，由糖原经糖酵解作用产生的各种糖及核苷酸的衍生物、核糖等，在白身鱼与红身鱼之间无显著差别。

长毛对虾、鲎、三疣梭子蟹和鱿鱼的甲壳素分子结构、脱乙酰值、乙酰值、色泽和黏度等特性经对比研究发现，鱿鱼乙酰值较高，说明鱿鱼甲壳素结构的特殊性。三疣梭子蟹中壳聚糖的黏度最大，长毛对虾中壳聚糖的黏度最小。

糖胺聚糖是动物体内含量最多的一类杂多糖，通常由氨基己糖和糖醛酸组成的重复单元构成。根据二糖单元及糖苷键的连接方式，可将糖胺聚糖分为以下四类：硫酸软骨素/硫酸皮肤素（CS/DS）、透明质酸（HA）、肝素/硫酸乙酰肝素（HP/HS）和硫酸角质素（KS）。除硫酸角质素外，糖胺聚糖的重复二糖片段均含有糖醛酸，因而可将其归为含糖醛酸多糖（UACPs）。除糖胺聚糖外，在水产动物中还发现了一些由己糖与糖醛酸组成的重复二糖片段构成的糖醛酸多糖。研究表明，糖醛酸多糖具有治疗骨关节炎、固化软骨组织、抗凝血、抗血栓及抗氧化等多种功效，在医药和保健食品等诸多领域都具有潜在的应用价值。

草鱼和鲤鱼内脏中糖醛酸多糖组成相对复杂。草鱼内脏含有透明质酸、硫酸软骨素、肝素及一种由糖醛酸与己糖连接的重复二糖单元构成的未知糖醛酸多糖；鲤鱼样品中存在硫酸软骨素、肝素及少量透明质酸；而大黄花鱼和带鱼这两种海鱼内脏中的糖醛酸多糖成分较为单一，主要为硫酸软骨素。

南极磷虾壳与阿拉斯加雪蟹壳的成分分析与对比结果表明（表 3-3），经 65℃烘干 4h 后，南极磷虾的虾壳含有水分（3.26%）、灰分（16.33%）、油脂（12.46%）、蛋白质（39.22%）和甲壳素（28.73%）；阿拉斯加雪蟹的蟹壳含有水分（2.19%）、灰分（35.65%）、油脂（6.63%）、蛋白质（33.96%）和甲壳素（21.57%）。由此可见，南极磷虾虾壳中蕴含的甲壳素含量相当可观，较阿拉斯加雪蟹蟹壳高得多。

表 3-3 南极磷虾壳和阿拉斯加雪蟹壳成分 （单位：%）

种类	水分	灰分	油脂	蛋白质	甲壳素
南极磷虾壳	3.26	16.33	12.46	39.22	28.73
阿拉斯加雪蟹壳	2.19	35.65	6.63	33.96	21.57

四、脂肪

脂肪在生理上具有非常重要的意义。脂肪在体内氧化时放出大量热量，是能源的储备物；在脏器周围能保护内脏免受外力撞伤；在皮下有保温作用；脂肪还是维生素 A、维生素 D、维生素 E 和维生素 K 等许多活性物质的良好溶剂；类脂是组织细胞的重要成分，它们在细胞内和蛋白质结合在一起形成脂蛋白，构成细胞的各种膜，如细胞膜和线粒体膜等。

甾族化合物是一类重要的天然产物，广泛存在于动植物组织中。例如，胆甾醇、胆汁酸、维生素 D、肾上腺皮质激素和性激素存在于动物体内；强心苷和甾族生物碱等存在于植物中。

龙虾、扇贝、鲍鱼等无脊椎动物肉中的卵磷脂和脑磷脂含量与牛、鼠等骨骼肌中的差别并不显著。但软体生物中，特别是贝类，神经酰胺2-氨乙基磷酸酯(CAEP)含量较多，这种物质在牛、鼠、鱼等脊椎动物中检测不出来；与此相反，在高等生物中普遍分布的神经鞘磷脂，在贝类中则检测不出来。

鱼类的甾醇几乎都是胆固醇；水产无脊椎动物的甾醇，虽然仍以胆固醇为主要成分，但还含有其他多种甾醇，其中也有新发现的甾醇。例如，花瓣鳃网的贝类多含有胆甾二烯酸、菜籽甾醇、24-亚甲基胆固醇等。

海水鱼类包括二十二碳六烯酸(DHA)在内的 *n*–3 长链多不饱和脂肪酸(LCPUFA)含量普遍较淡水鱼类高。一般而言，*n*–3 LCPUFA 主要指二十碳五烯酸(EPA)和 DHA，这意味着其他 *n*–3 LCPUFA 可能被忽略，如 *n*–3 2,6-吡啶二羧酸(DPA)。*n*–3 DPA 在体内除可作为前体合成 DHA 外，其本身也发挥重要生理作用。

对海产动物肌肉中的胆固醇含量进行研究，按大类平均值计算，结果(来自不同研究者的报告)表明，头足类的胆固醇含量远高于鱼肉，而其头腕部中的含量最高。为减少动脉硬化的发生，人们应避免食用头足类的头腕部。在头足类中，长枪乌贼肌肉中的胆固醇含量最高。此外，大乌贼的头腕肉脂肪含量为4%，其中蜡酯占其总脂肪的50%，这也是人们不愿食用它的原因之一。

1. 鱼类脂肪组成及特性

鱼体中的脂肪大体可分为蓄积脂肪和组织脂肪两大类，前者主要是中性脂肪，储存于体内用以维持生物体的能量；后者作为细胞膜的构成成分，存在于生物体组织中。复合脂类主要是磷脂，属于衍生脂类的是胆固醇等，它们都起着维持细胞生命的作用。

鱼类蓄积脂肪的情况有两种：一是在皮下和腹腔等部位蓄积脂肪，如鲐鱼、远东拟沙丁鱼等；二是在肝脏中蓄积大量脂肪，如大头鳕、鲨鱼等。

鱼类脂肪含量的变化主要是蓄积脂肪含量的变化，而组织脂肪则几乎不随鱼种、季节等因素变化，其含量波动在1%以内。鳕鱼肌肉中的脂肪含量还不到1%，几乎全是组织脂肪。

2. 鱼贝类与陆生生物的区别

鱼贝类脂肪除含有畜产或农产品中所含的饱和脂肪酸及油酸、亚油酸、亚麻酸等不饱和脂肪酸之外，还含有20～24个碳、4～6个双键的高度不饱和脂肪酸，海产鱼油中含有的硬脂酸、油酸、亚油酸等都少于陆生哺乳动物，而EPA和DHA的含量则较多，这是其显著的特点。高度不饱和脂肪酸在中性脂肪和磷脂中都存在，而且在磷脂中的不饱和度比在中性脂肪中的还要高。目前，EPA 和 DHA 已被广泛提取利用。

五、维生素

鱼贝类的维生素含量不仅随鱼种而异，而且随其年龄、渔场、营养状况、渔期及鱼体部位而异。在 20 世纪早期，鱼贝类中鳕鱼曾以肝脏中维生素 A 的含量较高而知名。到 50 年代，人们发现我国的大黄鱼肝脏中的维生素 A 含量很高，但因其肝脏含油量低，需用植物油予以提取。维生素 A 在鱼贝肉中的含量是很少的，只在鳗鲡、海鳗、八目鳗、康吉鳗、银鳕等肌肉中含量较多；南极磷虾含有丰富的维生素 A 和虾青素。

维生素 D 和维生素 A 一样，多存在于肝脏中，维生素 D 在沙丁鱼、鲣鱼、鲐鱼等红身鱼的肌肉中含量多，而在白身鱼肌肉中含量很少。维生素 E 在鱼肉中的平均含量为 0.5～1.0mg/100g，但此含量随鱼虾贝种类而异，如鳗鲡、康吉鳗、香鱼、虾类含 1mg/100g 以上。水溶性维生素 B 常存在于水产品的褐色肉或肝脏中，如维生素 B 在水产品肝脏及褐色肉中的含量为其他部位肉的 5～10 倍；维生素 B_1 在金枪鱼肝脏中含量较多；在鲣、鲐及鲹科鱼类褐色肉中的维生素 B_{12} 含量可与鲆、鲽、鳕等肝脏中的含量相比，而在其他部位肉中维生素 B_{12} 则不超过其肝脏中含量的 1%～2%；烟酸的含量在鱼体各组织之间无太大差别。

六、灰分及矿物质

将食品加热到 550℃，剩下的物质就是灰分，灰分可认为是食品中的无机物总量，其中主要是磷、钠、钾、铁、钙等成分。鲨鱼、金枪鱼、鲤鱼类肌肉中的重金属含量高于其他鱼种。一般来说，远洋洄游性鱼类含汞浓度高，并非人为污染的结果，而是由鱼种的特性决定的。

食物中存在着含量不等的矿物元素，其中有许多是人类营养必不可少的，这些矿物元素以无机态或有机盐类的形式存在。同时这些矿物元素无法在体内合成，需通过食物获取，或者与有机物结合而存在，如磷蛋白中的磷和酶中的其他金属元素。在这些矿物元素中，已发现约有 25 种矿物元素是构成人体组织、维持生理功能和生化代谢所必需的。

矿物质对于改善食品的感官质量具有重要作用，如磷酸盐类对于肉制品具有保水性、结着性的作用；钙离子可以影响一些凝胶的形成和质地的硬化等。

有些常量元素，尤其是单价的，一般以水溶性状态存在，而且大多数为游离态，如钠离子、钾离子等阳离子和氯离子、硫酸根等阴离子。而一些多价离子常处于一种游离的、溶解的而非离子化胶态形式的平稳状态之中，如在肉和牛乳中就存在这种平稳状态；金属元素还常以一种整合状态存在，如维生素 B_{12} 中的钴元素。

第三节　原料组成对加工的影响

一、水分对加工的影响

水是水产品中非常重要的一种成分，是构成大多数水产品的主要组成成分。水的含量、分布、状态和取向，不仅对水产品的结构、外观、质地、风味、色泽、流动性、新鲜程度和腐败变质的敏感性产生极大的影响，而且对生物组织的生命过程也起着至关重要的作用。例如，水在水产品储藏加工过程中是化学和生物化学反应的介质，又是水解过程的反应物；水是微生物生长繁殖的重要成分，影响水产品的货架期；水与蛋白质、多糖和脂肪通过物理相互作用而影响水产品的质构，如新鲜度、硬度、流动性等；水还能发挥膨润、浸湿的作用，影响水产品的加工性。因此，在许多法定的水产品质量标准中，水分是一个主要的质量指标。

若希望长期储藏含水量高的新鲜水产品，只要采取有效的储藏方法控制水分，就能够延长其保藏期。例如，通过干燥或增加食盐、糖的浓度可使水产品中的水分除去或被结合，从而有效地抑制很多反应的发生和微生物的生长，达到延长其货架期的目的。无论采用普通方法脱水还是低温冷冻干燥脱水，水产品和生物材料的固有特性都会发生很大的变化，都无法使脱水水产品恢复到它原来的状态(复水和解冻)。因此，在水产品的解冻、复水方面，在控制水分含量或活度以控制许多物理化学变化方面，在利用水分与非水组分(特别是蛋白质和多糖)适当相互作用而获得更多有益的功能性质方面，无论从理论还是技术角度，还有许多问题需要进一步解决。故研究水分和水产品的关系是食品科学的重要内容之一，对水产品的保藏有重要的意义。

1. 水分活度与微生物生命活动的关系

就水分与微生物的关系而言，食品中各种微生物的生长发育，是由其水分活度而不是水分含量所决定的，即食品的水分活度决定了微生物在食品中萌发的时间、生长速率及死亡率。不同的微生物在食品中繁殖时对水分活度的要求不同。一般来说，细菌对低水分活度最敏感，酵母菌次之，霉菌的敏感性最差，当水分活度低于某种微生物生长所需的最低水分活度时，这种微生物就不能生长。水分活度在 0.91 以上时，微生物生长以细菌为主。水分活度降至 0.91 以下时，就可以抑制一般细菌的生长。当在原料中加入食盐、糖后，水分活度下降，一般细菌不能生长，嗜盐细菌却能生长。水分活度在 0.91 以下时，腐败主要是由酵母菌和霉菌所引起的。研究表明，易造成严重影响的有害微生物生长的最低水分活度为 0.86～0.97，所以，真空包装的水产品和畜产品加工制品，流通标准规定其水分活度要在 0.94 以下。

微生物对水分的需求会受 pH 值、营养成分、氧气等共存因素的影响。因此，对水分活度的控制应根据具体情况进行适当的调整。

2. 水分活度与劣变化学反应的关系

水分活度对脂肪氧化酸败的影响：从极低的水分活度开始，氧化速度随着水分的增加而降低；使水分活度接近等温线的区域Ⅰ和区域Ⅱ的边界，进一步加水就会使氧化速度增加；直到水分活度接近区域Ⅰ与区域Ⅱ的边界，再进一步加水又引起氧化速度降低。这是因为，在非常干燥的样品中加入水会明显地干扰氧化，这部分水能与脂肪氧化的自由基反应中的氢过氧化物形成氢键，此氢键可以保护过氧化物的分解，因此可降低过氧化物分解时的初速度，最终阻碍氧化的进行。

水分活度对蛋白质变性的影响：蛋白质变性可改变蛋白质分子多肽链特有的有规律的高级结构，使蛋白质的许多性质发生改变。因为水能使多孔蛋白质膨润，暴露出长链中可能被氧化的基团，氧就很容易转移到反应位置。所以，水分活度增大会加速蛋白质的氧化作用，破坏蛋白质高级结构，导致蛋白质变性。据测定，当水分含量达 4%时，蛋白质变性仍能缓慢进行；若水分含量在 2%以下，则不发生变性。

水分活度对酶促褐变的影响：当水分活度降低到 0.25～0.30 时，就能有效地减慢或阻止酶促褐变的进行。

水分活度对非酶褐变的影响：当水分活度在一定的范围内时，非酶褐变随着水分活度的增大而加速；水分活度在 0.60～0.70 时，褐变最为严重；随着水分活度的下降，非酶褐变就会受到抑制而减弱；当水分活度降低到 0.20 以下时，非酶褐变就难以发生。但如果水分活度大于褐变高峰的水分活度，则由于溶质的浓度下降而导致褐变速度减慢。

水分活度对水溶性色素分解的影响：花青素溶于水时是很不稳定的，1～2 周后其特有的色泽就会消失，但花青素在干制品中则十分稳定，经过数年储藏也仅仅发生轻微的分解。一般而言，水分活度增大，则水溶性色素分解的速度就会加快。

综上所述，低水分活度能抑制化学变化，稳定质量，这是因为发生的化学反应和酶促反应是引起品质变化的重要原因，故降低水分活度可以提高稳定性。

二、糖类对加工的影响

1. 水解

淀粉进行酸水解或者酶水解可生成糊精，糊精在工业上多由稀酸或液化型淀粉酶处理淀粉所得。以糖化型淀粉酶水解支链淀粉至分支点时所生产的糊精称为极限糊精。糊精与淀粉不同，它具有易溶于水、强烈保水和易于消化等特点，常用于增稠、稳定和保水等。

淀粉在使用α-淀粉酶和葡糖淀粉酶进行水解时，可得到近乎完全的葡萄糖。此后再用葡萄糖异构酶使其异构成果糖，最后可得到58%的葡萄糖和42%的果糖组成的糖浆。由这种糖浆进一步制成的55%高果糖糖浆是食品工业中重要的甜味物质。

2. 沥滤损失

食品加工期间沸水漂烫后的沥滤操作，可使果蔬装罐时的低分子碳水化合物，甚至膳食纤维受到一定损失。

3. 焦糖化作用

焦糖化作用是糖类在不含氨基化合物时加热到其熔点以上（高于 135℃）的结果。该作用在酸、碱条件下都能进行，经一系列变化，生成焦糖等褐色物质，并失去营养价值。但是，焦糖化作用在食品加工中控制适当，可使食品具有诱人的色泽与风味，有利于摄食。

4. 羰氨反应

羰氨反应又称糖氨反应或美拉德反应，是食品中氨基化合物如蛋白质、氨基酸等存在时，还原糖伴随热加工或长期储存，与之发生的反应，经过一系列变化生成褐色聚合物。此反应有温度依赖性，并在中等水分活度时广泛发生。由于此褐变反应与酶无关，故称为非酶褐变。所生成的褐色物质在消化道中不能水解、无营养价值，尤其是该反应降低了赖氨酸等的生物有效性，因而降低了蛋白质的营养价值。虽然羰氨反应对碳水化合物的影响不大，但是需要控制得当，为在食品加工中可以使某些产品如焙烤食品等获得良好的色、香、味。

三、蛋白质对加工的影响

水产品的加工和储藏常涉及加热、冷却、干燥、化学试剂处理、发酵和辐照或各种其他处理，这些处理不可避免地将引起蛋白质的物理、化学和营养变化，因而对此必须有一个全面详细的了解，以便在加工和储藏中选择适宜的处理条件，避免蛋白质发生不利的变化而促进蛋白质发生有利的变化。

采用米曲霉和热带假丝酵母按照（1：1，*m*/*m*）复合并进行协同发酵，具体操作如下：将贝类下脚料用粉碎机粉碎至 100 目以下，加蒸馏水制成 250g/L 的贝类下脚料溶液，添加 1.5%的葡萄糖，调节 pH 值为 7.0，杀菌后加入 5%的米曲霉和热带假丝酵母（1：1，*m*/*m*）混合液，在 35℃下培养 48h，升温至 50℃发酵 72h，发酵液杀菌后过滤即为贝类海鲜调味料。发酵过程中，可溶性蛋白质、氨基酸态氮经历先增加后减少的过程。发酵初始阶段，蛋白质会大量溶出；约 16h 后，菌体产生大量的蛋白酶，分解溶液中蛋白质，从而使可溶性蛋白质含量逐渐减少。氨基酸态氮含量前期增加缓慢，在约 32h 后氨基酸态氮含量迅速增加，64h 时氨基酸态氮含量达到最大值，之后因菌体生长仍需氨基酸，溶液中氨基酸含量出现了小幅的下降。

1. 热处理的变化

热处理是对蛋白质影响较大的处理方法，影响的程度取决于热处理的时间、温度、湿度以及有无氧化还原性物质存在等因素。热处理涉及的化学反应有变性、分解、氨基酸氧化、氨基酸键之间的交换、氨基酸新键的形成等。

蛋白质或蛋白质食品在不添加其他物质的情况下进行热处理，可引起氨基酸脱硫、脱酰胺和异构化等化学变化，有时甚至伴随有毒化合物产生，这主要取决于热处理条件。例如，蛋白质在115℃加热27h，将有50%～60%的半胱氨酸被破坏，并产生硫化氢。

2. 低温处理下的变化

水产品的低温储藏可延缓或阻止微生物的生长并抑制酶的活性及化学变化。

低温处理有：①冷却（冷藏），即将温度控制在稍高于冻结温度之上，蛋白质较稳定，微生物生长也受到抑制。②冷冻（冻藏），即将温度控制在低于冻结温度之下（一般为–18℃），对风味多少有些损害，但若控制得好，蛋白质的营养价值不会降低。

肉类食品经冷冻、解冻，细胞壁及细胞膜被破坏，酶被释放出来。随着温度的升高，酶活性增强致使蛋白质降解，而且蛋白质-蛋白质间的不可逆结合，代替了水和蛋白质间的结合，使蛋白质的质地发生变化，保水性也降低，但对蛋白质的营养价值影响很小。鱼肉蛋白质很不稳定，经冷藏和冻藏后，肌球蛋白变性，然后与肌动蛋白反应，使肌肉变硬，持水性降低。因此，解冻后鱼肉变得干而强韧，而且鱼中的脂肪在冻藏期间仍会进行自动氧化作用，生成过氧化物和自由基，再与肌肉蛋白质作用，使蛋白质聚合、氨基酸破坏。蛋黄冷冻并储藏于–6℃，解冻后呈胶状结构，黏度也增大，若在冷冻前加10%的糖或盐则可防止此现象。牛乳经巴氏低温杀菌，在–24℃冷冻，可储藏4个月。而加糖炼乳的储藏期却很短，这是因为酪蛋白在解冻后形成不易分散的沉淀。

3. 碱处理下的变化

蛋白质的浓缩、分离、起泡、乳化或使溶液中的蛋白质形成纤维状，常要靠碱处理。碱处理，尤其是与热处理同时进行时，对蛋白质的营养价值影响很大。

蛋白质经过碱处理后，能发生很多变化，生成各种新的氨基酸，如导致赖丙氨酸以及分子间或分子内的共价交联键的形成，这些交联键是由赖氨酸、半胱氨酸或鸟氨酸等残基与氨基丙烯酸残基发生缩合反应而产生的。其中半胱氨酸或磷酸丝氨酸残基经β消去反应形成氨基丙烯酸。

在碱性热处理下，氨基酸残基也发生异构化，由L-型变为D-型，营养价值降低；同时蛋白质的功能性质将发生改变。例如，采用适度的碱性条件，促进低聚蛋白质解离，再经喷雾干燥制备的酪蛋白酸钠（或钾）盐或大豆蛋白盐，溶解度大，并且有良好的吸水性和表面性质。这种解聚方法可用于增溶和提取不易溶解的植物、微生物蛋白或鱼蛋白。

4. 氧化处理下的变化

在氧和光照条件下，特别是在含有如核黄素之类的天然光敏物条件下，含硫氨基酸的光氧化很容易发生；很多动植物中存在的多酚类物质，在中性或碱性条件下容易被氧化成醌类化合物，当与蛋白质接触就可发生蛋白质残基被氧化的反应；热空气干燥和在食品发酵过程中的鼓风也能导致氨基酸的氧化。蛋白质残基和氨基酸被氧化的反应机理一般都很复杂，对氧化最敏感的氨基酸是含硫氨基酸和芳香族氨基酸，易氧化的程度可排序为：甲硫氨酸 > 半胱氨酸 > 胱氨酸和色氨酸。

5. 脱水处理下的变化

水产品脱水的目的在于保藏、减轻质量及增加稳定性，同时也有许多不利的变化发生。当蛋白质溶液中的水分被全部除去时，蛋白质-蛋白质的相互作用，引起蛋白质大量聚集。特别是在高温条件下，除去水分可导致蛋白质溶解度和表面活性急剧降低。干燥通常是制备蛋白质配料的最后一道工序，所以应该注意干燥处理对蛋白质功能性质的影响；干燥条件对粉末颗粒的大小以及内部和表面孔率的影响，将会改变蛋白质的可湿润性、吸水性、分散性和溶解度。

四、脂肪对加工的影响

1. 脂肪在水产品加工中的变化

几乎所有水产品都含有脂肪，并且很多水产品的烹调也用到了油脂。脂肪在加工过程中往往要在高温情况下与水、氧气等接触，这时脂肪会发生一系列的反应，导致其性质发生变化。

脂肪受热劣变主要发生热氧化和聚合。脂肪在过度加热过程中会发生热氧化作用。热氧化作用是在空气存在的状态下，在高温中进行的氧化反应，其反应结果产生了各种低分子化合物和氧化聚合物，同时引起脂肪理化指标（如酸值、过氧化值、碘值、折光指数、黏度等）及风味的变化，从而引起脂肪劣变。

水解作用是使脂肪的酯键断裂，产生游离脂肪酸。脂肪的水解速度与脂肪中所含游离脂肪酸的含量成正比。脂肪的水解在加热初期不明显，但随着加热时间的延长、脂肪中游离脂肪酸的增加，水解加剧。

2. 脂肪在储存过程中的变化

脂肪的稳定性包括热稳定性、氧化稳定性、风味稳定性以及色泽稳定性等。

精炼油脂深加工产品因含杂含水少，故其稳定性高于毛油，但由于除杂过程中也除去了大量的天然抗氧化剂，故精炼油脂的某些性能如抗氧化稳定性反而比毛油差。如无合理储存措施或储存时间过长，脂肪即可能出现劣变，严重的会导致整个产品变质，且还可能出现毒性，从而大大降低脂肪产品的使用及营养价值。

脂肪及其制品在制作初期并无异味，但如储存不当或时间过长，则会产生各种不良气味，通常被称为“回味臭”和“酸败臭”。“回味臭”是脂肪劣变初期阶段所产生的气味，当脂肪劣变到一定程度，便产生强烈的“酸败臭”。

回味和酸败都是脂肪劣变所产生的现象，在某些方面相似，但两者有所区别。一般说来，回味是酸败的先导，但由于脂肪的劣变过程相当复杂，故有时两者并存，无明显界限之分。

五、灰分和矿物质对加工的影响

水产品中矿物质的含量在很大程度上受各种环境因素的影响，如受水中矿物质的含量、地区分布、季节等因素的影响。此外，在加工过程中矿物质可直接或间接进入水产品中，因此，水产品中矿物质的含量可以变化很大。

在水产品加工过程中，水产品中存在的矿物质，无论是本身存在的还是人为添加的，它们或多或少都会对水产品中的营养成分和感官品质产生影响。抗坏血酸的氧化损失是由含金属的酶类而引起的，而含铁的脂肪氧合酶能使食品产生不良的风味。螯合剂的应用可以消除或减轻上述金属对食品的不良影响。

在加工过程中，水产品矿物质的损失与维生素不同，因为它的损失在多数情况下不是由化学反应引起，而是通过矿物质的流失或与其他物质形成一种不适宜于人体吸收利用的化学形式导致的。

加工和烹调过程对矿物质的影响是水产品中矿物质损失的常见原因，如罐藏、烫漂、沥滤、汽蒸、水煮、碾磨等加工工序都可能对矿物质造成影响。水产品中矿物质损失的另一个途径就是矿物质与水产品中其他成分的相互作用，导致生物利用率下降。一些多价阴离子，如广泛存在于植物性水产品中的草酸、植酸等，能与二价的金属阳离子如铁、钙等形成盐，而这些盐难溶解，也不被人体吸收。因此，它们对矿物质的生物效价有很大的影响。

六、维生素对加工的影响

冷冻是最常用的食品储藏方法，冷冻全过程包括预冷冻、冷冻储存、解冻三个阶段。维生素的损失主要包括储存过程中的化学降解和解冻过程中水溶性维生素的流失。因为维生素 C 和维生素 B 是最容易发生降解的水溶性维生素，常被用作衡量水产品中其他维生素损失情况的指标。维生素 C 的损失较复杂，与许多因素有关，如品种、汁液固体比、包装材料等。

辐照主要用于肉类食品的杀菌防腐和蔬菜水果的保藏。射线辐照对维生素 B 的影响取决于辐射温度、辐射剂量和辐射率。与传统的热杀菌方法相比，它可以减少维生素 B 的损失和降解，对维生素 B_2 和烟酸的影响较小。

在水产品加工和储藏过程中，所有水产品都不可避免地在某种程度上遭受维生素的损失。因此，水产品在加工过程中除必须保持营养素最小损失和产品安全外，还须考虑加工前的各种条件对水产品中营养素含量的影响，如生长环境、气候变化、光照时间和强度，以及采后或宰杀后的处理等因素。

水产品从采收或屠宰到加工这段时间，营养价值会发生明显的变化。因为许多维生素的衍生物是酶的辅因子，易被酶，尤其是动植物死后释放出的内源酶降解。细胞受损后，原来分隔开的氧化酶和水解酶会从完整的细胞中释放出来，从而改变维生素的化学形式和活性。

一般而言，维生素的净浓度变化较小，主要是其生物利用率发生变化。相对来说，脂肪氧合酶的氧化作用可以降低许多维生素的浓度，而抗坏血酸氧化酶则专一性引起维生素 C 含量损失。

参 考 文 献

曹良惠. 2012. 水产品中无机元素的测定及研究. 浙江大学硕士学位论文.

陈家林, 韩冬, 朱晓鸣, 等. 2011. 不同脂肪源对异育银鲫的生长、体组成和肌肉脂肪酸的影响. 水生生物学报, 35(6): 988-997.

陈颖. 2003. 饥饿和再投喂对黄颡鱼(*Pseudobagrus fulvidraco* Richardson)生长、耗氧率及生化组成的影响. 吉林农业大学硕士学位论文.

杜震宇, 刘永坚, 田丽霞, 等. 2002. 添加不同构型肉碱对于罗非鱼生长和鱼体营养成分组成的影响. 水产学报, 26(3): 259-264.

段振华. 2012. 高级食品化学. 北京: 中国轻工业出版社.

房景辉, 田相利, 董双林, 等. 2010. 温度对半滑舌鳎的生长、生化组成和能量收支的影响. 中国海洋大学学报(自然科学版), 40(1): 25-30.

高颐雄, 张红霞, 胡余明, 等. 2015. 洞庭湖水域淡水鱼类脂肪酸含量研究. 中国食品卫生杂志, 27(1): 6-9.

管修媛. 2015. 池沼公鱼多糖分离纯化及抗凝血活性的初步研究. 吉林农业大学硕士学位论文.

韩雅珊. 1998. 食品化学. 北京: 中国农业大学出版社.

纪家笙. 1999. 水产品工业手册. 北京: 中国轻工业出版社.

阚建全. 2002. 食品化学. 北京: 中国农业大学出版社.

阚建全, 段玉峰, 姜发堂. 2009. 食品化学. 北京: 中国计量出版社.

李里特. 2011. 食品原料学. 北京: 中国农业出版社.

李刘冬, 陈毕生, 冯娟, 等. 2001. 养殖海鲡肌肉的生化组成. 广东海洋大学学报, 21(1): 30-34.

李婉君. 2015. 南极磷虾与南美白对虾营养与滋味成分比较. 上海海洋大学硕士学位论文.

李晓华. 2002. 食品应用化学. 北京: 高等教育出版社.

连培植，柯火仲. 1990. 几种海洋几丁质/几丁糖特性的研究. 集美大学学报：自然科学版，(1)：28-34.

梁玉佳. 2013. 南极磷虾虾壳中甲壳素的制取与应用. 大连工业大学硕士学位论文.

林小涛，周小壮，于赫男，等. 2004. 饥饿对南美白对虾生化组成及补偿生长的影响. 水产学报，28(1)：47-53.

刘海曼，艾春青，刘斌，等. 2017. 四种鱼类内脏中含糖醛酸多糖的结构分析. 现代食品科技，33 (1)：33-38.

刘海梅，严菁，熊善柏，等. 2007. 淡水鱼肉蛋白质组成及其在鱼糜制品加工中的变化. 食品科学，28(2)：40-44.

刘永坚，刘栋辉，田丽霞，等. 2001. 几种海水养殖鱼类化学组成的比较. 浙江海洋学院学报(自然科学版)，20(s1)：156-158.

刘用成. 2005. 食品生物化学. 北京：中国轻工业出版社.

刘志皋. 2008. 食品营养学. 北京：中国轻工业出版社.

马爱军，陈四清，雷霁霖，等. 2003. 大菱鲆鱼体生化组成及营养价值的初步探讨. 渔业科学进展，24(1)：11-14.

钱云霞，杨文鸽. 2002. 不同龄期养殖鲈鱼的生化组成. 宁波大学学报(理工版)，15(1)：15-18.

沈美芳，吴光红，殷悦，等. 2000. 塘养一龄与二龄暗纹东方鲀鱼体的生化组成. 水产学报，24(5)：432-437.

孙万成，申志新，罗毅皓，等. 2013. 青海湖裸鲤与花斑裸鲤肌肉理化特性比较. 食品研究与开发，(14)：14-17.

孙远明. 2006. 食品营养学. 北京：科学出版社.

谭肖英，罗智，王为民，等. 2009. 饥饿对小规格斑点叉尾鮰体重及鱼体生化组成的影响. 水生生物学报，33(1)：39-45.

唐小艳. 2016. 文蛤贝肉蛋白组成及其凝胶特性研究. 广东海洋大学硕士学位论文.

王金娜，唐黎，刘科强，等. 2013. 人工养殖与野生鳙鱼肌肉营养成分的比较分析. 河北渔业，(2)：8-14.

王淼，吕晓玲. 2009. 食品生物化学. 北京：中国轻工业出版社.

王沛宾，林学群. 2005. 饥饿和恢复投喂对红鳍笛鲷生化组成的影响. 水产科学，24(12)：10-13.

占秀安. 2001. 池塘鳖与温室鳖体组成和生化组成的比较研究. 大连海洋大学学报，16(4)：269-273.

张爱芳. 2007. 三种无公害养殖鱼类生化组成及营养评价. 南昌大学硕士学位论文.

张波，孙耀，唐启升. 2000. 饥饿对真鲷生长及生化组成的影响. 水产学报，24(3)：206-210.

张平远. 2007. SITC 和 HS 体系中对水产品的分类. 现代渔业信息，(10)：35.

张晓燕. 2014. 水产动物肌肉组织中水分含量的研究进展. 安徽农业科学，19(19)：6265-6268.

赵祥忠，张合亮，杨晓宙. 2014. 微生物协同发酵生产海鲜调味料的技术研究. 中国酿造，33(5)：72-76.

Ackman R G. 1967. Characteristics of the fatty acid composition and biochemistry of some fresh-water fish oils and lipids in comparison with marine oils and lipids. Comparative Biochemistry and Physiology, 22(3): 907-922.

Liu H M, Yan J, Xiong S B, et al. 2007. Protein components of freshwater fish flesh and their changes during surimi-based processing. Food Science, 28(2): 40-44.

第四章　鱼发酵调味品

第一节　引　　言

鱼类是水产品中产量最大、品种最多的自然资源，也是人类主要的动物源性食品之一。鱼体是一种高蛋白质，低脂肪，富含维生素、钙、磷、铁等矿物质的食品，具有非常高的营养价值。我国海产资源丰富，用于制作鱼发酵调味品的鱼类较多，由于现代捕捞技术的推广普及，大中型鱼类资源逐年减少，从而使生物链中的小鱼迅速繁殖，小鱼及水产品加工下脚料一般占渔获物的28%。目前，低值鱼类及水产品加工下脚料主要用于生产鱼粉等低附加值产品，甚至部分作为废物直接丢弃，不仅导致资源浪费，而且造成海洋、陆地环境的严重污染。因此对低值鱼进行综合加工利用，可实现大幅度增值。

鱼发酵调味品是以低值鱼或水产品加工下脚料为原料，利用鱼自身含有的酶以及微生物产生的酶在一定条件下发酵而成的。目前生产和食用鱼发酵调味品的地区主要分布在东南亚、中国东部沿海、日本及菲律宾北部等。在日本，鱼发酵调味品广泛应用于水产加工制品(如鱼糕)和农副加工产品中(如泡菜、汤及面条等)；在越南，鱼发酵调味品是人们每餐必不可少的调味品；在我国辽宁、山东、江苏、浙江、福建、广州等地均有鱼发酵调味品生产，其中以福建福州的鱼发酵调味品最为有名，远销16个国家和地区。

发酵方法对鱼发酵调味品的质量有直接的影响，即使是同一种原料，鱼调味品的色、香、味也会因发酵方法不同存在明显差异。鱼调味品发酵的方法分为自然发酵法和现代速酿法。

自然发酵法是将新鲜的鱼盐渍后，在太阳光下曝晒，利用阳光、氧、鱼自身的酶系和空气中的耐盐酵母菌、乳酸菌及醋酸菌等微生物共同进行发酵消化。工艺流程：新鲜鱼→清洗处理→盐渍→发酵→过滤→调配→包装→成品。

将传统方法与现代方法相结合的速酿技术通过保温、加曲、加酶等手段，可以缩短鱼调味品生产周期，降低产品盐度，同时又减少产品的腥臭味。工艺过程：鱼、曲(或酶)混合→加盐→保温发酵→成熟→杀菌灭酶→分离→调配→成品。但是，现代速酿技术也存在缺点，如产品风味稍差，风味弱甚至有苦味。研究发现，苦味的产生是由于在碳末端连接处形成了有较大的憎水基团的肽。

亚洲许多国家(如泰国、菲律宾、日本)的传统鱼发酵调味品，通常是以远洋的鱼为原料，与海水按比例混合浸泡，置于陶瓷罐或木罐中发酵制成。鱼发酵调味品的种类主要有鱼露、鱼酱、鱼酱酸等，酿造好的调味品各有特色。泰国的Nampla是澄清的红棕色液体，具有“卤肉”的特征滋味；菲律宾的Patis蛋白质含量极高，营养丰富，味道鲜美；日本的Koami色泽金黄，海鲜味浓郁，老少皆宜，可用于调色；而Ounago是黏稠的酱油，质感如同蜂蜜，也具有“卤肉”的味道，这些种类的鱼露已成为全球调味市场的主流。鱼发酵调味品是一种风味独特的调味品，是一些国家和地区菜系必备的调味佳品，拥有较广的消费市场。利用低值鱼为原料生产调味品，既可开发出新型调味品，丰富市场，又实现了对低值鱼的综合利用，降低了污染，提高了附加值，具有良好的前景。

第二节 鱼 露

鱼露，又称鱼酱油，在日本的秋田、能登、鹿儿岛分别被称为盐汁(Shotturu)、鱼汁、煎汁。而日本广岛的蛎汁、文蛤酱油和扇贝酱油可能是鱼露复配的海鲜酱油类产品。人们所熟知的鱼露还有越南的虐库曼(Nuoc-mam)、泰国的南普拉(Nampla)、马来西亚的布拉(Budu)和菲律宾的帕提斯(Patis)。

大多数国家在制备鱼露时均采用沙丁鱼等海产低值鱼，也可以是淡水鱼、虾或贝类作原料。表4-1展示了世界各国鱼露产品及所使用的原料鱼。

表4-1 不同国家的鱼露产品及其原料鱼

产地	产品名称	原料鱼
中国	Yeesui	小沙丁鱼，鳀属
泰国	Nampla	鳀属，鲭属，鲮属
越南、柬埔寨	Nuoc-mam	鳀属，鲭属，鲶属
马来西亚	Budu	鳀属
菲律宾	Patis	鳀属，鲭属，鲹属
日本	Shottsuru	鲈属，沙丁鱼
韩国	Aekeot	日本鳀属，日本鳀属
印度尼西亚	Ketjap-ikan	鳀属，鲱属，淡水鱼
印度	Colomb-cure	鲭属，鲱属
希腊	Garos	鲱属

我国生产鱼露的历史较为悠久，《周礼》中就有“醢、酢”的记载。醢是指

用肉或鱼做的“酱油”，酢就是鱼露。贾思勰在《齐民要术》(533～544 年)中做了鱼酱汁用于炙肉调味的记载。另据考证，汉代的鲜起源于鱼露。

鱼露呈琥珀色，味道略咸，口感鲜美温和，伴有一点鱼虾的腥味。鱼露富含多种氨基酸、蛋白质、维生素和矿物质，具有较高的营养价值和独特的风味，在烹饪中常被用作风味增强剂或盐替代品，备受我国沿海地区人们的喜爱。所以，在我国辽宁、天津、山东、江苏、浙江、福建、广东、广西等地均有鱼露的生产，其中福州、汕头的鱼露较为有名。

此外，日本和东南亚地区的人们十分喜爱鱼露。日本作为海洋国家，鱼、虾、贝类资源丰富，其鱼露生产技术成熟，鱼露是日本常用的调味品。日本在奈良时代(710～794 年)，就已经有以鲤鱼煮汁贡纳朝廷供调味用的记述。在东南亚国家，如泰国、柬埔寨、马来西亚、菲律宾，鱼露除调味用，还一直作为人们获取蛋白质的重要来源。泰国和越南是鱼露的消费和生产大国，其中泰国的鱼露加工业不仅历史悠久，而且达到了较高的技术水平，全球领先。泰国人食用鱼露始于 1656～1688 年。在国际市场上，泰国鱼露已赢得广泛的赞誉，深受西方消费者，特别是美国消费者喜爱。1854 年，罗马人 Badham 的记载表明，发酵鱼露“Garum”在罗马很受欢迎。同期，希腊及意大利也有数种鱼鲜调料生产。

一、鱼露的生产工艺

鱼露是我国传统食品中非常宝贵的财富，每年产量在 10 万吨以上。鱼露的发酵方法分为传统发酵法和现代速酿法。传统发酵法主要是天然发酵法，用该方法生产出来的鱼露味道鲜美，呈味成分复杂，其气味是氨味、干酪味和肉味的混合。但是传统发酵法一般要经过高盐盐渍和发酵两步，生产周期长，产品的盐度高。现代速酿法利用现代生产技术，大大缩短了生产周期，提高了经济效益，常见的现代速酿法有保温发酵法、外加酶发酵技术等。

(一) 鱼露的传统发酵法

中国鱼露的传统发酵法主要是天然发酵法，即在常温常压的条件下，经过太阳光的曝晒，利用光、氧气和鱼体本身的酶，以及空气中的酵母菌、乳酸菌、醋酸菌等微生物的共同作用进行发酵，最后得到鱼露。

天然发酵法生产周期长，长达 10～18 个月，产品的盐度高，达到 20%～30%，但产品的味道鲜美。各种小杂鱼的成分含量差异较大，如鱼体蛋白质含量高的达 25%，低的仅有 10%；原料水分含量在 49%～84%之间波动。传统鱼露的天然发酵工艺操作多凭经验，导致了每个地区的发酵工艺和时间存在一定的差异。表 4-2 展示了不同国家和地区生产鱼露的工艺与时间。

表 4-2　主要生产鱼露的国家和地区及其发酵工艺与时间

国家(地区)	产品名称	原料鱼	发酵工艺与时间
日本	Shottsuru	鲨鱼	鱼：盐(5：1)+发芽大米和酒曲(3：1)混合，6个月
	Uwo-shoyu	沙丁鱼	
	Ika-shoyu	鱿鱼	
韩国	Jeot-kal	各种鱼	鱼：盐(4：1)，6个月
越南	Nuoc-mam	鳀鱼，鲸鱼	鱼：盐[(3：1)～(3：2)]，4～12个月
	Nuco-mam-gau-ca	鲟鱼	鱼肝脏：盐(10：1)，8d后，煮沸
泰国	Nampla	鳀鱼，鲭鱼，鲮鱼	鱼：盐(5：1)，5～12个月
马来西亚	Budu	鳀鱼	鱼：盐(5：1)+棕榈糖+罗望子,3～12个月
	Bakasang	鳀鱼，沙丁鱼	鱼：盐(5：2)，3～12个月
缅甸	Ngapi	各种鱼	鱼：盐(5：1)，3～6周
菲律宾	Patis	鳀鱼，鲱鱼，蓝圆鲹	鱼：盐[(3：1)～(4：1)]，3～12个月
印度尼西亚	Ketjap-ikan	鳀鱼，鲱鱼，纹唇鱼	鱼：盐(5：1)，6个月
印度	Colombo-cure	鳀鱼，鲱鱼，马鲛鱼	去内脏鱼：盐(6：1)+罗望子，12个月
中国香港	鱼露	沙丁鱼，鳀鱼，泥鳐	鱼：盐(4：1)，3～12个月
希腊	Garos	鲐鱼	鱼肝脏：盐(9：1)，8d
法国	Pissala	鳀鱼，虾虎鱼，银汉鱼，青鳞鱼	鱼：盐(4：1)，2～8周
柬埔寨	Nuoc-mam	鳀鱼，鲭鱼，蓝圆鲹	鱼：盐[(3：1)～(3：2)]，2～3个月

1. 传统工艺流程(图 4-1)

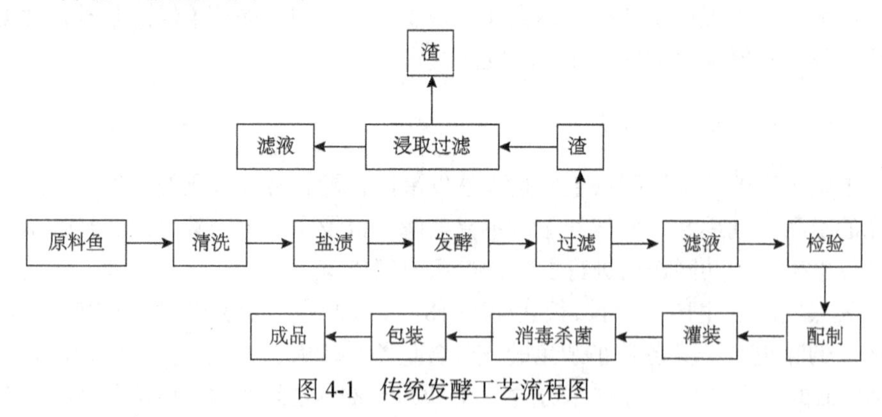

图 4-1　传统发酵工艺流程图

2. 工艺要点

(1)原料选择：鱼露的原料一般是经济价值低的小型鱼类以及各种混杂的小杂

鱼。原料各种成分含量的差异对鱼露加工工艺、成品的产量、营养价值、香气及味道有不同程度的影响，尤其是蛋白质和酶对鱼露影响最大。不同种类的鱼，化学组成不同、蛋白酶活性不同；同一种鱼的不同部位、在不同的生长时期，其成分含量也不同。在以水产品下脚料作原料时，应注意不同部位蛋白质含量的比例。

原料的新鲜程度也会影响鱼露质量。在鱼的腐败阶段产生的氨、三甲胺等有严重腥臭味的物质，除在发酵中挥发一部分外，大部分会带入成品中；鱼内脏等下脚料的腐败菌数量多，因此应选择新鲜的原料。

(2)盐渍：加盐量为25%～26%，腌制2～3d后，由于食盐渗透作用，渍出卤汁要及时封面压石。多脂鱼的腌制一定要把上面的浮油除掉，因为鱼类的不饱和脂肪酸容易氧化酸败，影响鱼露品质。食盐在鱼露发酵过程中的主要作用包括抑制腐败菌繁殖；破坏鱼组织细胞结构，易于酶发挥作用；影响氨氮与氨基氮的生成；与谷氨酸结合为谷氨酸钠，增加产品的鲜味；高盐抑制蛋白酶活性，发酵周期延长。腌制自溶一般需要7～8个月，期间多次翻拌，并进行1～2次倒桶，当鱼体变软、肉质呈红色或淡红色、骨肉呈容易分离的溶化状态，成为气味清香的鱼坯醪，可以转入中期发酵。

为了缩短发酵周期，可以采取先低盐发酵，使蛋白酶充分作用一段时间后，再补盐的方法。在用曲或加酶发酵的情况下，加入的盐量比较低，一般在5%～15%。为加快盐渍，也可采用保温水解，即加盐拌匀后逐渐升温至60℃，常翻拌使受热均匀，时间为20～30d。加盐量也不能太低，加盐量太低除影响风味外，还会影响产品的保存。腌制前有条件的生产单位要按鱼体大小和不同品种分开腌制。

(3)成熟：把成熟的鱼坯醪移置露天的陶缸或发酵池中，进行日晒夜露并勤加搅拌以促进分解发酵。在移出下缸时，新旧和不同品种的鱼坯醪要互相搭配混合发酵，以稳定质量、调和风味。放入缸、池中的鱼坯醪，用23～25℃的水坯(盐水或渣尾水)冲淋。发酵期间每天都要充分搅拌，以加速中期发酵。至渣沉、上层汁液澄清、颜色加深、香气浓郁、口味鲜美，并待连续测定汁液中的氨基酸含量变化微小时，即可过滤取油。

鱼渣尾水即酶水，虽然氨基酸含量低，但含有许多有益的微生物和风味物质，对产品风味的形成有前置的“诱导作用”，有经验的师傅非常重视好鱼渣和酶水的管理与利用。

(4)过滤：将竹编长形筒插入大缸中部，取清液，得到原油。取原油后的渣再经二次浸泡和过滤，先后得到中油和一油。将一油后的滤渣与盐水或腌鱼卤共同煮沸，过滤澄清，得淡黄色澄清透明液体为熟卤，熬制熟卤的工序称为熬卤。熟卤用于浸泡头渣和二渣。

浸出液汁若再转入后期发酵，可提高氨基酸含量，使体态澄清透明、口味醇厚、风味更为突出，经久耐藏。刚滤出的鱼露会浑浊而且风味尚未圆满纯正，还属半成品，因为其中还有少量蛋白质等成分未完全分解，需要继续充分分解。所以后期发酵也是提清、增色和陈香的过程。提清是蛋白质等成分继续分解或遇热凝固下沉的过程。鱼露后熟发酵一般需 1～3 个月。充分成熟的鱼露，细菌数极少，不必加热杀菌就可以灌装。

(5) 配制：取不同比例的原油、中油、一油混合，配制成各种级别的鱼露。

3. 天然发酵的优缺点

天然发酵法生产的产品味道鲜美，呈味成分复杂，其气味是氨味、干酪味和肉味的混合。但是天然发酵法生产得到的鱼露也存在不足：①天然发酵法生产鱼露所需时间比较长，一般为数月甚至 1 年以上。为了获得更好的风味，有的甚至达到 2～3 年。难以进行自动化连续生产，不适合大规模的工业生产。②天然发酵法生产鱼露一般需要经过高盐盐渍，导致得到的鱼露盐浓度比较高，达到 20%～30%，高血压、心脑血管疾病患者不宜食用。③生产得到的鱼露还混有一定的鱼腥味和腌制过程中产生的异味。

(二) 鱼露的现代速酿法

将传统方法与现代方法相结合的速酿技术通过保温、加曲、加酶等手段，可以缩短鱼露生产周期，降低产品盐度，同时又减少产品的腥臭味。但如果使用方法不当，鱼露的风味可能会较差。例如，胃蛋白酶可以在 1 周内完成发酵，但其总体感官质量远远不如传统方法生产的鱼露。

1. 速酿工艺流程 (图 4-2)

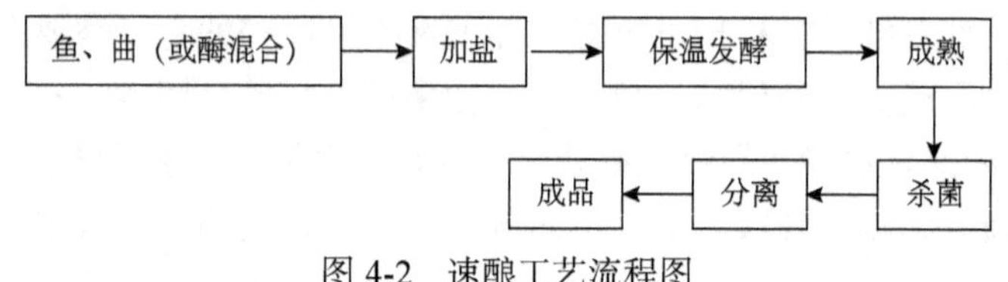

图 4-2　速酿工艺流程图

2. 工艺要点

(1) 加曲或加酶：曲是在适当条件下由试管斜面菌种经逐级扩大培养而成的。加曲能促进鱼体蛋白质的分离，在较短的时间内释放出各种重要的氨基酸。而鱼露的鲜味又主要来自于氨基酸，所以加曲不但能显著缩短鱼露的发酵周期，还能改善产品的风味。目前，鱼露发酵采用的曲是用于生产大豆酱油的曲，曲霉为米曲霉。鱼肉的水分含量在 60%～85%，不利于米曲霉的生产繁殖和酶的分泌，易受到杂菌的污染，所以鱼肉不适合直接制曲。而鱼粉的水分含量不高，可以用湿式法生产的鱼粉制备蛋白酶产量高、杂菌少的曲。

⑵低盐发酵：利用蛋白酶在低盐时活性强的原理，在发酵前期少加盐，至蛋白质分解到一定程度时再加足盐的方法，可缩短发酵周期。但该方法对所用原料的要求较为严格，以新鲜鱼等较合适，鲜度太差的鱼不宜采用低盐发酵。发酵期间还要经常注意观察，严格掌握用盐量和用盐时间，防止蛋白质水解过度，若控制不好就易变质。

⑶保温发酵：鱼体自身酶系在最适温度下具有最高酶活，所以保温发酵是指通过维持适宜的发酵温度，以加快鱼体蛋白质和脂肪水解速度的方法。保温发酵是鱼露快速发酵中研究较早、较成熟的方法。该方法主要是调节发酵早期盐浓度和温度，并找到两者间平衡点，使鱼露既能快速发酵又能保持鱼露应有的独特风味。保温发酵分电热保温发酵和蒸汽保温发酵两种方法，两者均分为室内保温发酵和发酵池的周壁保温发酵。蒸汽盘旋管保温发酵池，是在水泥池或铁制发酵池的中央装有蒸汽盘旋管，由间接蒸汽加热，通过热的传导对流使池或罐内的发酵物达到发酵所需求的温度，一般为 45～50℃。水浴保温发酵是在池或罐的周壁设有夹层，可导入蒸汽加热夹层内的水，通过热传导，使池内的发酵物达到发酵所需的温度。一般而言，池的体积长×宽×高=600cm×300cm×100cm，池内壁厚度 6～8cm，周壁水浴层厚度 20～30cm，水浴层的水温 50～55℃，发酵池内的物料品温 45～50℃。铁制发酵池，有的内涂生漆(国漆)，有的内涂一层环氧树脂，衬一层玻璃纤维，前者三层，后者两层。人工保温发酵成熟的时间视原料的用盐量多少，以及盐渍时间长短而不同。高盐时，由于鱼体内的各种酶系和微生物的活性受到抑制，部分酶系失去活性，而只有耐盐微生物繁殖。因此，高盐发酵所需的时间长；而低盐发酵所需的时间短，但发酵液往往有味。

二、鱼露的主要成分

(一)营养成分

鱼露营养丰富，富含氨基酸，以及有机酸、钙、铁、碘和维生素等，此外还含有生物活性肽。目前已经测得鱼露中约有 124 种挥发性成分，包括 20 种含氮物、20 种醇、18 种含硫物、16 种酮、10 种芳香族碳水化合物、8 种酸、8 种醛、8 种酯、4 种呋喃及 12 种其他成分。

1. 氨基酸

鱼体经过盐渍或盐酶发酵，鱼肉在蛋白酶、肽酶、耐盐微生物、光、氧和热能的共同作用下分解产生各种氨基酸。由表 4-3 可知，鱼露中常见的氨基酸主要有以下几种，即天冬氨酸、谷氨酸、丝氨酸、甘氨酸、苏氨酸、丙氨酸、精氨酸、亮氨酸、脯氨酸、色氨酸、酪氨酸、甲硫氨酸、缬氨酸、苯丙氨酸、赖氨酸、异亮氨酸、组氨酸、半胱氨酸、牛磺酸和鸟氨酸。这些氨基酸在鱼露中含量各异，含量较多的有赖氨酸、谷氨酸、天冬氨酸、丙氨酸和甘氨酸，较少的有酪氨酸、甲硫氨酸、丝氨酸、色氨酸和苏氨酸。

表 4-3　鱼露中的游离氨基酸

氨基酸种类	含量/(mg/mL)					
	味道	泰国 Nampla	越南 Nuoc-mam	菲律宾 Patis	中国鱼露	下脚料鱼露
牛磺酸(Tau)		1.318	1.351	1.370	1.202	1.694
天冬氨酸(Asp)	U	9.064	9.032	3.377	2.158	5.972
苏氨酸(Thr)	S	5.258	5.628	3.108	0.704	3.098
丝氨酸(Ser)	S	2.544	2.241	1.388	0.265	3.190
谷氨酸(Glu)	U	13.212	13.816	7.388	2.840	8.550
甘氨酸(Gly)	S	3.969	3.972	2.777	0.981	2.644
丙氨酸(Ala)	S	6.999	8.118	5.058	4.183	4.346
缬氨酸(Val)	B	6.274	6.664	4.193	3.516	3.968
半胱氨酸(Cys)		0.285	0.329	0.096	ND	ND
甲硫氨酸(Met)	B	2.354	2.490	1.845	0.988	1.188
异亮氨酸(Ile)	B	3.874	4.083	3.267	3.318	3.416
亮氨酸(Leu)	B	4.795	5.017	4.919	5.559	5.426
酪氨酸(Tyr)	B	1.182	1.201	1.165	0.662	0.986
苯丙氨酸(Phe)	B	3.628	3.936	2.327	2.251	2.416
色氨酸(Trp)		ND	0.771	0.352	0.134	0.483
鸟氨酸(Orn)	B	0.794	0.870	1.473	1.469	2.260
赖氨酸(Lys)	B	10.695	11.685	7.355	2.393	5.196
组氨酸(His)	B	3.763	3.904	3.168	0.091	3.262
精氨酸(Arg)	B	0.084	0.257	0.318	0.030	0.504
脯氨酸(Pro)	S	1.322	0.552	0.245	0.339	3.211
总量		81.414	85.917	55.189	33.083	61.810

注：ND 表示未检测到；B 表示苦味；S 表示甜味；U 表示鲜味。

2. 肽类

鱼露含有大量氨基酸，自然也含有许多低聚肽。相比于大豆酱油，鱼露中各种低聚肽所占的比例相对较高，约占全部氮成分的 61%以上。

3. 有机酸

各国常见鱼露的有机酸组成如表 4-4 所示。

表 4-4　鱼露中有机酸的组成

有机酸种类	含量/(μg/mL)				
	泰国 Nampla	越南 Nuoc-mam	菲律宾 Patis	中国鱼露	下脚料鱼露
柠檬酸	1182	971	23	ND	173
丙酮酸	ND	24	ND	ND	ND
苹果酸	26	228	ND	212	219
琥珀酸	519	614	912	1151	394
乳酸	4609	3053	4236	600	16919
甲酸	236	184	244	196	260
乙酸	1090	1542	1036	7472	701
谷焦氨酸	1496	2078	340	908	1291
总量	9158	8694	6791	10539	19957

注：ND 表示未检测到。

4. 核酸关联物

鱼露中的核酸关联物种类有腺苷-磷酸(AMP)、腺苷二磷酸(ADP)、腺嘌呤、腺苷、腺苷三磷酸(ATP)、肌苷酸、鸟嘌呤、次黄嘌呤。

(二)风味成分

鱼露中令人愉快的香气主要来自醇、醛、酮、酯和含硫化合物等挥发性物质，而腥气味的产生主要是因为鱼露含有一定量的胺类化合物。鲜味和咸味构成了鱼露的滋味主体，主要是一些水溶性的小分子化合物，包括含氮化合物(游离氨基酸、小肽、核苷酸类物质、有机碱)、无氮化合物(糖类、有机酸、无机盐等)，其呈味的好坏直接决定着调味品的受欢迎程度。

发酵鱼露的风味形成是利用天然水产组织中的多种酶以及微生物的作用，将原料中的蛋白质、脂肪等成分进行分解、发酵，再经过脂肪氧化、美拉德反应、斯特雷克(Strecker)降解等多种反应形成富含氨基酸、肽等复杂的、呈香和呈味的化合物体系。

一般认为，鱼露的鲜味成分主要有肌苷酸钠、鸟苷酸钠、谷氨酸钠、琥珀酸钠等，其中谷氨酸钠是其鲜味的主要来源，而咸味主要来自于氯化钠。然而，鱼露呈味的独特性更在于其鲜厚浓郁的口感，该口感不是仅仅依靠呈味物质的简单加成而形成的，由水产原料发酵而来的呈味物质构成的复杂呈味体系共同作用赋予了鱼露独特的风味。

1. 氨基酸

甘氨酸、丙氨酸、脯氨酸、丝氨酸等为甜味氨基酸，是构成天然甜味的主体，且甘氨酸、丙氨酸的甜味浓度与葡萄糖大致相同，因带有少许酸味，而构成复杂的甜味；鱼露的酯味与甘氨酸、丙氨酸的含有量有关；谷氨酸、天冬氨酸则是鱼露鲜味的主要贡献者，含量越多，鲜味越浓。

鉴于鱼露中氨基酸组成对于鱼露风味的影响，探讨鱼露发酵过程中氨基酸的代谢过程显得非常必要。虽然各种氨基酸的中间代谢各有其特殊过程，但也有共同的途径。氨基酸的一般代谢途径主要是指转氨作用、脱氨作用和脱羧作用。通过转氨作用和脱氨作用，氨基酸被分解成氨和 α-酮酸再进一步分解或参加自身氨基酸、糖和脂肪的合成。大多数耐盐酵母菌、耐盐乳酸菌和醋酸菌都有脱氨和脱羧作用，但不能同时进行这两种作用，因为脱氨酶和脱羧酶形成的条件是不同的。当鱼露发酵液的 pH 值偏碱性时氨基酸会脱氨，偏酸性时会脱羧，出现这种现象是由于氨基酸是两性电解质，当发酵液的 pH 值高于氨基酸的等电点时，羧基解离，而氨基不解离，因此脱氨酶进行脱氨作用；当鱼露发酵液的 pH 值低于氨基酸的等电点时，氨基解离，羧基不解离，由脱羧酶进行脱羧作用。转氨作用是氨基酸代谢的主要过程，它不仅与脱氨作用密切相关，参与氨基酸的分解，也参与氨基酸的合成代谢。这就解释了为什么鱼露发酵液的 pH 值过于偏酸或偏碱性时，鱼露成品的风味差，成品理化检验结果中氨基酸含量低这一现象。

2. 多肽

鱼类中的多肽对鱼露的呈味具有重要的影响。研究表明，加盐时，各种低聚肽均表现出带甜的鲜味或带鲜的甜味，由此可知食盐对于鱼露的呈味具有较大的影响。研究还发现，鱼露中相对分子质量大的肽类越多，鱼露的味道越差。

3. 有机酸

有关鱼露中的有机酸呈味研究的文献较少。但已有的研究证实，鱼露中总有机酸含量对鱼露的呈味有一定的影响，其中琥珀酸作为鲜味物质，含量越多，鱼露越美味。

4. 核酸关联物

核酸关联物对鱼露的呈味影响较大，其中比较典型的为 5′-肌苷酸。5′-肌苷酸具有呈味力强、呈味丰富等特点，它在鱼露中含量较高，普遍认为 5′-肌苷酸是鱼露熟成过程中因混入微生物的核苷酸酶的分解作用产生的。另外，研究表明，L-谷氨酸和 5′-核苷酸有显著的相乘作用，酱油添加呈味核苷酸，无论是内在品质还是外观方面，产品质量都会有显著的提高，并且可以增加可口浑厚的味道。

(三) 挥发性成分

由于鱼露的盐度高，咸味易掩盖其他味道，因此鱼露的质量通常通过气味来评定。研究发现，鱼露主要的三种特征气味如下：①氨香，源于氨和三甲胺；②类乳酪香味，源于低相对分子质量的挥发性酸，主要由乙酸和 *n*-丁酸组成；③肉香，由多种成分引起。1996 年，研究者采用顶空气相分析法，从鱼露中分析到 155 种挥发性成分，使分析多种挥发性成分变得简单。此后，鱼露特征气味和挥发性成分相关性的研究得以开展，例如，研究发现鱼露的海鲜味与鱼露中丙基呋喃、乙醛、丙酸乙酯、二甲基硫和乙酸乙酯等挥发性成分的含量呈正相关（$R > 0.95$），而鱼露的肉香味与这些物质含量呈负相关（$R > -0.95$）。感官评价存在一定的主观性，但这一研究成果为提高鱼露质量评价的客观性提供了可能。鱼露中具体的挥发性成分如下。

1. 挥发性酸

挥发性酸在鱼露挥发性成分中占有较大的比例，挥发性酸约占鱼露色谱波峰面积的 80%。但由于挥发性酸的气味阈值较高，可能不是鱼露气味的主要贡献者。尽管如此，研究者围绕鱼露中挥发性酸仍开展了较多的研究，早在 1953 年，Nguyen-an-Cu 和 Vialard-Goudout 鉴定了鱼露中的乙酸和 *n*-丁酸，报道了 *n*-丁酸和乙酸的比例对鱼露的气味、味道的影响，并指出鱼露中可能存在乳酸消化酶。Dougan 和 Howard 证实了 Nampla 中的挥发性酸能产生酯类，并指出其产生的途径可能为多不饱和酸的自动氧化以及细菌对氨基酸的作用。Beddows 研究了 Budu 中挥发性酸的形成和来源，指出这些酸不是源于脂的分解，此外通过（U-14C）-蛋白酶进行试验，结果显示氨基酸是 *n*-丁酸和 *n*-戊酸以及其他酸类形成的前体物质。Sanceda 等研究了日本盐汁 Shotturu 中挥发性酸的组成，发现在原料鱼中不存在乙酸、丙酸、*n*-丁酸、异吉草酸、*n*-异吉草酸这些挥发性酸，它们可能是在鱼露的熟成过程中产生的；研究人员测定了鱼露成熟过程中挥发性酸的增长情况，发现乙酸、异丁酸、*n*-丁酸的增长显著，并指出这些挥发性酸的生成原因可能是细菌的作用以及空气的氧化作用，同时他们还指出乙酸、异丁酸、*n*-丁酸、吉草酸对鱼露气味的贡献相对较大；有学者研究了挥发性酸（Y）和 pH 值（X）的关系，得出结论为 $Y=3.18\times10^7X-1.8\times10^8$，并认为在一定范围内，pH 值越低，鱼露香味的感官评价越高。

2. 挥发性含氮化合物

鱼露中的挥发性含氮化合物主要是三甲胺（TMA）和组胺。三甲胺具有非常强的气味，通常描述为“陈旧的鱼味”和鱼的“类巢味”，其阈值非常低（300～600μg/kg）。Beddows 的研究证实，三甲胺在鱼露中很容易形成，即使在利福平（一种抗生素）存在的条件下也可以形成，可能是由于鱼体自身含有的酶的原因。此外，Metzler 研究了氨基酸产生胺类物质的代谢途径，证实组胺由组氨酸产生，色胺由色氨酸产生，酪胺、多巴胺、辛胺由酪氨酸产生。Sanceda 等认为鱼露中的组胺是由组氨酸在组氨酸脱羧酶的作用下生成的。此外，Kimira 等研究发现，组胺在微生物的停滞期产生，即使 20%的盐度也不能阻止组胺的生成。除了以上两种挥发性含氮化合物外，鱼露还含有微量的吡嗪、吡啶、腈、四氢吡咯、哌啶、苯异唑磷和吡咯等含氮化合物，这些化合物被认为与鱼露的烧焦味和氨味有关。

3. 挥发性硫化物

鱼露中的挥发性硫化物主要有甲基硫醇、二甲基硫、二甲基二硫和二甲基三硫，这些挥发性硫化物是由鱼肌肉中游离的半胱氨酸和甲硫氨酸经微生物降解产生的。它们通常与变质的海鲜味联系在一起，但事实上不尽如此，它们中的有些物质在含量较低时，对香味有一定的贡献，如二甲基硫，该化合物能够产生新鲜海鲜味中令人愉快的类海滨香的气味，在浓度小于 100μg/kg 时，产生一种令人愉快的类蟹味。

4. 其他挥发性成分

鱼露中的其他挥发性成分主要有醛、酮、醇和酯等，研究者围绕这些物质已经开展了一定的研究。Saisithi 等在研究 Nampla 的风味相关物质时，用茚三酮检测 14 种氨基酸，发现有 7 种氨基酸降解产生的醛能在室温下产生气味，结果见表 4-5。

表 4-5　氨基酸茚三酮检测产生的挥发性醛的风味特征

氨基酸种类	降解物醛的风味特征
谷氨酸	肉味
异亮氨酸	甜，天竺葵味
亮氨酸	甜，天竺葵味
甲硫氨酸	甲磺酸味
苯丙氨酸	强烈的玫瑰味
酪氨酸	玫瑰味
缬氨酸	弱天竺葵味

Robert 等对鱼露挥发性成分中中性组分的研究发现，具有肉味特征的主要成分包括 γ-丁基内酯、γ-己酸内酯、4-羟基戊酸酯，γ-丁基内酯和 γ-己酸内酯味微甜，有黄油味，而 4-羟基戊酸酯有轻微的刺激味；具有强烈硫味的成分为 3-丙醇和 2,3-丁二醇。这些成分主要是由微生物蜡样芽孢杆菌、地衣芽孢杆菌、枯草芽孢杆菌发酵产生的，且以上微生物已被 Crisan 和 Sands 从 Nampla 中分离出来。鱼露挥发性成分中的中性成分还包括少量的醇，它们中的大部分为 C_2～C_5 的短链醇。尽管这些醇的含量一般不超过 1%，但由于醇的气味阈值较低，对鱼露气味的贡献仍较大。另外，鱼露中存在的一些挥发性酮，如丙酮、呋喃酮等，被认为对鱼露的肉味、干酪味有贡献。

生产和食用鱼露的国家和地区相对比较集中，受各国饮食习惯的影响，虽传统鱼露的生产工艺不是十分复杂，不同国家生产的鱼露在呈味成分及风味上仍存在一定的差异性。Park 等比较了泰国、越南、缅甸、老挝、中国、韩国及日本等国生产的多个鱼露产品，发现各国鱼露 pH 值一般为 5～6，其中老挝鱼露的 pH 值最低（4.90），缅甸鱼露的 pH 值最高（6.23）。各国鱼露中 NaCl 含量一般在 2.0g/mL 左右，其中老挝及日本鱼露的 NaCl 含量相对较低，分别为 1.57g/mL 和 1.80g/mL。总氮含量差异较大，为 3.50～25.90g/mL，其中越南鱼露的总氮含量最高，其次为日本和泰国，老挝鱼露的总氮含量最低。在游离氨基酸的组成方面，越南、日本和泰国的鱼露较为相似，天冬氨酸、谷氨酸、丙氨酸、缬氨酸、赖氨酸及组氨酸的含量相对较高，而韩国鱼露中甜味氨基酸如脯氨酸、甘氨酸、丙氨酸的含量相对较高，因此，相较于其他各国的鱼露，韩国鱼露甜味更突出。另外在鱼露原料的选择上，中、韩两国鱼露较多采用的是白肉鱼，因此中国鱼露及韩国鱼露的组氨酸含量均较低，而老挝、缅甸两国鱼露主要以淡水鱼为原料，所以总氮含量及组氨酸含量较低。在有机酸含量方面，越南、中国及缅甸鱼露含量相对较高；在核酸关联物方面，越南、日本和泰国鱼露含量最高，中国和韩国鱼露次之，缅甸和老挝鱼露含量最低。综合以上结论，Park 等依据鱼露中风味物质含量的高低，将以上 7 国鱼露分成了 3 组，即“高浓度”的越南、日本和泰国鱼露，“中浓度”的中国和韩国鱼露，“低浓度”的缅甸和老挝鱼露。

（四）活性成分

鱼露含有生物活性成分，经检测，鱼露中小分子肽的含量较高，以氮的形式进行折算，可达到总含氮量的 20%。小分子肽具有多种功能特性，不但易于肠道吸收，而且具有特定的生物活性，如血管紧张素转换酶抑制肽（ACEIP）具有抗高血压功能。Ichimura 等从发酵的鱼露中分离得到 ACEIP，其中包括 Ala-Pro、Lys-Pro、Arg-Pro 以及其他 5 种含 Pro 对血管紧张素转换酶（ACE）具有抑制作用的二肽，同时经自发性高血压大白鼠动物试验证明口服 Lys-Pro 后，血压下降，表明了鱼露中含有对 ACE 具有抑制效果的成分。

（五）有害成分

虽然鱼露营养丰富，但是在发酵过程中若不能有效控制发酵条件，会使鱼露产生有害物质，如亚硝酸盐。亚硝酸盐是公认的致癌物质，食用过量，会产生不良影响，一般摄入 0.3～0.5g 的亚硝酸盐即可引起中毒，3g 即可死亡。

三、传统发酵技术与现代发酵技术的比较

将传统发酵技术和现代发酵新技术进行比较，总结鱼露风味改良技术的发展趋势如下：①快速发酵生产的鱼露在风味方面远不如传统发酵，因此，需要进一

步研究传统发酵过程中鱼露各成分发生的生化变化，找到影响风味的可能因子，将快速发酵技术运用到工业化生产中。②添加外发酵物可加快风味物质的产生，所以研究合适的发酵物组合，以期在最短的时间内，达到成品鱼露要求的各项风味指标。③目前针对鱼露的脱腥技术研究较少，但可以借鉴水产品加工的脱腥技术。水产品脱腥技术根据作用的机理的不同分为 4 种类型：物理法、化学法、生物法及复合法。物理法简单易行，但效果不佳且会导致部分营养素的吸附损失；化学法存在环境和安全问题；生物法及复合法效果好，但使用范围较窄。④水产原料极易腐败，导致风味劣变，因此发酵鱼露生产原料的新鲜度将在一定程度上影响最终产品的风味和安全性。

第三节　鱼　　酱

鱼酱是以鱼为原料，经脱腥、采肉、鱼肉粉碎、增稠、富钙等方法处理后按一定配方添加食品添加剂，开发出的适合大众口味的鱼制品。鱼酱是我国黔东南苗族侗族自治州雷山县永乐区的传统调味品，又名永乐鱼酱或糟辣鱼酱。它含有咸味和滋味成分，作为副食能够生吃，也可作为菜肴的调味品而食用。在日本，鱼酱也称为盐辛，在气候严寒的日本东北地区做鱼酱时加曲促进发酵。日本的鱼酱多以小鱼或新鲜鱼为原料发酵而成，也有在乌贼内脏和沙丁鱼中加入盐，经长期腌渍后制成，该方法得到的鱼酱营养丰富，味鲜美，无鱼腥味。中国大陆也曾有用淡水鱼制鱼酱的传统，但是随着汉族饮食文化对生食的排斥，中国现除渤海湾及广东省沿岸等地外很难看到鱼酱的影子。此外，在朝鲜半岛，鱼酱不单是人们日常的副食，他们在泡菜制作中常会根据个人的口味加入鱼酱等调料，制作出来的泡菜具有海鲜的味道，使泡菜不仅有营养，味道也更为鲜美，所以消耗量很大。在东南亚，鱼酱是中南半岛到缅甸和菲律宾北部地区人们的日常食品，在中南半岛人们的饮食生活中占据非常重要的地位。

一、鱼酱的传统生产工艺

鱼酱的传统制作方法是利用体型较小的鱼作为原料，低值鱼原料一般以少脂为佳，必须新鲜，加入盐，在原料中的酶及微生物作用下分解蛋白质，经发酵后再研磨，制成黏稠状的酱料。

1. 工艺流程（图 4-3）

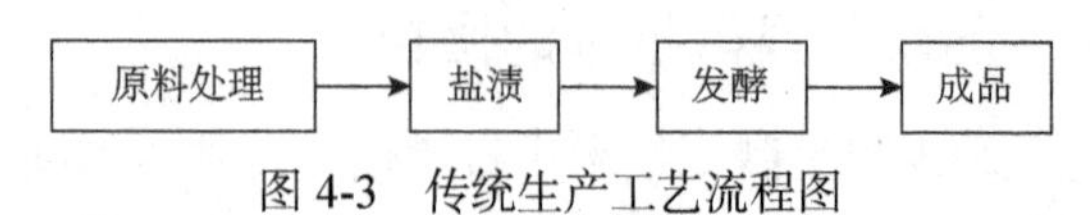

图 4-3　传统生产工艺流程图

2. 工艺要点

(1)原料处理：将原料用清水清洗，沥干水分。

(2)盐渍：将腌制用的容器(可用木桶或缸)清洗干净，放入原料，按原料质量的 25%～30%加入食盐，可用木棒捣碎成酱，搅拌均匀，压紧抹平，加盖密封容器口。放盐量可根据季节气温变化而定，一般春夏季按原料质量的 25%放盐，秋冬季按原料质量的 30%放盐，如需增香，可在加食盐的同时加入茴香、花椒、辣椒等香辛料，以提高制品风味。

(3)发酵：经日晒 10d 左右，当酱料发酵膨胀时，每天 2 次边晒边搅拌，每次搅拌约 20min，促进发酵均匀充分，并挥发臭气，在发酵几日后沥去卤汁，连续发酵 30d 左右，即可得成品。

二、鱼酱的现代生产工艺

传统生产工艺存在以下几个问题：一是加工手段、设备落后，没有现代食品技术的介入；二是加工工艺参数不定，难以形成工厂化生产；三是加工场地狭窄，难以保证质量；四是加工工艺代代相传，产品面貌依旧，难以吸引消费者。

为了解决以上问题，对传统鱼酱加工方式进行改进，研究者确定了关键工艺的参数，采用软包装、低真空浓缩、酶解等现代加工技术，使产品的质量和出品率大大提高，改进后的工艺更适合于现代化的工业生产。

(一)鲢鱼系列鱼酱的制备

1. 工艺流程(图 4-4)

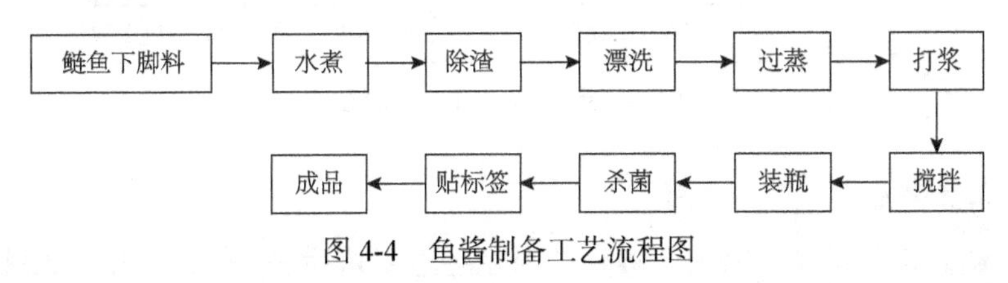

图 4-4　鱼酱制备工艺流程图

2. 工艺要点

(1)水煮：下脚料加水、料酒、白醋及葱、姜(纱布包裹)，煮沸骨肉分离。

(2)除渣：仅除去头盖骨、脊柱等大骨。

(3)漂洗：用 1.5mg/L 左右臭氧水漂洗，双层纱布过滤、拧干。

(4)过蒸：压力蒸汽杀菌器额定工况(0.14MPa、125℃)过蒸 30min 以上，使骨、刺酥化。

(5)打浆：粉碎机内打浆至骨、刺完全粉碎。

(6)搅拌：打浆完成后加入豆酱、面酱、食盐、白砂糖、味精、胡椒粉、芝麻、料酒、葱、花椒油等配料及焦糖色素、苯甲酸钠（0.5%）等添加剂继续搅拌均匀。

3. 工艺要点

（1）原料应为新鲜鲢鱼下脚料，避免使用冷冻或冻藏后的下脚料。

（2）臭氧水的臭氧含量应大于 1.0mg/L，漂洗时间不少于 10min。

（3）过蒸的时间视鱼骨、刺大小而定，一般 45min 即可达到酥化目的。

（4）以上配料制作的成品为基本型“鱼鲜酱”，添加辣椒油、花椒油、花生仁等配料，即为“鱼鲜辣酱”“鱼鲜麻辣酱”“八宝鱼鲜酱”等系列鱼酱，但鱼肉、骨、刺泥的比例应不低于 40%，否则鱼鲜味不明显。

（二）鲀鱼酱的制备

将鲀鱼除去鱼鳍、骨头和内脏后磨成浆，加入曲、食盐和酵母，在 28℃下发酵 25d 而成。这是一种新型鱼酱，较其他鱼酱抑制鱼臭能力强，能满足了消费者的多样性口味，1kg 鲀鱼可制 2L 鱼酱。

（三）鲟鱼酱的制备

1. 工艺流程（图 4-5）

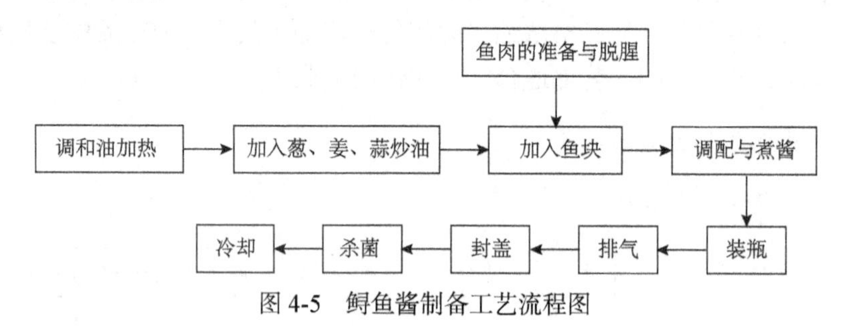

图 4-5 鲟鱼酱制备工艺流程图

2. 工艺要点

（1）鲟鱼肉的准备：将人工养殖的鲟鱼经过宰杀后去头、尾、皮、内脏，取背部肌肉，速冻，在−18℃冻藏。制酱时将鱼肉在流水中解冻 1h，将解冻后的鱼肉切成长、宽、高为 0.5～0.8cm 的鱼块。

（2）脱腥：将鱼肉用质量分数为 4%的食盐水浸泡 15min，盐水与鱼之比为 2∶1，盐渍后，用清水冲洗 2min，沥干。

（3）调味品预处理：①葱预处理：除去干叶、烂叶，剥去外皮，削掉根须，用水洗净后切成葱末。②姜预处理：削除腐烂、病害部分，洗净后切成姜末。③大蒜预处理：剥去外皮，用水洗净后切成蒜末。

（4）炒油：调和油计量后倒入油锅加热，使油温快速升至 100℃左右，加入姜末、葱末、蒜末，炸出微香。

(5)调配：将鱼块加入锅中煮沸并不断搅拌约1min。

(6)煮酱：加入豆豉、糖、盐、白酒、水、辣椒粉等配料进行煮制，煮制过程中不断搅拌，使各种原料充分混合均匀，防止煳锅底，煮沸后，用小火煮制10min。

(7)装瓶：将煮好的鱼酱趁热装入杀菌后的玻璃瓶中，不要让酱料粘在瓶口，防止污染，预留8～10cm间隙。

(8)排气、封盖：装瓶后，经100℃水浴加热，保持中心温度95℃以上排气10min；然后旋紧瓶盖。

(9)杀菌：121℃杀菌30min，采用常温快速冷却。

(四)调味鱼酱软罐头

1. 工艺流程(图4-6)

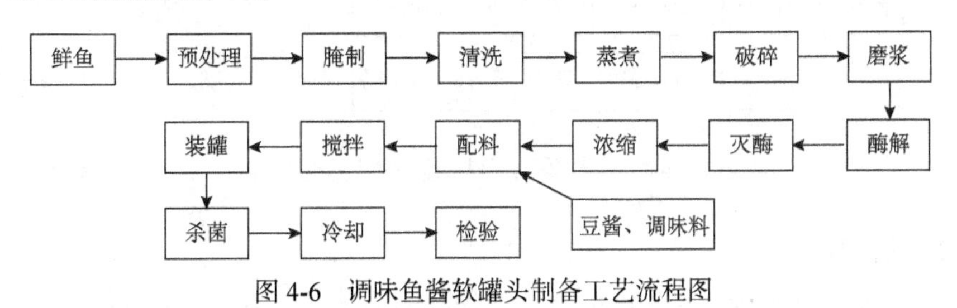

图4-6　调味鱼酱软罐头制备工艺流程图

2. 工艺要点

①原料：鱼选择无病的各种淡水鱼类。要求新鲜、肥瘦适中，每条质量不低于350g。

②预处理：鲜活鱼放入清水中，洗净泥垢后，去头、鳍、鳞、内脏等冲洗干净。

③腌制：腌制的目的在于脱去部分血水及可溶性物质，使鱼体肌肉缜密，吸收少量盐分，改善风味，同时可使产品耐储。腌制采用层压方法，层盐层鱼，在最上面再层盐，用盐量为鱼质量的6%，然后石压，便于脱水，腌制时间为24h。

④蒸煮：腌制好的鱼用清水洗净血污等杂物后，放入蒸煮锅，加入姜、葱、料酒等调味料，在0.1MPa的条件下保温20min，以保证鱼骨软化。

⑤磨浆：蒸煮过的鱼片破碎后经胶体磨磨浆至骨粒小于100μm以下。

⑥酶解：磨浆后的浆液移入冷热缸，为使蛋白质分解，更易于人体吸收，可加入1%的碱性蛋白酶，保温5h，温度50℃，然后在85℃的条件下灭酶。

⑦真空浓缩：酶解后的浆液转入真空浓缩锅，在0.08MPa、60℃的条件下浓缩至可溶性固形物含量在60%～62%时为止。

⑧配料搅拌：将味精、蔗糖、老抽等混合液及香辛料粉末混匀加入浆中，再

将豆酱、麻油加入，搅拌均匀即可罐装。

（五）鱼粒香菇风味酱

鱼粒香菇风味酱是以草鱼加盐自然发酵制得咸鱼丁、香菇、黄豆为主要原料制作的鱼发酵制品。

1. 工艺流程（图 4-7）

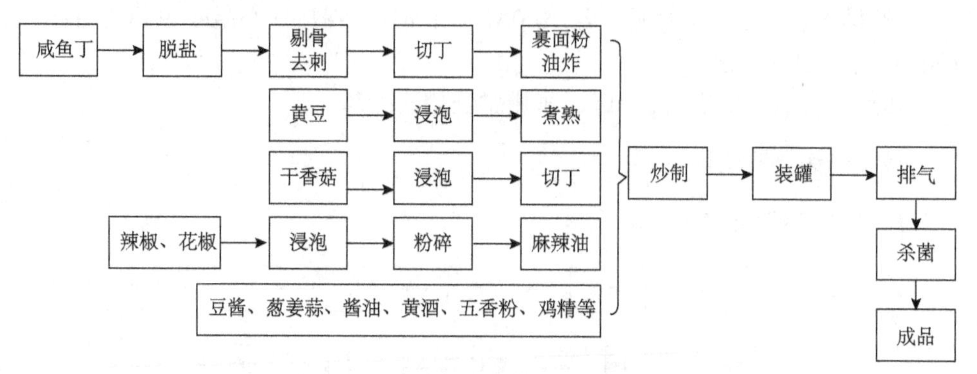

图 4-7　鱼粒香菇风味酱制备工艺流程图

2. 工艺要点

(1) 咸鱼丁的处理：将冻藏的鱼丁在空气中解冻，流动自来水脱盐 15h，然后剔除鱼骨鱼刺。将鱼肉、鱼皮等切成丁，加少许面粉搅拌。大豆油烧开后，将裹面粉的鱼丁放入锅中油炸 1min，然后迅速捞出鱼丁。

(2) 制作麻椒油：将一定比例的辣椒、花椒加水浸泡 1h 后粉碎成末，然后加入烧至冒烟并冷却 1min 后的大豆油中，同时不停搅拌，以免烧煳。

(3) 干香菇的处理：水发后切丁。

(4) 炒制：先加植物油预热后加姜丁，再加葱丁。翻炒片刻，加入煮熟的黄豆、香菇，然后加入豆酱炒出酱香味，再加入酱油、黄酒、蒜、五香粉、麻辣油、白糖炒制 2min，最后加入炸鱼丁、鸡精、芝麻油，搅拌均匀后立即关火。炒制过程中防止油温过高，炒煳酱体，温度过高时可添加少许冷水。

(5) 装罐：起锅趁热装罐并排气，迅速盖盖。采用 250mL 玻璃罐，净重 200g。

(6) 杀菌：121℃蒸汽杀菌 30min。

三、鱼酱的主要成分

1. 营养成分

鱼酱营养丰富，含有氨基酸、蛋白质、铁、钙和多种维生素。相关研究结果表明，鱼酱含有 38 种化合物，其中 8 种醇类物质，10 种醛类物质，9 种烃类物质，3 种酸类物质，3 种酮类物质，2 种大蒜素成分，2 种呋喃类物质，1 种吡啶类物质。

2. 风味成分

醇类、醛类、酮类、烃类、短链酯类对酱香有较大贡献。其中，芳樟醇是一种重要且常见的风味物质；糠醇、糠醛是合成香料的中间体，本身也是重要的呈味物质；5,5-二甲基-2-呋喃酮是一种香料成分；莰烯是常见的香精油成分；α-蒎烯可用于矫正一些工业产品的香味；L-水芹烯存在于大茴香油和小茴香油中，能合成高档香料；1-甲基-4-甲基乙烯基环己烯有似鲜花的清淡香气；二烯丙基二硫醚、烯丙基甲基三硫醚是大蒜精油成分，使产品有蒜香味。

3. 有害物质

鱼酱中的硝酸盐会在发酵过程中因杂菌的作用转化为亚硝酸盐，亚硝酸盐在食物中过多积累会引起食物中毒、引发癌症等。

四、鱼酱的调味作用及特点

鱼酱芳香四溢，鱼香味浓，具有酸、甜、辣、咸、香、鲜的特殊风味，可用于烹、炒、烧、炖、煮等多种方法制作的菜肴及火锅，特别是烹制鱼香味的菜肴，如鱼酱干锅鸡、酱烧全鸭、鱼酱牛柳、鱼酱排骨汤等。

鱼酱是一种带有咸味、鲜味的调味食品，醛类、醇类和酯类风味物质赋予产品肉香和干酪香气。在日本，鱼酱常用作下酒菜、煮菜等的调味料，也可从鱼酱罐中舀出汁液当酱油用。鱼酱制作最多的地区是以中南半岛为中心的东南亚地区，这里该类制品不仅是人们常备的副食也是基本的调味料。

第四节　鱼 酱 酸

鱼酱酸作为一种鱼发酵调味品，是苗族的传统食品，具有健胃生津和改善食欲的独特功效，因其制作原料的丰富性与工艺的独特性，极具苗族原生态饮食文化特征。

一、鱼酱酸的传统生产工艺

1. 原辅材料

鱼酱酸制作的主要原辅料均选自当地出产的食物原料，有新鲜红辣椒、野生小河鱼和糯米；辅料有生姜、食盐和白酒等。

2. 工艺流程（图 4-8）

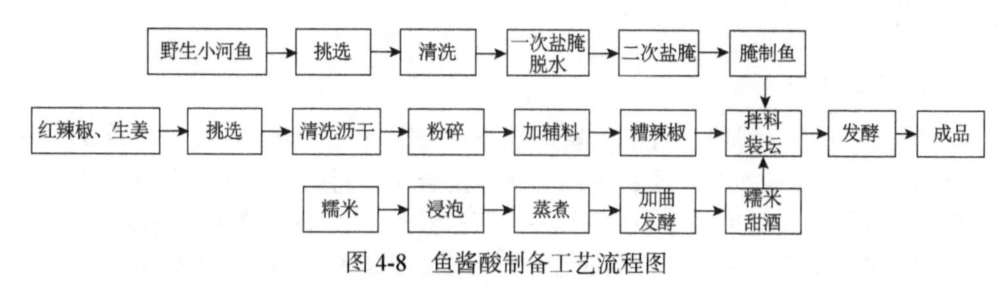

图 4-8 鱼酱酸制备工艺流程图

3. 特点

(1) 加工原料特殊：从加工原料与工艺流程来看，鱼酱酸属于鲜辣椒发酵制品，但与其他鲜辣椒发酵制品相比，又有很大的不同。

(2) 制作工艺复杂：与一般的碎鲜椒发酵制品相比，传统鱼酱酸制作工艺极其复杂。

(3) 原料鱼受限于天气：传统鱼酱酸的制作在原料的使用上相对稳定，但由于主要原料之一的野生小河鱼只能取自天然水体，鱼的品质与产量受环境、气候和人为活动的干扰，所以每年获取的野生小河鱼在品质与数量上会有不同，在一定程度上影响传统鱼酱酸的生产。

(4) 加工用盐量大：原料鱼预处理、糟辣椒制备和糯米甜酒后处理 3 个主要加工环节都需要盐。原料鱼预处理最重要的环节是腌制过程，野生小河鱼需要经过 2 次盐腌，特别是第 1 次盐腌用盐量很大，为小河鱼质量的 20%～25%，第 1 次盐腌后的沥液废弃不用，浪费极大。

(5) 发酵周期长，管理要求高：鱼酱酸加工的最后一个工序是将腌制鱼、糟辣椒与糯米甜酒按一定比例进行充分混合，然后装坛，于自然状态进行发酵。普通的糟辣椒发酵期为 20～30d，而鱼酱酸的发酵期为 45～60d。这是因为发酵原料中有河鱼成分，其发酵熟化时间长，需要经过 45d 以上的发酵才能使河鱼的生味消除，从经验上看，在常温经过 6 个月的发酵后，鱼酱酸的各种香气和特有滋味才完全呈现，形成鱼酱酸的成熟品质。因此，总的来说，发酵周期长，对管理的要求高。由于发酵的坛子容量较小，一般为 10～25kg，大批量加工时劳动量也较大。

(6) 自然发酵过程控制较难：从鱼酱酸的传统制作工艺上看，至少包括 3 个自然发酵的环节。第一自然发酵的环节是糟辣椒的发酵，在新鲜的红辣椒上市最佳时期制作，糟辣椒作为鱼酱酸发酵的半成品原料，已经进行了自然发酵，这个发酵环节一般要求发酵速度不宜过快，但又不能添加过多的食盐来抑制发酵，最好通过温度控制来实现。第二发酵环节是糯米甜酒的发酵，这个环节基本属于可人工控制的发酵，原料的预处理和加入的发酵剂（甜蜜曲）可以人工控制，甚至发酵温度也可以通过一些办法来调节。第三发酵环节就是鱼酱酸的发酵，是河鱼、糟辣椒和糯米甜酒混合物的发酵，属于自然发酵过程，该发酵过程的影响因素多、时间长，发酵过程的管理要求高、难度大。

二、鱼酱酸的现代生产工艺

苗族人民制作食用鱼酱酸的历史悠久，由于其风味独特，营养丰富，近年来已渐为人知，市场需求不断增加。但传统鱼酱酸固有的制作工艺，特别是主要原料野生鱼的使用受到限制，使其不能进行大规模的工业化生产，难以满足日益增长的消费需求。研究发现，营养丰富、经济价值高的银鱼是较好的可替代野生鱼的原料。此外，我国是世界上银鱼的起源地和主要分布区，资源丰富。在传统鱼酱酸制作工艺基础上，研究者以银鱼替代野生鱼试制出一种新型鱼酱酸——银鱼鱼酱酸，并对银鱼鱼酱酸的风味和主要营养物质进行分析。银鱼鱼酱酸在色泽质地、风味和营养等方面等同或优于传统鱼酱酸，且工艺简化，为保护、传承与开发利用苗族传统发酵食品鱼酱酸提供了技术参考。

1. 原辅材料

银鱼替代野生鱼制作鱼酱酸，其他原辅料均与传统鱼酱酸相同。银鱼鱼酱酸制作的主要原料有新鲜红辣椒、生姜、银鱼和香糯米，辅料有甜酒曲、食盐和白酒。

2. 工艺流程图(4-9)

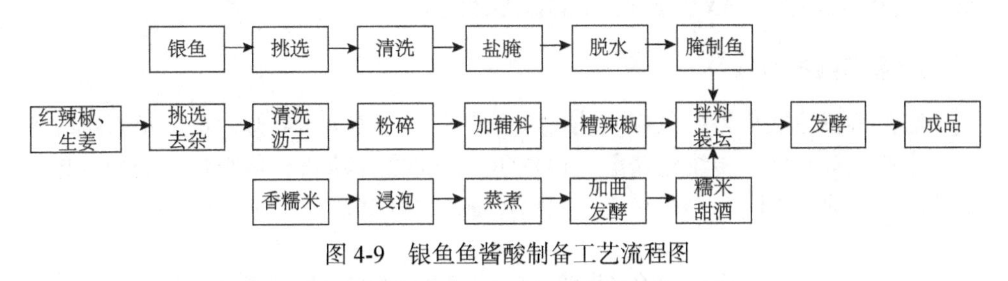

图 4-9　银鱼鱼酱酸制备工艺流程图

3. 操作要点

(1)银鱼的处理：关键步骤是腌制。银鱼捕获后，冷冻保藏，加工时取出解冻，清洗去杂，沥干水分，然后用盐腌制。腌制的主要目的是脱水，并使鱼肉蛋白质变性，鱼体变得坚韧，发酵时不易散烂，保持鱼体的完整。用盐量为每 10kg 银鱼加盐 1.5kg，将食盐与银鱼充分拌匀，适当搓揉，放入坛内于阴凉处放置 6h 后取出，用离心机充分脱水，备用。经过盐腌处理的银鱼，可临时放入坛中储藏，但不宜久储。研究表明，储藏于坛中的银鱼与氧接触后，逐渐变为黄色。鱼体变色后并未腐败，仍可用于加工鱼酱酸，并且在发酵过程中变黄的鱼体又会变为白色。

(2)辣椒的处理：是将其制作为加工鱼酱酸的半成品——糟辣椒。糟辣椒制作的主要原料为新鲜的红辣椒和新鲜的生姜。原料的成熟度对糟辣椒的影响很大，早熟品种的色泽、固形物、香气及辣度不够好，加工成品风味淡薄，且不能长久储藏；晚熟品种的种籽较多、皮厚而肉质较少，加工成品口感粗糙。红辣椒宜选用成熟度适中、色泽鲜艳、肉质肥厚、整齐、完好无损的果实。生姜选用七八成熟的新鲜子姜，成熟度过高、粗纤维多，影响成品质地。辣椒和生姜经挑选去杂后，用清水洗涤，晾干，然后一起放入破碎机中进行粉碎处理。生姜的用量为辣椒量的 5%，粉碎后在辣椒和生姜中立即加入食盐和白酒进行拌和，食盐和白酒的用量分别 8%和 4%，白酒的度数为 45°。充分拌匀后，装入坛中，自然发酵，备用，可在 20d 后用于制作鱼酱酸。

⑶糯米甜酒制作：糯米选用原则为带有浓郁芳香味，糊化温度较低，易于发酵糖化的品种。清洗糯米，清水浸泡 6～8h，沥干水分，大火蒸熟，摊凉至 40℃左右，趁热拌入甜酒曲，自然发酵 3d，得到糯米甜酒。随即将盐拌入糯米甜酒中，防止进一步发酵使糯米甜酒出现酒味，用盐量为糯米甜酒的 10%。

⑷银鱼鱼酱酸加工：将腌制好的银鱼、糟辣椒及糯米甜酒进行混合发酵，银鱼、糟辣椒及糯米甜酒按 5∶100∶10 的比例混合，充分混匀，然后装入土坛子中，在 15～25℃环境中自然发酵，发酵期间进行严格的密封。银鱼鱼酱酸发酵约 40d 后即可食用，发酵成熟期较传统鱼酱酸缩短约 1/4。发酵成熟的指标是辣椒和鱼的生、腥味消失，鱼酱酸特有的风味形成。

三、传统鱼酱酸与银鱼鱼酱酸的品质分析

1. 鱼酱酸的风味

对银鱼鱼酱酸与传统鱼酱酸进行感官鉴定。由表 4-6 可知，银鱼鱼酱酸的色泽、质地和鲜味优于传统鱼酱酸，银鱼鱼酱酸的酸味略重，传统鱼酱酸的滋味较银鱼鱼酱酸略为丰满，总体来说，银鱼鱼酱酸的风味品质优于传统鱼酱酸。

表 4-6　银鱼鱼酱酸与传统鱼酱酸的风味品质比较

类别	色泽	质地	气味	滋味
传统鱼酱酸	酱体鲜红色，色泽稍暗，鱼体灰黑色	酱体均匀不分层，鱼体完整，大小不均	具有鱼酱酸应有的气味，香气浓郁，略有鱼腥味	咸度适口，无酸败味，鲜味较浓，滋味丰满
银鱼鱼酱酸	酱体鲜红色，色泽鲜亮，鱼体灰黑色	酱体均匀不分层，鱼体完整，大小均匀	具有鱼酱酸应有的气味，香气较浓郁，无生腥味	酸味稍浓，无酸败味，鲜味浓郁，滋味较丰满

2. 鱼酱酸的主要营养成分

对银鱼鱼酱酸和传统鱼酱酸的总酸、还原糖、总糖、蛋白质、脂肪及 pH 值

等指标进行比较。由表 4-7 可知，两种鱼酱酸的主要营养成分含量相当，并无明显的差异。银鱼鱼酱酸的蛋白质含量略高于传统鱼酱酸，传统鱼酱酸的脂肪含量略高于银鱼鱼酱酸。蛋白质含量高，在发酵过程中因微生物水解而产生的游离氨基酸越多，可增强鱼酱酸的鲜味。

表 4-7 银鱼鱼酱酸与传统鱼酱酸中的主要营养成分

类别	总酸/%	还原糖/%	总糖/%	蛋白质/%	脂肪/%	pH 值
传统鱼酱酸	2.74	0.24	0.26	2.46	2.75	3.87
银鱼鱼酱酸	2.97	0.23	0.27	2.59	2.52	3.85

由表 4-8 可知，银鱼鱼酱酸中的水解氨基酸含量远高于传统鱼酱酸。在检测到的 17 种氨基酸中，银鱼鱼酱酸中的天冬氨酸、苏氨酸、丝氨酸、谷氨酸、赖氨酸、脯氨酸和精氨酸 7 种氨基酸的含量均远高于传统鱼酱酸，其中谷氨酸和天冬氨酸的含量分别为 0.42%和 0.32%，分别是传统鱼酱酸含量的 2.10 倍和 1.88 倍。这也决定了银鱼鱼酱酸的鲜味要比传统鱼酱酸更为浓烈。传统鱼酱酸中的丙氨酸和半胱氨酸的含量分别为 0.32%和 0.10%，远高于银鱼鱼酱酸的 0.15%和 0.02%，但这两种氨基酸对鱼酱酸鲜味的贡献不太突出。

表 4-8 银鱼鱼酱酸与传统鱼酱酸中的水解氨基酸含量

氨基酸	含量/%	
	银鱼鱼酱酸	传统鱼酱酸
牛磺酸	ND	ND
天冬氨酸	0.32	0.17
苏氨酸	0.11	0.04
丝氨酸	0.11	0.05
谷氨酸	0.42	0.20
甘氨酸	0.13	0.18
丙氨酸	0.15	0.32
半胱氨酸	0.02	0.10
缬氨酸	0.12	0.10
甲硫氨酸	0.02	0.01
异亮氨酸	0.10	0.10
亮氨酸	0.18	0.16
酪氨酸	0.04	0.02

续表

氨基酸	含量/%	
	银鱼鱼酱酸	传统鱼酱酸
苯丙氨酸	0.09	0.10
鸟氨酸	ND	ND
赖氨酸	0.18	0.07
脯氨酸	0.14	0.07
组氨酸	0.04	0.02
色氨酸	ND	ND
精氨酸	0.10	0.06
羟基脯氨酸	ND	ND
总量	2.27	1.77

注：ND 表示未检测到。

3. 鱼酱酸的矿物质含量

由 4-9 表可知，银鱼鱼酱酸中 Ca 和 Zn 的含量较传统鱼酱酸稍低，但分别达到 278.65mg/kg 和 4.48mg/kg，仍属于高 Ca 和高 Zn 调味品。银鱼鱼酱酸中 Cu 的含量比传统鱼酱酸高，但仅为 1.28mg/kg，远低于食品加工行业限定的 10mg/kg。食品营养学的研究表明，Ca 主要存在于人体骨骼中，起着维持骨骼刚性的作用；食品中含适量 Zn 和 Cu，有利于促进机体生长，增加食欲，保持神经兴奋，可避免“低血铜症”及缺锌性贫血，对增强免疫力、平衡肌体 Zn/Cu 比例具有重要的作用。从表 4-9 还可以看出，Hg、Pb、Cd、As、Sn 等重金属指标均未检出，表明两种鱼酱酸均为符合国家卫生安全标准的无公害食品。

表 4-9　鱼酱酸中矿物质的含量

类别	含量/(mg/kg)							
	Ca	Zn	Cu	Hg	Pb	Cd	As	Sn
传统鱼酱酸	293.34	5.78	0.72	未检出	未检出	未检出	未检出	未检出
银鱼鱼酱酸	278.65	4.48	1.28	未检出	未检出	未检出	未检出	未检出

4. 鱼酱酸中亚硝酸盐的含量

鱼酱酸是以鱼和蔬菜等为主要原料通过发酵而得到的调味品，蔬菜中的硝酸盐在发酵过程中因杂菌的作用而转化为亚硝酸盐，在食物中过多积累会引起食物中毒、引发癌症等。对试制的两种鱼酱酸中亚硝酸盐含量进行测定，传统鱼酱酸中亚硝酸盐含量仅为 0.054mg/kg，银鱼鱼酱酸仅为 0.16mg/kg，表明两种鱼酱酸中亚硝酸盐含量均远低于国家卫生安全标准(酱菜)规定的 20mg/kg。

参考文献

蔡敬敬, 徐宝才. 2008. 乳酸菌发酵鱼的研制. 肉类工业, (11): 22-24.

晁岱秀, 曾庆孝, 朱志伟, 等. 2008. 鱼露快速发酵研究的探讨. 现代食品科技, 24(9): 952-955.

陈苍林. 2001. 鱼露的天然发酵工艺. 中国酿造, 20(3): 39-40.

高玉静, 张憨, 陈卫平. 2012. 以草鱼下脚料为原料的鱼味酱加工工艺. 食品与生物技术学报, 31(10): 1031-1038.

胡潘元. 2005. 别具风味的贵州鱼酱菜. 美食, (3): 37.

黄紫燕. 2011. 外加微生物改善发酵鱼露品质的研究. 华南理工大学硕士学位论文.

黎景丽, 文一彪. 2000. 对鱼露生产工艺、呈味及其保健作用的探讨. 中国酿造, (3): 24-27.

李德侔, 李燕, 揭建旺, 等. 2002. 鲢鱼系列鱼酱的研制. 渔业现代化, (4): 36.

李莹, 白凤翎, 励建荣. 2015. 发酵海产品中微生物形成挥发性代谢产物研究进展. 食品科学, 36(15): 255-259.

李勇, 宋慧. 2005. 鱼露制品的研究开发. 中国调味品, (10): 22-25.

马丽卿, 贾四银. 1999. 调味鱼酱软罐头的研制报告. 肉类工业, (5): 23-25.

彭志英, 杨萍, 夏杏洲, 等. 2002. 多酶法在鱼露生产工艺中的应用. 食品与发酵工业, 28(2): 32-36.

石毛直道. 2014. 发酵食品文化——以东亚为中心. 楚雄师范学院学报, 29(5): 7-13.

孙美琴. 2006. 鱼露的风味及快速发酵工艺研究. 现代食品科技, 22(4): 280-283.

陶红丽, 朱志伟, 曾庆孝, 等. 2008. 鱼露快速发酵技术研究进展. 食品研究与开发, 29(3): 161-165.

王儒翰. 2008. 博鳌鱼和鱼酱. 椰城, (7): 28-29.

夏海迪[加](Shahidi). 2001. 肉制品与水产品的风味. 李洁, 朱国斌译. 北京: 中国轻工业出版社.

毋瑾超, 朱碧英, 胡锡钢, 等. 2002. 鱼肉液体制曲的工艺条件. 海洋大学学报, 22(3): 33-37.

薛佳, 曾名湧. 2009. 鱼露制品的研究进展. 肉类研究, (11): 89-93.

张文华, 蒋天智, 袁玮, 等. 2011. FASS 法测定苗族传统食品鱼酱酸中的锌、铜、镉、铅含量. 中国酿造, 30(10): 169-171.

张文华, 袁玮, 蒋天智, 等. 2010. 银鱼鱼酱酸制作及品质分析. 安徽农业科学, 38(36): 224-225, 246.

张文华, 周江菊, 袁玮, 等. 2009. 苗族传统食品鱼酱酸制作工艺分析. 中国酿造, 28(8): 131-134.

张雪花, 陈有容, 内田基晴, 等. 2000. 鲢及其加工废弃物发酵鱼露的比较. 上海水产大学学报, 9(3): 226-230.

张雪花, 陈有容, 齐凤兰, 等. 2002. 鱼露发酵技术的研究现状. 上海水产大学学报, 9(4): 355-358.

赵华杰, 何炘, 杨荣华, 等. 2007. 鱼露风味的研究进展. 食品与发酵工业, 33(7): 123-128.

郑艺英. 2011. 香菇鱼酱罐头的研制. 福建轻纺, (6): 21-24.

钟敏，宁正祥. 2000. 辣椒自然乳酸发酵中的变化及影响发酵质量的几个因素. 广州食品工业科技, 16(3): 1-3.

周秀琴. 2005. 日本水产调味料的开发. 江苏调味副食品, 22(6): 32-34.

朱莉霞，宁喜斌. 2004. 鱼露的生产技术及风味物质. 广州食品工业科技, 20(3): 136-138.

Adams M R. 1986. Fermented flesh foods. Progress in Industrial Microbiology, 23: 179-180.

Aquerrta Y, Astiasaran I, Bello J. 2001. Use of exogenous enzymes to elaborate the Roman fish sauce 'garum'. Journal of the Science Food and Agriculture, 82(1): 107-110.

Beddows C G, Ardeshir A G, Daud W J B. 1980. Development and origin of the volatile fatty acids in budu. Journal of the Science of Food and Agriculture, 31(1): 86-92.

Dougan J, Howard G E. 2010. Some flavouring constituents of fermented fish sauces. Journal of the Science of Food and Agriculture, 26(7): 887-894.

Gildberg A. 2001. Utilisation of male Arctic capelin and Atlanticcod intestines for fish sauce production evaluation of fermentation conditions. Bioresource Technology, 76(2): 119-123.

Ichimura T, Hu J, Aita D Q, et al. 2003. Angiotensin Ⅰ-converting enzyme inhibitory activity and insulin secretion stimulative activity of fermented fish sauce. Journal of Bioscience and Bioengineering, 96(5):496-499.

Mciver R C, Brooks R I, Reineccius G A. 1982. Flavor of fermented fish sauce. Journal of Agricultural and Food Chemistry, 30(6): 1017-1020.

Nguyen-An-Cu, Vialard-Goudou A. 1953. The nature of the volatile acidity of the vietnamese condiment Nuoc-mam. C R Hebd Seances Acad Sci, 236(21):2128-2130.

Sanceda N G, Suzuki E, Kurata T. 1999. Formation of volatile acids during fermentation of fish sauce. Flavor Chemistry of Ethnic Foods, (5): 41-53.

Shih I L , Chen L G ,Yu T S , et al. 2003. Microbial reclamation of fish processing wastes for the production of fish sauce. Enzyme and Microbial Technology, 33(2/3): 154-162.

Uchida M, Ou J, Chen B W, et al. 2005. Effects of soy sauce Koji andlactic acid bacteria on the fermentation of fish sauce from fresh water silver carp *Hypophthalmichthys molitrix*. Fisheries Science, 71(2): 422-430.

第五章　虾发酵调味品

第一节　引　　言

虾营养丰富，虾肉中蛋白质含量为 17.56%，且含人体所必需的全部氨基酸，而脂肪含量仅为 2.11%，是人体所需蛋白质的优质来源。对于个头较大的虾，虾肉是人们最常食用的部分，但仅占整个虾体的 20%～30%，虾头、虾壳等虾体部分也含有丰富的蛋白质、脂肪和矿物质等营养物质。低值虾个头较小，食用价值低，但营养很丰富。因此，工业生产常用低值虾和虾下脚料如虾头、虾壳等进行发酵，通过发酵使其营养物质分解，生产鲜香滋味的虾发酵调味品，虾发酵调味品可以用作各种食品的调味品，深受群众欢迎。

虾发酵调味品在山东、天津、福建等沿海地区较为常见，如虾酱、虾油和虾头酱。这几类调味品大多是由低值小虾或虾的不易食用部位发酵而成，营养丰富，鲜香味美。据记载，威海地区的蜢子虾酱最早可以追溯到新石器时代，天津的北塘虾酱起源于清朝年间，至今已有几百年的历史。虾酱并不是中国所特有的食物，在韩国、日本、东南亚等国家和地区的人们也有食用。由此可见，虾发酵调味品不仅味鲜香美，历史悠久，而且食用范围广泛。在现代，制作方法经过人们不断地优化改进，虾酱等虾类调味品更是成为一种营养丰富，味道鲜美，受人欢迎的调味佐餐佳品。

生产工艺经过人们世代传承和不断改进，不仅传统工艺得以传承，而且出现了许多的新工艺，如向发酵体系中加入发酵剂取代自然发酵、直接用各种酶进行水解来代替发酵等，都推进了虾发酵调味品的产业化生产。

第二节　虾　　酱

虾酱，又名虾膏，是各种小鲜虾加盐，经磨细后发酵制成的一种黏稠状的酱制品，味道鲜美，营养丰富，深受沿海地区广大群众的喜爱。所用的加工原料以新鲜、加工困难的小型虾类为主，常用的有小白虾、毛虾、糠虾等。虾酱制品在我国盐渍水产品中产量最多，产区最广，我国沿海凡产小虾地区均能生产，每年 5～10 月为生产加工期。虾酱的食用方法有很多，适用于各种烹饪方法，也可用作调味底料。

虾酱历史悠久，其中最具代表性的是蜢子虾酱。蜢子虾酱的制作工艺在战国时期已形成雏形，大清雍正年间因其鲜美的口感赢得了“宫内御品”的美誉。虾酱呈黏稠状，多呈红褐色，颜色鲜明，质细，味纯香，盐足，含水分少，具有虾米的特有鲜味、无臭味者为佳。蜢子虾酱的感官性状为红褐色，质地均匀，口感鲜、咸、香，特别是鲜味明显，具有虾酱固有的气味，无异味。

以低值经济的小型虾为原料生产虾酱，不仅可充分利用资源，避免浪费，减少环境污染，而且可以扩大我国居民相对缺乏的动物蛋白来源，具有较大的经济效益和社会效益。

一、虾酱的传统生产工艺及工业化生产工艺

（一）传统生产工艺中原料加工的方法

传统生产工艺中原料加工方法主要有三种，分别是传统自然发酵法、现代自然发酵法和加酶发酵法。

1. 传统自然发酵法

传统自然发酵法源自民间传统方法，制作过程中仔虾原料很少按卫生标准进行去杂和清洗，每克含菌量高达数亿；组成因产地、加工条件和加工者素质而异；一般在30%的高盐条件下任其自然发酵，日晒夜露，搅拌，通常在一月左右发酵完毕。该方法多在敞口容器中操作，极易污染。经传统自然发酵法制成的虾酱虽味道鲜美，但其制作过程中极易发生污染，且盐含量很高，不符合现在低盐饮食的健康之道。

2. 现代自然发酵法

现代自然发酵法是目前制作虾酱时采用的最主要的方法，天然仔虾体内含有的多种酶，如蛋白酶、糖化酶和脂肪酶等，是自然发酵的基础。将刚捕捞的仔虾水洗至虾体呈半透明青灰色后沥干，加15%食盐，置于不锈钢发酵罐内，37℃水浴加热恒温4d，其间每日搅拌20min，使发酵产生的气体逸出。虾体中虾青素部分转化为虾红素，颜色渐转红黄，蛋白质转化为多肽和氨基酸，部分碳水化合物转化为低聚糖，最后形成特有浓郁风味虾酱。其工艺流程如图5-1所示。

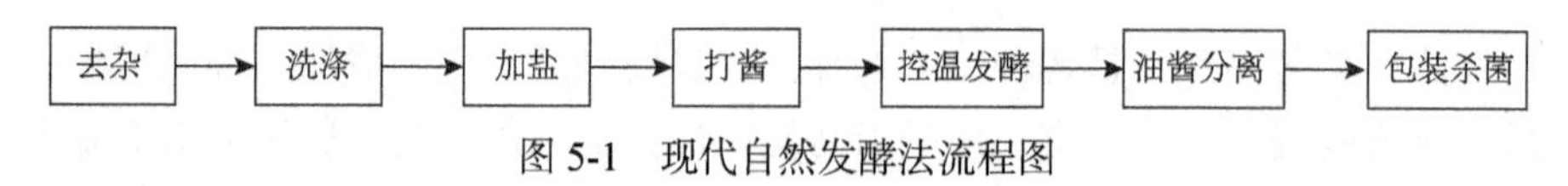

图5-1　现代自然发酵法流程图

3. 加酶发酵法

加酶发酵法主要适用于以虾皮为原料生产的虾酱。以鲜毛虾生产虾酱易受季

节限制，而以虾皮为原料可常年生产，因以毛虾制成虾皮时大部分体内组织酶，尤其是蛋白酶被高温灭活，故发酵过程中需外加蛋白酶。将虾皮粉碎后加10%食盐和0.5%蛋白酶在混合器内充分混合，而后移至不锈钢发酵罐，40℃水溶恒温约3h，虾香浓郁时即可停止发酵。

酶在使用的过程中经常会出现活性降低的现象，所以在使用之前要对酶活性进行测定。从经济方面来考虑，木瓜蛋白酶的价格相对较高，而碱性蛋白酶的价格比较低廉，因此，在对水解程度影响不大的情况下选择碱性蛋白酶作为水解酶比较经济，而且碱性蛋白酶水解出的产物味道适中，比较符合大众口味。高含量的蛋白质在碱性蛋白酶的作用下变成较短的肽链或游离氨基酸，使虾酱中充满了海鲜类食品的鲜味，同时由于蛋白质已经被充分水解，更加适合胃肠道的吸收，因此虾酱是老少皆宜的食品。酶法制备低盐虾酱，改变了传统虾酱的高盐口味，更符合大众饮食需求，生产周期短，产品的成本降低，且生产过程不易染菌，比较卫生。

（二）虾酱的传统发酵工艺

1. 工艺流程（图5-2）

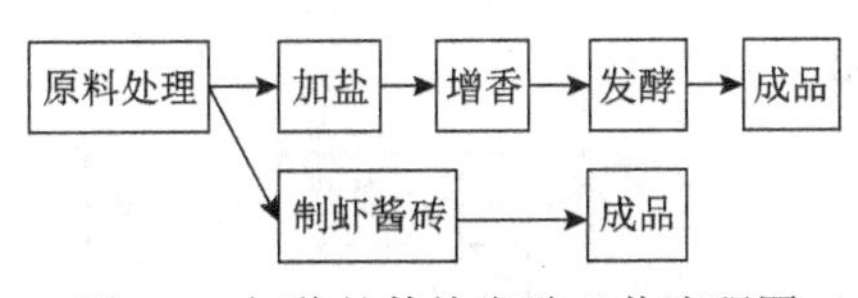

图5-2 虾酱的传统发酵工艺流程图

2. 工艺要点

（1）原料处理。原料以小型虾类为主，常用的有小白虾、眼子虾、蠓子虾、糠虾等。选用新鲜及体质结实的虾，用网筛筛去小鱼及杂物，洗净沥干。

（2）加盐。处理过的原料虾中加30%～35%（以虾体的质量计）的食盐，拌匀渍入缸中，用盐量的多少可根据气温及原料的鲜度而确定。气温高、原料鲜度差，适当多加盐，反之则少加盐。

（3）增香。在加食盐时，同时加入茴香、花椒、桂皮等香料，混合均匀，以提高制品的风味。

（4）盐渍发酵。用木棒对原料虾、食盐和香料进行搅拌捣碎，每天2次。捣碎时必须上下搅匀，然后压紧抹平，以促进营养物质分解，发酵均匀，连续进行15～30d，直到发酵大体完成为止。发酵酱缸置于室外，可以借助日光加温以促进成熟。缸口必须加盖，避免日光直照原料，防止原料过热发生黑变，同时可避免雨水尘沙等的混入。虾酱发酵完成后，其得率为70%～75%，色泽微红，可以随时出售。如要长时间保存，必须置于10℃以下的环境中储藏。如果原料捕捞后不能及时加工，须先加入虾体质量 25%～30%的食盐进行保存，这种半成品称为卤虾。运至加工厂进行加工时，将卤虾取出，沥去卤汁，并补加 5%左右的食盐就可以装缸进行发酵。

(5)制虾酱砖。将原料小虾去杂洗净后，加食盐量为虾体质量的 10%～15%，盐渍 12h，压取卤汁。将原料粉碎，日晒 1d 后倒入发酵缸中，加入 0.2%的白酒和茴香、花椒、橘皮、桂皮、甘草等混合香料(0.5%)，充分搅匀后，压紧抹平表面，再洒一层酒，以促进发酵。发酵过程中，表面逐渐形成一层 1cm 厚的硬膜，晚上加盖。发酵成熟后，在缸口打一小洞，使发酵渗出的虾卤流入洞中，取出即为浓厚的虾油成品，如不取出，时间久了虾卤又会渗回正在发酵的酱中。成熟后的虾酱首先除去表面硬膜，取出软酱，放入木制模匣中，制成长方砖形，去掉模底，取出虾酱，风干 12～24h 后即可包装销售。

(三)虾酱的工业化生产工艺

传统自然发酵法制备的虾酱含盐量为 25%～30%，大多数情况下只能用作调味品，用量不多，限制了虾酱的食用范围。而酶法制备低盐虾酱利用蛋白酶加速蛋白质的分解转化，大大缩短发酵时间，并且可明显降低含盐量，扩大食用范围。

1. 工艺流程(图 5-3)

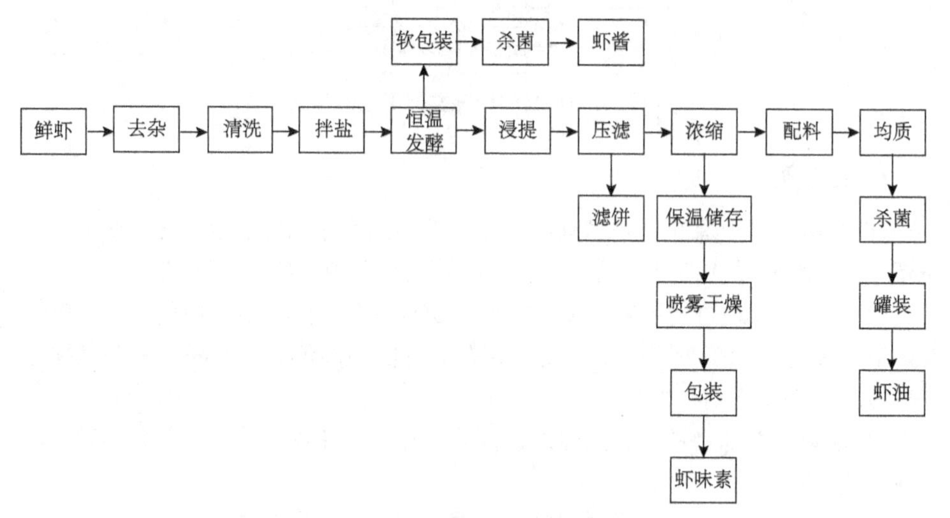

图 5-3 虾酱工业化生产工艺流程

2. 工艺要点

(1)原料收购：必须采用当日定置网捕获的鲜虾，并要及时采集和加工，尽量缩短鲜虾在码头、运输途中及厂内的停留时间，已经产生异味的虾不能采用。

(2)去杂、清洗：进厂的鲜虾原料，应剔除少量个体较大的杂鱼、杂虾和聚乙烯线头等杂质，并通过特制的 20 目、40 目漏筐，采用洁净的(经沉淀或过滤处理)流动海水漂洗干净。

(3)拌盐：为了快速发酵和便于食用，并考虑到方便储存和在发酵过程中有效抑制细菌的繁殖，拌盐比例以鲜虾质量的 10%～15%为宜，且必须采用符合国家食用盐标准的食盐。可在拌盐的同时适量添加料酒、糖、花椒和大料等，以进一步增强产品的风味。

(4)恒温发酵：可在专用发酵罐中进行，也可采用自制简易发酵罐。发酵温度为(37±1)℃时需 4～6d，其间每天搅拌 1～2 次，使发酵产生的气体逸出。酱体颜色变红、鲜香浓郁时表明发酵已经完成。注意，已完成发酵的虾酱因处于低盐状态，应及时进一步加工处理，不可长时间自然放置，以免细菌大量繁殖，引起腐败。自制简易发酵罐介绍：弧形上盖和罐底，中间圆筒状罐体，中下部含夹套层，整个内筒体及上盖均以 1.5～2.0mm 不锈钢板为材质，夹套外层以 3～4mm 的 A3 钢板为材质。以蒸汽或电能通过夹套水，对罐内物料实施加热和保温，通过温度计、继电器、电磁阀或触点开关控制蒸汽的通入或电热管的工作。上盖为不对称对开式，以方便加料、发酵过程中搅拌、观察，并防止外界细菌的侵入。底部设置由阀门控制的放料口，以方便放料和罐内冲洗。还可在整个罐体外再设保温层，以提高热效率，减少能耗。

(5)虾酱的包装、杀菌与检验：采用专用蒸煮袋包装，真空封口后水煮，并微沸 30min 进行杀菌处理，然后擦袋检验，剔除破损袋。

(6)浸提、压滤：将已发酵的虾酱置于夹层锅内，水的添加量为酱体质量的 50%～75%，加热煮沸并微沸 10～15min 进行浸提，然后通过 160 目滤布压滤。一次浸提后压滤的饼可进行二次浸提和压滤，第二次浸提的添料水以松散后的滤饼被浸没为准，微沸时间为 5～10min。两次压滤所得滤液即为原料粗虾油。每次压滤所得粗虾油在浓缩前可通过中间储罐收集暂存，但时间不宜过长。

(7)浓缩：为最大限度地保留虾油中的有效呈味物质，对原料粗虾油宜采用真空浓缩，蒸发温度应控制在 75℃以下，浓缩程度以最终虾油质量与相应的原料酱体质量相当或略少为宜。

(8)配料、均质：为进一步增强虾油产品的呈味、防腐和稳定性能，还可适量加入味精、黄酒、糖等调味物质及山梨酸、瓜尔胶等防腐剂和增稠剂，并搅拌溶化(解)均匀。瓜尔胶黏性和吸水性极强，但易结块，需提前以 10～15 倍质量的虾油预化，充分搅匀并溶胀 2～3h 后使用。配料后虾油再经两次胶体磨或一次胶体磨、一次高压均质机充分均质处理，使组织充分细化、均匀。

(9)杀菌、灌装：将均质处理后的虾油在夹层锅内加热至 90℃左右，保温 30min 后进行杀菌处理，之后在无菌状态下趁热装入消毒处理过的玻璃瓶内。

(10)保温储存、喷雾干燥：浓缩后虾油在保温储罐中的温度应控制在 60℃以上。为减少有效呈味物质的流失和保持虾味素产品的良好组织状态，浓缩后虾油宜采用喷雾干燥。喷雾干燥的吸热（进风）温度宜控制在180～200℃以下，释热（出风）温度宜控制在75℃以下，虾油的输送流量应根据其具体浓度及喷雾干燥塔的性能（干燥能力）确定。在虾味素产品中适量添加葱粉、姜粉等配料，则可制成复合型风味调味料。

虾渣是（滤饼）虾油或虾味素产品制取过程中产生的唯一副产品，含有丰富的甲壳素及残存的少量蛋白质、无机盐、脂、糖等有效成分，可作为制取甲壳素的原料，或直接用作畜禽饲料。

二、虾酱生产新工艺

虾酱生产新工艺是指并非按照虾酱传统制作方法发酵，即不是通过原料本身和环境中的微生物发酵得到，而是通过杀菌后，外加酶或酵母等微生物等现代手段进行发酵制备虾酱的工艺。

发酵调味虾酱就是一种虾酱生产新工艺产品，利用米曲霉发酵和酶水解的双重作用制备，其风味较好，品质较稳定。

1. 工艺流程（图5-4）

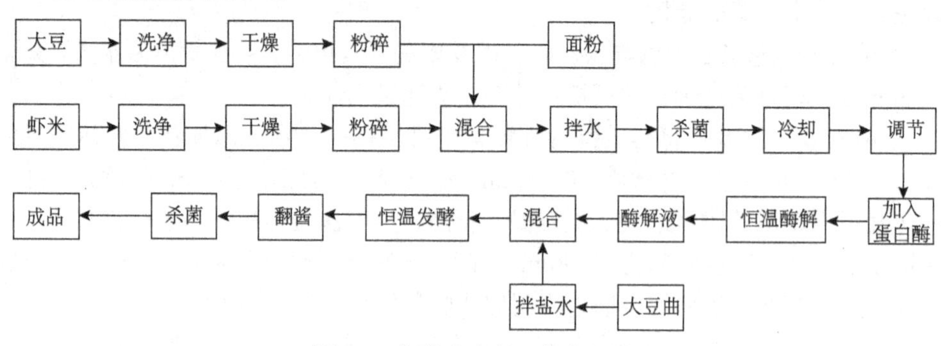

图5-4　虾酱生产新工艺流程图

2. 工艺要点：

（1）原料处理：

①大豆处理：将大豆除杂、洗净，加水浸泡。用冷水浸泡，浸泡时间夏季4～5h，春秋季8～10h，冬季15～16h。浸泡程度为豆粒表面无皱纹，豆内无白心，并能于指间容易压成两瓣为宜。②虾皮处理：除去虾皮内的杂质，同时水洗去掉虾皮内所含的盐分，将洗净脱盐的虾皮置于50℃恒温干燥箱内烘干，备用。③面粉处理：将面粉置于恒温干燥箱内，120℃恒温焙干15min。

（2）原料粉碎：大豆、虾米用粉碎机粉碎，大豆粉碎物过40目筛，虾米粉碎物过50目筛。

(3)种曲制备：将 170g 麸皮、30g 豆粕和 160mL 水混合均匀，装入三角瓶，高压蒸汽杀菌(121℃，30min)。接种米曲霉 0.5%后将拌好种曲的曲盘蒙上纱布，置于 30℃恒温培养 18h 左右，待三角瓶内曲料稍发白结饼时，摇瓶 1 次，将结块摇碎。继续 30℃恒温培养，隔 6h 左右，曲料又发白结饼，再摇瓶 1 次(培养期间防止曲温升高烧曲)。经过 2～3d 培养后，全部长满黄绿色孢子，即为成熟的种曲，将三角瓶轻轻地倒置进行冷却，保存待用。

制曲工艺流程如图 5-5 所示：

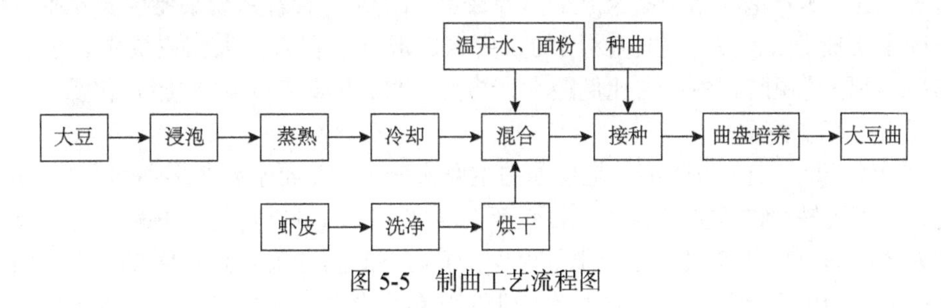

图 5-5　制曲工艺流程图

(4)混合比例：

原料混合比例：大豆∶虾皮∶面粉=6∶3∶1。

(5)发酵：大豆曲 100kg，14°Bé 食盐水 90kg。酱醅起始发酵温度为 42～45℃，此时是米曲霉产蛋白酶的最适温度。酱醅发酵 2d 后，开始进行浇淋，每天 1～2 次，以后可减少到 3～4d 浇淋 1 次，最后几天补食盐水，使酱醅含盐量约 15%。固态发酵酱醅成熟后，再加入 24%盐水 40kg 及细盐 10kg。

三、虾酱的主要成分

(一)营养成分

有研究表明，每 100g 虾酱中，蛋白质含量为 28.7g，脂肪含量为 1.2g，碳水化合物含量为 2.1g，并且虾酱含有丰富的矿物质和维生素。

1. 蛋白质

虾酱中的蛋白质含量极其丰富，干质量可达 25%，可作为重要的蛋白质来源，是调味类食品中营养比较丰富的食品之一。高含量的蛋白质在碱性蛋白酶的作用下变成较短的肽链或游离氨基酸，不仅提供了丰富的营养，而且使虾酱充满了海鲜类食品的鲜味。

虾酱中的蛋白质为完全蛋白质，氨基酸种类齐全，比例合适，吸收率高达 98%。氨基酸态氮指的是以氨基酸形式存在的氮元素的含量，是判定发酵食品，如酱油、料酒、大酱发酵品质的重要指标。据国标规定，虾酱中氨基酸态氮的含量应不小于 0.60g/100g。

2. 脂肪酸

研究结果表明，虾酱含有大量多不饱和脂肪酸，并且 C16：0、C18：0、C18：1(*n*–9)、C20：4(*n*–6)、C20：5(*n*–3，EPA)和 C22：6(*n*–3，DHA)是主要的脂肪酸，是营养素的良好来源。

DHA，即二十二碳六烯酸，俗称脑黄金，是一种对人体非常重要的不饱和脂肪酸，是 ω-3 不饱和脂肪酸家族的重要成员。DHA 是神经系统细胞生长及维持的一种主要成分，是大脑和视网膜的重要构成成分，在人体大脑皮层中含量高达 20%，在眼睛视网膜中所占比例最大，约占 50%，因此，DHA 对胎儿和婴儿智力及视力发育至关重要。

EPA，即二十碳五烯酸，是鱼油的主要成分。EPA 属于 ω-3 多不饱和脂肪酸，是人体不可缺少的重要营养素。虽然亚麻酸在人体内可以转化为 EPA，但此反应在人体中的反应速度很慢且转化量很少，远远不能满足人体对 EPA 的需要，因此必须从食物中直接补充。EPA 具有降低胆固醇和甘油三酯的含量、促进体内饱和脂肪酸代谢的作用，从而降低血液黏稠度，增进血液循环，提高组织供氧而消除疲劳，防止脂肪在血管壁的沉积，预防动脉粥样硬化的形成和发展，预防脑血栓、脑溢血、高血压等心脑血管疾病。

3. 矿物质

虾酱含有丰富的矿物质，如钙、磷等，矿物质是构成人体必不可少的成分，其中，钙是构成人体骨骼的主要成分。

(二) 风味成分

传统虾酱中的风味成分主要与其丰富的氨基酸含量及种类有关，其中呈味氨基酸主要有 16 种，分为鲜味氨基酸、甜味氨基酸和苦味氨基酸三类。鲜味氨基酸有天冬氨酸、谷氨酸、甘氨酸、丙氨酸；甜味氨基酸有苏氨酸、丝氨酸、赖氨酸、脯氨酸；苦味氨基酸有缬氨酸、甲硫氨酸、异亮氨酸、亮氨酸、苯丙氨酸、组氨酸、精氨酸、酪氨酸。在传统虾酱发酵过程中，呈味氨基酸的种类和含量逐渐增加，使其鲜味等风味逐渐增强。快速发酵虾酱各阶段游离氨基酸种类及含量见表 5-1。

表 5-1 快速发酵虾酱各阶段游离氨基酸种类及含量

游离氨基酸种类	游离氨基酸含量/(mg/100mL)							
	0d	2d	4d	6d	8d	10d	12d	14d
天冬氨酸	54	252	312	312	346	357	359	376

续表

游离氨基酸种类	游离氨基酸含量/(mg/100mL)							
	0d	2d	4d	6d	8d	10d	12d	14d
苏氨酸	171	261	324	310	315	319	313	308
丝氨酸	76	188	233	242	247	262	261	255
谷氨酸	140	428	532	558	551	595	569	555
甘氨酸	414	455	565	617	670	654	689	688
丙氨酸	276	445	553	544	589	599	600	595
缬氨酸	97	258	321	326	332	339	317	313
甲硫氨酸	69	121	151	141	146	143	126	114
异亮氨酸	64	252	312	323	330	295	307	296
亮氨酸	173	456	567	578	587	567	581	536
酪氨酸	29	239	297	291	314	292	307	316
苯丙氨酸	122	284	353	343	319	360	349	340
赖氨酸	256	370	459	458	471	447	469	457
组氨酸	34	96	119	119	119	115	109	104
精氨酸	194	210	260	262	249	246	230	237
脯氨酸	155	116	144	191	154	157	157	152
游离氨基酸总量	2324	4431	5502	5615	5739	5747	5743	5642
鲜味氨基酸含量	884	1580	1962	2031	2156	2205	2217	2214
甜味氨基酸含量	658	935	1160	1201	1187	1185	1200	1172
苦味氨基酸含量	782	1916	2380	2383	2396	2357	2326	2256

(三)活性成分

已有研究指出，虾酱不仅富含蛋白质、多种维生素及矿物质，而且具有多种生物活性物质，可以降低胆固醇、降血压及增强机体免疫力等。虾酱中主要的生物活性物质有卵磷脂、脑磷脂、虾青素和甲壳素。卵磷脂参与细胞膜形成，能改善脂肪代谢；作为抗氧化剂，可延缓机体衰老；作为胆碱和花生四烯酸的供应源，可以促进神经传导，提高大脑活力，具有免疫调节及抗肿瘤等功效。虾青素是一种具有开发价值的物质，因其兼具β-胡萝卜素、维生素 A 等多种维生素功能于一体，而且具有预防不饱和脂肪酸氧化、提高机体的免疫能力、改善视力等生物功效，目前在功能性食品领域应用较多。甲壳素的最早应用是作为金属离子的螯合剂，后来随着研究的深入，逐渐应用到各个方面，甲壳素的壳聚糖衍生物具有保水保湿的功效；甲壳素及其衍生物可制成人造皮肤；甲壳素还可用于土壤保护、土壤保水，用作生物工程固定剂、饲料结合剂、食品添加剂等。

（四）有害成分

虾酱虽然营养美味，但传统发酵工艺无法有效控制发酵条件，导致虾酱在发酵过程中产生有害物质，如亚硝酸盐、挥发性盐基氮等。

1. 亚硝酸盐

虾酱中的硝酸盐在微生物和酶的作用下产生亚硝酸盐，亚硝酸盐是公认的致癌物质，食用过量，会产生不良影响。一般摄入 0.3～0.5g 的亚硝酸盐即可引起中毒，3g 即可死亡。过量的亚硝酸盐可与人体血红蛋白反应，使血液的载氧能力下降，从而导致高铁血红蛋白缺乏症，甚至会危及生命；亚硝酸盐还可与人体摄入的次级胺反应，形成强致癌物亚硝胺，从而诱发消化系统癌变。硝酸盐虽然无毒，但人体摄入的硝酸盐在细菌的作用下也可还原成亚硝酸盐。有研究表明，虾酱虽然在发酵过程中会产生亚硝酸盐，但含量极低，仅为 1.62mg/kg。

2. 挥发性盐基氮

挥发性盐基氮是蛋白质在微生物和酶的作用下分解为氨基酸，由氨基酸进一步分解产生的氮以及胺类等小分子碱性含氮化合物，它是判断水产品原料新鲜度的一个重要指标。挥发性盐基氮含量越高，表明食品新鲜程度越差，越不宜食用。

有研究对市售虾酱中挥发性盐基氮进行测定，测定结果为 57.90mg/100g，低于相关标准规定的限量。

由此可见，虾酱虽含有亚硝酸盐、挥发性盐基氮等物质，但含量均在国家要求标准范围内，虾酱产品安全性良好。

四、虾酱风味物质的形成

虾酱风味物质的形成主要来源于两个方面，一是微生物的作用；二是醇类、酯类、醛类等物质的形成及辅料呈味作用的结果，如图 5-6 所示。

1. 微生物的作用

虾酱中多样性微生物菌群的存在，形成了稳定的微生物区系和菌群的相互作用关系，微生物与微生物、微生物与食品成分之间相互影响，通过各种微生物代谢及其酶的作用，使虾酱从原料到产品的演变过程发生了复杂、深刻的化学变化，形成了相对稳定的内部环境和产品状态。其中，米酒乳杆菌的代谢产物具有一定的蛋白酶和酯酶活性，并含有极为丰富的肽酶和质粒依赖型细菌素，对改善虾酱的风味，提高产品的储藏性能都具有重要作用；乳酸片球菌具有较强的食盐耐受性，能还原硝酸盐和发酵糖类物质，产生双乙酰等风味物质；而球拟酵母的大量存在，赋予了产品特有的酱香味；另外，乳酸菌等产酸菌使虾酱具有特殊的酸味。

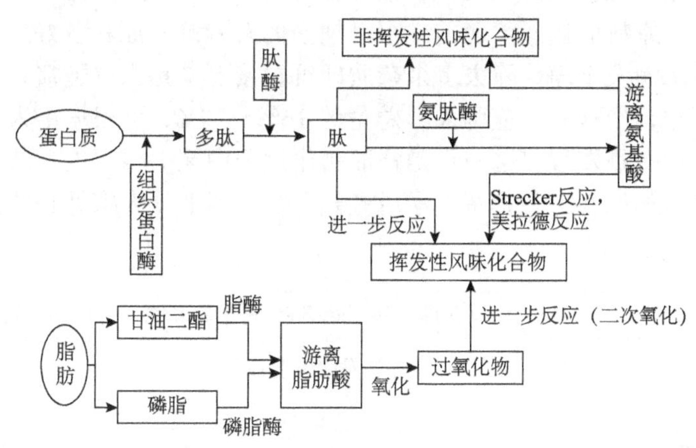

图 5-6　虾酱风味形成机理示意图

2. 醇类、酯类、醛类的形成及辅料的呈味作用

在微生物的作用下，虾酱原料发生分解，产生风味化合物，改变原料的风味和香气。例如，在发酵温度下，部分蛋白质、脂肪经微生物分解形成的醇类、酯类、醛类等产物，具有独特的芳香气味，使虾酱的风味独特，同时加工中加入的辅料，如炒制过的糯米、花生、芝麻，以及花椒、辣椒、生姜、大蒜等香辛料，也为虾酱提供了独特的香味和滋味。

第三节　虾油(虾酱油)

虾油是我国沿海各地城乡人民食用的一种味美价廉的调味品，是我国传统海产调味品之一。虾油清香爽口，是鲜味调料中的珍品。加工季节为清明节前一个月，再经过伏天晒制的产品，称为“三伏虾油”。虾油并非油质，是以鲜虾为原料，经腌渍、发酵、熬炼后得到的一种味道极为鲜美的汁液。

一、虾油的主要成分

传统虾油是以新鲜虾为原料，经发酵提取的汁液。虾油含有丰富的氨基酸、多肽、糖、有机酸、核苷酸等呈鲜物质和牛磺酸等保健成分，虾油的美味之源主要是谷氨酸，其浓郁的海鲜风味深受广大群众尤其是沿海渔民的喜爱。

二、虾油的传统生产工艺

1. 工艺流程

虾油的生产工艺与虾酱相似，制作流程(图 5-7)一般分为以下几步：首先是原料采集，原料应选择清明前一个月捕捞的鲜麻虾；原料备好后，进行原料清理，用海水淘洗干净，除去多余杂质即可；接下来是入缸腌渍；腌渍一段时间后加盐开耙，用盐总量应为原料总量的 16%～20%，可根据个人口味酌情调整；之后进行曝晒发酵，这一步是虾油制作过程中至关重要的一步；发酵后就可以对发酵过的原料进行提炼，最后煮熟，就得到平日大家见到的鲜香味美的虾油了。

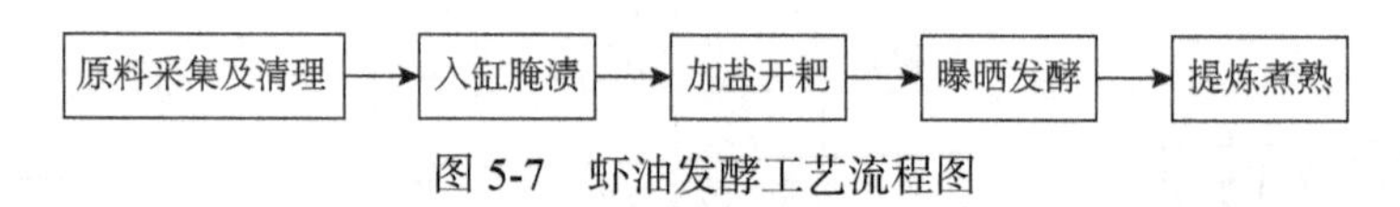

图 5-7　虾油发酵工艺流程图

2.工艺要点

(1)原料清理。虾油的制作原料是新鲜的麻虾，麻虾在起网前，手握麻虾网袋的两端，用海水淘洗干净，除去杂质。然后倒入箩筐内运回以便进行后续加工。

(2)入缸腌渍。酿制虾油的容器采用缸口较宽、肚大底小的陶缸。陶缸应排放在清洁的露天场地，以便得到充分的阳光进行曝晒发酵，并备好缸蓬，以便下雨时遮盖。将清理好的麻虾倒入缸内，每一缸内麻虾的总量应为发酵缸总容积的 2/3 左右。经过 2d 的日晒夜露后，用耙子在发酵缸内进行上下搅动，早晚各 1 次即可。每日上下搅动可以使发酵缸内上下层麻虾接受的光照温度均匀。在曝晒期间，虾体死亡后会产生一种组织蛋白酶，这种酶可以促使虾体分解。

(3)加盐开耙。麻虾入缸 3～5d 后，当缸面出现红沫时，就开始加盐进行搅拌，早晚各搅拌 1 次。每次搅动时都要加盐，以撒到缸面为度。继续进行日晒夜露，使其达到稀厚均匀，任其自然发酵。虾体在食盐高渗透压的作用下，可以达到防腐保质的效果。食盐的防腐保质作用是因为其产生的高渗透压可以使微生物的细胞发生质壁分离。虾体的蛋白质在蛋白酶的水解作用下，分解成氨基酸和多种呈味核苷酸类及特殊香味的物质。曝晒 15d 后发酵基本完全，搅动后不见物料上浮或很少上浮时，继续每天早晚各搅动 1 次，每次搅动时用盐量可减少 5%，30d 以后就只需要早上搅动 1 次，搅动时少许加盐。直至按规定准备的盐用完为止。整个腌渍过程的用盐总量为原料总量的 16%～20%。

(4)曝晒发酵。经过初、中、末三伏天的日晒夜露，缸内发酵物变成浓黑色的酱液，并且酱液上面浮一层清油时，表示发酵即将结束。由于日光的晒炼和夜间星露，并且经过了三伏天，温度可达40～45℃，是酶作用最适宜的温度，适宜的温度加速了酶的催化作用，促使虾体中的蛋白质转化为各种氨基酸，其中谷氨酸与食盐相互作用生成谷氨酸钠，增加了虾油的鲜味。同时在较高温度的作用下，虾体在发酵过程中所产生的腥臭味可以得到挥发。夜露能调节品温，延长发酵时间，使各种脂肪酸经过缓慢的酯化过程，形成各种具有香味的酯类，构成三伏虾油的独特风味。

(5)提炼煮熟。经过晒制发酵后的虾酱，过了伏天至初秋，即可开始炼油。可以用勺子撇起发酵缸面的浮油，然后将5%～6%的食盐溶解成盐水倒入发酵虾缸内，开耙进行搅拌，每天早晚各搅拌1次，促使虾油与杂质分离。2～3d后，在虾缸中插入竹篓，利用压力使汁液渗入竹篓内，再用勺子渐渐舀起进行收集，直至各缸内虾油舀完为止。随后将前后舀出的虾油混合搅拌，即得生虾油。将生虾油放入锅内煮，边煮边用80目箩筛撇去上浮泡沫。虾油浓度以20°Bé为宜，得到的虾油浓度低于此浓度时，在烧煮过程中应加适量的食盐，超过此浓度时，可加开水稀释。将过滤并除去杂质的虾油，放在室外，容器上方用芦席遮盖，架成弧形，以便进行通风，切不可用木盖盖上，以免变质，再经30d的陈酿即成为成品虾油。

3. 工艺特点

传统自然发酵法采用食盐进行腌制，仅利用虾中的内源酶类和各种耐盐细菌发酵，且为达到较好的发酵风味通常需要较长的发酵周期，一般需1～2年，有时需更长的时间。在漫长又复杂的发酵周期中，很难对发酵物内部的变化进行及时了解和调节，因此发酵过程不可控也是传统发酵工艺的一大弊端。

三、虾油生产新工艺

新工艺即在原有传统工艺的基础上从操作环境、技术等方面进行改进，以提高产品质量或产率的新的生产工艺。虾油新工艺选用新鲜糠虾为原料，洗净后瞬时杀菌，加入原料质量10%～15%的食盐，于发酵罐37℃保温发酵数小时。然后添加适量花椒、大料、茶叶等进行配卤、压滤，使虾油与虾酱分离，这一操作可在压滤机或真空吸滤器中进行。再在澄清的虾油滤液中加入适量稳定剂，在罐装前将虾油煮沸数分钟，趁热滤除沉淀和悬浮杂质。

以新工艺生产的虾油系列产品，是河虾在多种酶的作用下于一定温度下水解体内蛋白质、糖类、脂肪后生成氨基酸、虾香素为主体的复合水溶性虾酱油提取物，其以特有的虾香和浑厚的海鲜风味被视为调味珍品。

(一)速酿发酵法生产虾油工艺流程

1. 工艺流程(图 5-8):

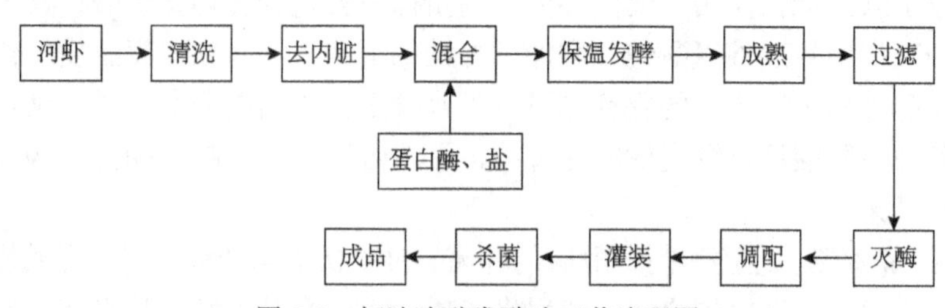

图 5-8　虾油速酿发酵法工艺流程图

2. 工艺要点

(1)混合：将去内脏的虾、蛋白酶和质量分数为 10%的食盐混合。

(2)保温发酵：起始发酵温度 40℃，这是蛋白酶作用的最适温度。酱醅发酵 2d 后，开始进行浇淋，每天 1～2 次，以后可减少到 3～4d 1 次；最后几天补食盐水，使酱醅含盐量为 15%左右，酱醅温度下降到 30～32℃。此时可将酵母菌培养液和乳酸菌培养液浇淋于酱醅上，进行酵母菌和乳酸菌发酵，直至酱醅成熟。

(3)灭酶：将过滤的汁液煮沸后保持 10～20min。

(4)调配：虾油中加入酱色，并使其波美度为 20～22°Bé。

(二)其他生产流程

1. 工艺流程(图 5-9)

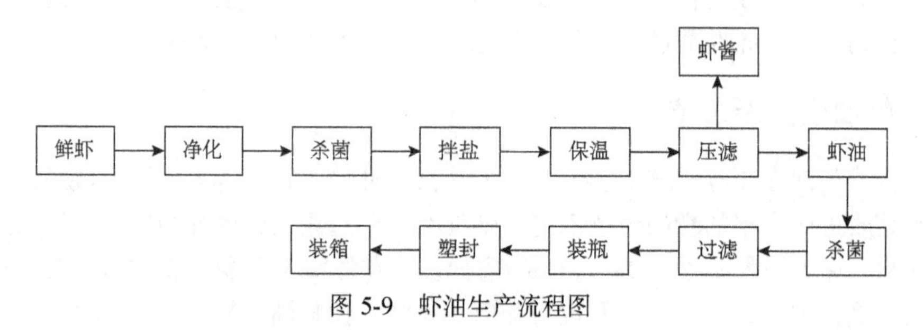

图 5-9　虾油生产流程图

2. 工艺要点

(1)净化：糠虾捕捞后去杂并以清洁淡水冲洗干净。

(2)杀菌：杀菌时间要短，否则杀菌剂易渗入虾体内将体内酶杀死影响发酵。

(3)拌盐：为加快发酵，拌盐浓度以 10%～15%为宜。以食品盐为好。

(4)保温：保温可在不锈钢专用发酵缸中进行。

(5)压滤：压滤目的是将虾油与虾酱分离，此操作可在压滤机或真空吸滤器中进行，使滤液尽可能澄清，否则将减少虾酱产量，也为虾油消毒工序带来不便。

(6)配料：因一些水溶性蛋白质和多肽在长期静置后会相互吸引絮凝沉淀，为防止虾油沉淀，应适量加入稳定剂。

(7)杀菌、过滤、装瓶：装瓶前应将虾油煮沸数分钟，趁热滤除沉淀和悬浮杂质，趁热装瓶。

第四节　虾　头　酱

对虾是营养丰富、味道鲜美的海产品之一，虾头体积约占全虾体积的三分之一。我国每年加工对虾的下脚料为7000～8000吨。过去，这些下脚料大多用于加工饲料和肥料。但是经测定后发现，虾头(干粉)含蛋白质、脂肪、钙和灰分的含量分别为42.75%、8.56%、0.416%、4.45%，还含有丰富的几丁质和少量的磷、铁及维生素等物质。若把虾头分成虾脑、虾头肉、鳃和附肢三部分，测定其一般营养成分，得到的结果表明，虾头营养成分丰富，且可食用的部位(虾脑和虾头肉)占虾头总质量的三分之一。因此虾头营养含量高，可食用部分占虾头总质量比例高，应该对其进行深加工，以实现高值化利用。虾头酱，又名虾脑酱，是虾粉或虾头和虾壳等经过发酵后，添加其他调味品和增稠剂，经过均质杀菌制得的酱状调味品。

一、虾头的呈味成分

上海水产大学对中国对虾虾头的呈味成分进行的分析结果表明，原料虾头的水分、粗蛋白、粗脂肪、灰分含量分别为80.4%、11.8%、2.4%、5.4%，虾头抽提液中的主要呈味物质见表5-2。

表5-2　对虾虾头抽提液中的主要呈味物质　(单位：mg/g)

游离氨基酸		ATP相关物		有机碱		有机酸		无机离子	
种类	含量	种类	含量	种类	含量	种类	含量	种类	含量
精氨酸	5.63	AMP	0.34	氧化甲胺	0.26	乳酸	+++++	Na^+	0.58
赖氨酸	2.49	IMP	1.45	甜菜碱	7.39	丙酮酸	++	K^+	1.42
甘氨酸	2.06	HxP	2.59			丁二酸	+	Mg^{2+}	0.16
丙氨酸	1.24	Hx	0.91					Ca^{2+}	1.06
脯氨酸	1.10							Cl^-	4.64
亮氨酸	1.01							PO_4^{2-}	+

续表

游离氨基酸		ATP 相关物		有机碱		有机酸		无机离子	
种类	含量	种类	含量	种类	含量	种类	含量	种类	含量
酪氨酸	0.82								
苯丙氨酸	0.79								
缬氨酸	0.52								
谷氨酸	0.44								
异亮氨酸	0.44								
苏氨酸	0.37								
甲硫氨酸	0.37								
组氨酸	0.34								
天冬氨酸	0.13								
丝氨酸	0.33								
胱氨酸	0.03								

注：HxP 表示次黄嘌呤核苷，Hx 表示次黄嘌呤，+的多少表示有机酸类物质含量的相对高低。

1. 游离氨基酸

对虾虾头中游离氨基酸总量达到 18.11mg/g，以精氨酸、赖氨酸、甘氨酸、丙氨酸、脯氨酸为主，这些氨基酸占 17 种游离氨基酸总量的 74.7%，与中国对虾肌肉中游离氨基酸的含量相比，虾头的赖氨酸含量略高于肌肉；但是甘氨酸、脯氨酸含量略低于肌肉。虾头抽提液水解后，游离氨基酸总量增加了 1 倍，其中谷氨酸、天冬氨酸增加量最为明显。

2. 结合氨基酸

水解液的鲜味主要来自氨基酸、肽、酰胺等成分的综合味感，其中，L-天冬氨酸的钠盐及酰胺都具有鲜味，L-谷氨酸二肽也有类似谷氨酸的鲜味。

3. ATP 及其相关物

虾头抽提液几乎不含 ATP、ADP，对鲜味有贡献的 AMP、IMP 含量分别占 ATP 相关物总量的 27.4%和 6.4%，略带苦味的 HxP 和 Hx 分别占 49%和 17.2%。

4. 甜菜碱

各类甜菜碱在鱼肌肉中含量很少，但在甲壳类及软体动物中却很丰富，被认为是这些海产品甜味的来源之一。虾头抽提液中甜菜碱平均含量是(7.30±0.90) mg/g，若以甘氨酸甜菜碱计算(相对分子质量为 117)，相应的含氮量应是 0.89mg/g，约占整个呈味物质中含氮化合物的 10%，是一种比较重要的呈味含氮物质。

5. 有机酸

乳酸含量比较高，丙酮酸、丁二酸次之，这与日本对虾和日本龙虾肌肉中的有机酸含量测定结果相似。

虾头经水解后，呈鲜味的谷氨酸、天冬氨酸显著增加，是虾鲜味的主要呈味物质，而 IMP 对谷氨酸的增效作用也很重要。此外，甘氨酸、丙氨酸、甜菜碱等与甜味有关的物质，也协同构成了虾的独特风味。因此，虾头仍有较高的利用价值，是生产海鲜调味料的优质原料。

二、虾头酱的传统生产工艺

先将冰鲜虾头洗净，去胸甲后置于 160℃植物油（如花生油、菜籽油等）中炸 2min 左右，油炸后捞起，静置去油冷却后，磨碎成浆（糊）状，加入 15% NaCl、0.5%胡椒粉、0.5%白砂糖和 0.5%味精混匀，即可得到棕红色的虾头酱。

上述加工方法得到的虾头酱可用作调味佐料，具有浓郁虾味，鲜美可口。且虾头酱中虾红素和虾脑油含量较高，颜色气味俱佳。因此，它是一种色美味佳的虾风味调料。

三、虾头酱生产新工艺

（一）虾头酱工业生产工艺

1. 工艺流程（图 5-10）

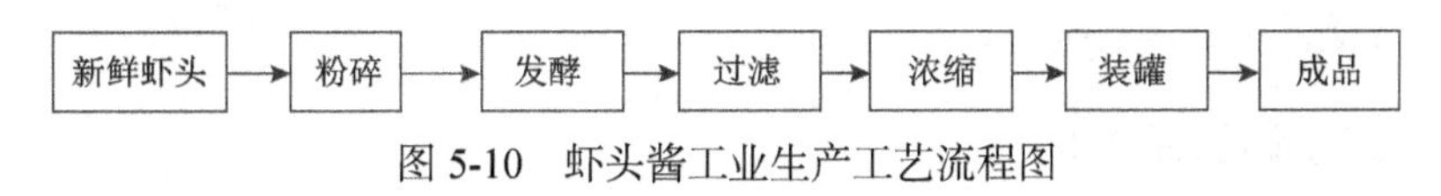

图 5-10　虾头酱工业生产工艺流程图

2. 工艺要点

（1）原料：虾头要保持新鲜，最好做到随拽随粉碎。拽下的虾头要在 4h 内粉碎，不然虾头的内容物会大量流失，并且由于空气中细菌污染和大量繁殖，使虾头变黑发臭，影响产品质量。

（2）粉碎：将虾头与盐以（85∶15）～（80∶20）的比例拌和均匀，放入粉碎机中粉碎，粉碎后的浆直接进入发酵池。

（3）发酵：原料发酵的好坏直接影响产品的质量。最大限度地促进虾头的自溶作用，同时最大限度地抑制腐败作用是发酵的关键。以下是实际操作中应注意的事项及采取的措施。

pH 值的稳定：pH 值是发酵过程中的一个重要影响因素。pH 值在 4.5 左右，虾头内的自溶酶活性最强；pH 7 一般为细菌生长的最适条件；而 pH 值小于 4.5 时，细菌繁殖很慢。用 HCl 将刚入发酵池的虾酱调 pH 值为 4.5，可以促进虾头自溶，抑制腐败。每天 2 次搅拌发酵原料，使自溶酶与蛋白质充分接触，加快自溶速度，并可防止虾酱发生固液分离现象。

温度的控制：在发酵过程中，温度也是一个重要因素。提高发酵温度，能促进自溶作用，但也会加速腐败作用。另外保温发酵还需增加设备，在实际生产情况下实施也有一定困难。所以人们通常采用常温发酵，尽管发酵时间过长，但对发酵虾酱的质量不会有太大影响。

酶制剂的选择：国产蛋白酶，如 AS-1398、166961 等经过试验，都在 40℃左右进行反应，在常温下基本不起作用。而增加保温设备，既增加了设备投资，又影响处理量，国内蛋白酶价格也较贵，所以一般不添加蛋白酶，主要利用虾头内的自溶酶进行发酵。经过约 1 周的发酵，虾头色泽呈桂红色，无腐败气味，酱体明显变稀。此时，若继续延长发酵时间，虾酱就会固液分离，颜色变黑，并有明显的腐败所产生的臭味。

(4)过滤：将发酵好的虾酱通过 40 目尼龙纱网过滤，将甲壳、沙砾等杂物分离出来，大约每 100kg 虾酱可分离出杂质 25kg 左右。

(5)浓缩：将过滤出的虾汁装入浓缩罐中加热，进行减压浓缩，除去部分水分，虾酱中的 H_2S、NH_3、三甲胺等化合物由于沸点较低，也很容易在浓缩过程中被除去，使产品的质量明显提高。当含水量在 50%左右时，浓缩过程结束。

(6)装罐：将浓缩好的虾酱从浓缩罐中放出，趁热装入食品包装桶(袋)内，马上封盖，尽量减少细菌污染。

(二)调味虾头酱的制备

1. 工艺流程(图 5-11)

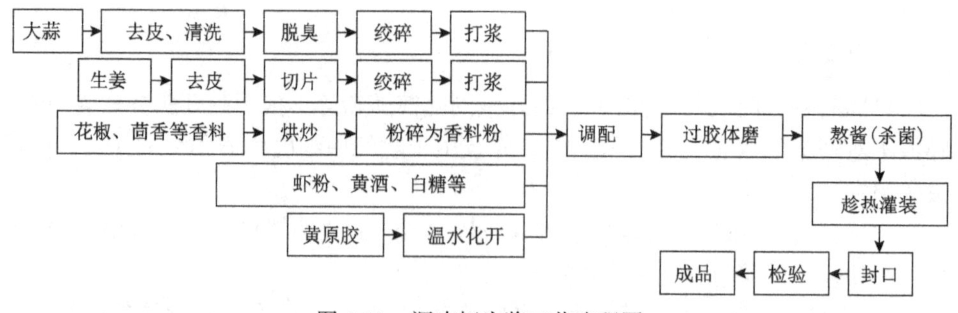

图 5-11　调味虾头酱工艺流程图

2. 配方

虾粉 50kg，豆瓣辣酱 30kg，生姜 1.8kg、盐 8kg、白糖 5kg、味精 2kg、鸡精

2kg、核苷酸二钠(I+G)1kg、花生酱5kg、黄酒7kg、香料油20kg、香料粉1kg、黄原胶1kg、苯甲酸钠0.18kg、胡椒粉2kg、大蒜1kg、植物油5kg、芝麻油1kg。

3. 工艺要点

(1)大蒜预处理：将大蒜去皮后，蒜瓣置于70%的盐水中，沸水烫漂4～5min，钝化蒜酶，抑制大蒜臭味产生，软化组织，方便破碎，将烫漂后的大蒜放入绞碎机中绞碎，再经打浆处理为大蒜浆。

(2)生姜处理：手工或化学脱皮，漂洗干净，用不锈钢刀切成薄片，放入绞碎机中破碎，再经打浆处理为姜液。

(3)香料粉的制备：将花椒、茴香等十几种香料烘炒出香味，再粉碎成粉，过网筛备用。

(4)稳定剂：将黄原胶加适量的温水化开后备用。

(5)调配：按配方称取虾粉，加入水及各辅助材料，倒入调配槽中，不停地搅拌，使之混合均匀。

(6)磨浆：将配置好的半成品酱通过胶体磨，进一步细化，使酱体质地更加细腻。

(7)熬酱(杀菌)：将精炼植物油和芝麻油按比例放入夹层锅，将磨好的酱倒入夹层锅中加热到85℃左右，杀菌20min趁热灌装。

参考文献

陈莎莎, 陈中祥, 杨桂玲, 等. 2011. 水产调味品中挥发性盐基氮的测定. 中国调味品, 36(9): 91-93.
代忠波, 丁卓平. 2006. 卵磷脂的研究概况. 中国乳品工业, 34(1): 48-51.
杜云建, 赵玉巧, 杨柳清. 2009. 河沼虾油的加工研究. 食品工业, 9: 48-49.
顾晨光, 王建军. 1990. 虾脑酱的研制. 食品工业, (6): 7-8.
皇甫超申, 史齐, 李延红, 等. 2010. 亚硝酸盐对人体健康的利害分析. 环境与健康杂志, 27(8): 733-736.
赖业祥. 1986. 虾头酱的制作探讨. 中国调味品, (11): 19-20.
李志江. 2010. 传统发酵食品工艺学. 北京: 化学工业出版社: 175-178.
梁艳. 2012. 虾酱制品的加工技术. 农产品加工(创新版), 10: 50.
陆开形, 蒋霞敏, 翟兴文. 2003. 虾青素的生物学功能及应用. 宁波大学学报(理工版), 16(1): 95-98.
彭增起, 刘承初, 邓尚贵, 等. 2010. 水产品加工学. 北京: 中国轻工业出版社: 243-247.
沈开惠. 1997. 虾油新工艺研究. 中国水产, (9): 36.
沈开惠. 1998. 虾酱制品罐头生产. 中国水产, (3): 34-35.
沈月新. 2001. 水产食品学(食品科学与工程专业用). 北京: 中国农业出版社: 286-289.

沈月新. 2010. 水产食品学. 北京: 中国农业出版社: 285-288.
吴云辉. 2009. 水产品加工技术. 北京: 化学工业出版社: 136-137.
徐清萍. 2011. 调味品加工技术与配方. 北京: 中国纺织出版社.
袁新华. 2008. 中国虾产业比较优势和国际竞争力研究. 南京农业大学博士学位论文.
张信咸. 1988. 淡水产品的加工与利用. 合肥: 安徽科学技术出版社: 27-28.
郑晓杰, 陈力巨, 王海棠. 2001. 调味虾头酱的研制. 中国乳业, (9): 18-19.
朱富强, 李海洋, 贾会美, 等. 2016. 离子色谱法测定虾酱中的亚硝酸盐和硝酸盐. 食品工业, (7): 255-257.
邹晓葵. 2001. 发酵食品加工技术. 北京: 金盾出版社: 140-141.
纂翠华, 张伟, 王元秀. 2007. 虾酱的酶法制备及其应用. 食品工业, (4): 19-20.
Choi S H, Kobayashi A, Yamanishi T. 1983. Odor of cooked small shrimp, *Acetes japonicus* Kishinouye: difference between raw material and fermented product. Journal of the Agricultural Chemical Society of Japan, 47(2): 337-342.
Montano N, Gavino G, Gavino V C. 2001. Polyunsaturated fatty acid contents of some traditional fish and shrimp paste condiments of the Philippines. Food Chemistry, 75(2): 155-158.
Peralta E M, Hatate H, Watanabe D, et al. 2005. Antioxidative activity of Philippine salt-fermented shrimp and variation of its constituents during fermentation. Journal of Oleo Science, 54(10): 553-558.

第六章　贝发酵调味品

第一节　引　　言

全球海洋面积辽阔，贝类资源丰富，种类较多。根据佩尔森纳的分类系统，并参照格拉西主编的《动物学集成》第五卷中波特曼(Portmann)的分类系统，贝类可分成7个纲，无板纲、多板纲、单板纲、瓣鳃纲、掘足纲、腹足纲和头足纲。世界范围内现存种类约1.1万种，其中80%生活于海洋中。我国沿海各省均是贝类海产品产区，产量超过100万吨的省份有福建、辽宁、广东和山东。绝大多数贝类均可食用，贝类肉质肥嫩，鲜美可口，营养丰富，蕴含了大量的蛋白质、多肽、氨基酸、微量元素，以及铁和钙等矿物质，具有较高的经济价值。

人类常食用的贝类品种有扇贝、牡蛎、贻贝、文蛤等。按加工形式的不同，产品分为冷冻加工品、干制品、调味品、罐头产品及即食加工品等。冷冻加工品有冻扇贝肉、冻蛤肉、冻牡蛎(单冻或块冻)等；冷冻半壳类产品有牡蛎、贻贝、其他贝类等；熟冻品有熟贝冷冻品、熟蛤冷冻品等，还有将贝肉用竹签串成一串，经调味冷冻的调理贝肉串。干制品可分为生干品、熟干品、盐干品等，如牡蛎干、花蛤干、蛏干、干贻贝等。贝类罐头产品是将贝类加工成可直接食用的罐头，主要有花蛤和贻贝等软罐头、烟熏类罐头、香菇牡蛎罐头、辣香牡蛎罐头、洋参鲍鱼汤罐头、清蒸牡蛎肉罐头、豆豉贻贝肉罐头等。即食加工品主要是贝类经复合性配料腌制、烘干、包装、杀菌等工序加工成的各种风味即食贝类食品。整体来看，我国水产品加工仍处于深加工不足、附加值偏低的阶段，因此，存在很大的发展空间。

随着科技的发展，以及发酵工程、酶工程等现代生物工程技术手段的进步，营养健康的概念逐渐注入我国传统调味料行业中，研制新型的贝类海鲜调味料，进行海洋贝类蛋白资源的高值化、资源化、生态化开发，可以增加贝类加工制品的附加值，产生良好的社会和经济效益。发酵得到的贝类调味品中氨基酸态氮和多肽的含量较高，具有天然海产贝类的特殊风味，味道鲜美，口感浓厚。相比人工调配合成的香精香料，贝类发酵调味品提高了产品的安全性，符合现代人天然、绿色、健康的生活理念，并且贝类发酵调味品的开发有利于贝类资源的综合利用，为人类提供理想的海洋食品及海洋药物，有助于推动我国海洋产业的迅速发展。

目前主要的贝类原料包括扇贝、牡蛎、文蛤、贻贝，在加工过程中无论是贝类的肉，还是产生的煮汁、贝边等下脚料以及个体较小不易加工的部分都可以用作原料，最终得到液态或固态的产品，如蚝油、贻贝油、花蛤油、蛏子油、贝类浸膏和干贝素等。

第二节 蚝 油

蚝油，又称为牡蛎油，是众多海鲜风味制品的代表(图 6-1)，于 1888 年由广东省南水乡李锦裳发明，他创立的李锦记品牌将蚝油及其他中式调味料推广至全球。蚝油是将煮蚝(主要指近江牡蛎)后的汤，予以浓缩并加少量食盐，放置较长时间使之适度发酵而成。蚝油体态浓稠，颜色呈深棕红色，具有浓郁的鲜蚝特有香气，营养丰富，光亮圆滑，味道咸甜适中，再配上一些特色风味配料(如香鲜增强剂等)进行调和以去除牡蛎的腥味，对于增进食欲有较好的效果。

图 6-1 牡蛎与蚝油产品

一、蚝油的传统生产工艺

蚝油分为原汁和复加工品两种。原汁蚝油具有重金属含量高、色泽差、腥味大及略带苦味等缺点，且只能作为加工原料。复加工品一般以浓缩蚝汁为原料进行配制，最终产品感官上有蚝油的独特风味，没有苦涩或不良异味，呈红褐色或棕褐色的黏稠状。蚝油的制备分为两个步骤，一是浓缩蚝汁的制备，二是蚝油的配制。

(一) 浓缩蚝汁的制备

1. 工艺流程(图 6-2)

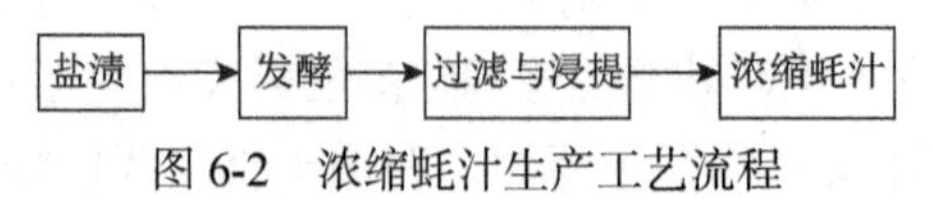

图 6-2 浓缩蚝汁生产工艺流程

2. 工艺要点

1）盐渍

将牡蛎与盐混合均匀或分层下盐，顶层用盐覆盖，用盐量应足以抑制腐败微生物的繁殖发育，但又不影响牡蛎的发酵速度。一般用盐量为30%～45%，但是个体较大、脂肪含量高或者有腐败迹象的牡蛎，用盐量应加大。牡蛎经过盐渍后，渗出大量卤水，由于牡蛎自体酶类和有益微生物的共同作用，牡蛎溶化。盐渍时间的长短对后续的发酵具有较大的影响，盐渍时间长，发酵所需的时间短，成品的风味好，但为了提高设备的利用率，缩短生产周期，盐渍时间不宜拖得太长。

2）发酵

发酵分自然发酵和人工保温发酵两种。自然发酵周期长，成品风味好；人工保温发酵生产周期短，但成品风味略差。

（1）自然发酵：常温下，利用牡蛎自体的酶类，再添加适量的蛋白酶、脂肪酶、纤维素酶加速牡蛎降解，并结合空气随落的耐盐酵母菌、耐盐乳酸菌等有益微生物共同作用，进行发酵。

不加盐水发酵：只利用自身的卤水进行发酵，发酵成熟后所得的滤液，氨基酸含量高，风味好，称为原汁。原汁不作商品出售，只作调配用。

加盐水或卤水发酵：加入一定量的盐水或卤水进行发酵，得到的发酵液，可直接调配成不同等级的蚝油。

在发酵过程中应经常检测发酵液的各种理化卫生指标，观察发酵期间微生物的变化情况，并加以控制。发酵液中的氨基酸含量随着发酵时间延长逐渐升高，当氨基酸的增值趋向稳定，发酵液上层澄清，颜色变深，蚝香四溢，味道鲜美，即表示发酵成熟。发酵时间的长短需根据生产厂家的要求确定，一般发酵时间长，风味好，通常从盐渍到发酵成熟约半年左右。

（2）人工保温发酵：即借助某种设备通过人工控制温度进行发酵的技术。分为蒸汽盘管保温发酵、水浴保温发酵和电热保温发酵三种。

蒸汽盘管保温发酵：在池或缸的周壁装有夹层，或池与缸的中央装有蒸汽盘管、蛇形管或平行列管。蒸汽可进入夹层或蒸汽管，间接将池或缸内的发酵液加热，达到所需温度（40～45℃），并利用压缩空气搅拌，使发酵液受热均匀。

水浴保温发酵：在池或缸的周壁、底壁特制有夹层，为方便水及蒸汽进出，配有水管、蒸汽管。通入蒸汽将夹层内的水加热，通过周壁、底壁使热传导到发酵液内，并保持发酵液的品温为40～45℃。水泥的周壁、底壁夹层之间间距200～250mm；铁池或缸用6～7mm钢板；水浴层厚250～300mm。

电热保温发酵：在池或缸周壁、底壁设有特制的夹层，以安装电热丝，通电加热使发酵液的品温维持在40～45℃。这种池或缸一般用6～7mm钢板，除锈后加防锈剂，黏2～3层玻璃纤维布，再涂4～5层环氧树脂，或单独涂5～6层国漆，防止铁生锈。

人工保温发酵成熟时间随原料的用盐量、卤水的含盐量与发酵液品温的不同而变化。盐的含量高会抑制酶类和微生物的活性；品温高不利于低温生长微生物的繁殖；发酵液中生长的微生物不同，成品的风味和成熟时间也不同。一般，发酵时间长，酯香味合成的时间长，成品的风味好。盐渍时间长的牡蛎，蛋白质已部分或全部酶解，酯香味合成的时间长，而发酵所需的时间短。例如，45～50℃、盐渍 2～3 个月的牡蛎，发酵 1～2 个月成熟；常温盐渍半年以上的牡蛎，则发酵 1 个月成熟，并且风味更好。

3) 过滤与浸提

牡蛎发酵成熟后，从发酵池或缸中抽取滤液，得到原蚝汁；其渣用盐水或卤水反复浸提数次，以收尽渣中的蚝味及氨基酸，浸提液可用于调配蚝油。

(二) 蚝油的配制

蚝油常以浓缩蚝汁为原料进行配制。

1. 工艺流程(图 6-3)

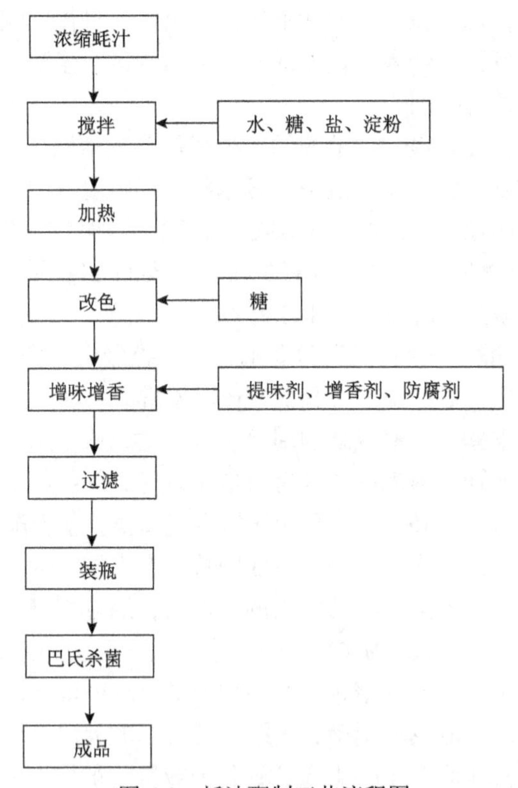

图 6-3　蚝油配制工艺流程图

2. 工艺要点

先在盛有浓缩蚝汁的夹层加热锅中加入所需的水，在搅拌情况下，依次加入辅料，搅拌均匀后，夹层加热煮沸，并保温20min。辅料目前尚无统一规定，但行业已有如下共识。

(1)加水量：以使蚝油稀释至总酸小于 1.4%，但氨基酸和总固形物分别大于 0.4%和 28%为度。

(2)加盐量：以使蚝油含氯化钠达到 7%～14%为度。

(3)改色：一般食品都含有糖类和蛋白质，这些成分在加工储藏过程中易发生非酶褐变。该类反应通常在高温下进行，主要包括脱水、裂解、聚合等复杂的化学反应过程。有研究发现非酶褐变中的焦糖反应和羰氨反应可用于调味品的改色。牡蛎作为蚝油原料时，因其色泽灰暗，外观不佳，可利用焦糖反应和羰氨反应达到蚝油改色的目的。具体操作如下：先将铁锅加热，抹一层花生油，然后放入糖加热融化，温度控制在 200℃以下，至糖脱水，使糖液黏稠起泡至金黄色后，加入水和蚝汁，加水量以稀释后游离氨基酸含量符合标准为原则，再加热到 90℃以上，使颜色转变为红色。

(4)增稠：增稠剂的种类很多，常见种类有变性淀粉、黄原胶、卡拉胶等。淀粉作为增稠剂，以支链淀粉含量高者为佳，用量以使蚝油呈稀糊状为度。采用一定比例的淀粉及食用羧甲基纤维素作为增稠剂，使液体不分层，并具有浓厚的外观，提高产品的质量。

(5)增香：主要取决于蚝油新鲜程度及配料量，一般以少量优质酒为增香剂，可使酯香明显，并可去腥味，使蚝油味道纯正。

(6)增鲜：营养型天然鲜味剂主要包括水解动物蛋白(HAP)、水解植物蛋白(HVP)、酵母抽提物等。构成蚝油的成分很多，除各种游离氨基酸之外，还有糖原、低肽、甜菜碱类、琥珀酸等，它们是构成蚝油独特风味的特征物质。蚝的糖原含量较高，糖原本身无味，但有调和抽提物风味成分，具有增加味的浓厚感和持续性的功效，有助于保持蚝油的鲜美感。蚝油的鲜美感是以谷氨酸为核心，再加上各种氨基酸、有机酸等形成的复杂而有特色的味。由于 IMP 和 GMP 等核苷酸关联化合物同谷氨酸有相乘作用，故添加一定量的 I+G 可调整蚝油的整体风味。

(7)配料完毕，以 120 目筛过滤，趁热灌入已洗净杀菌的加热瓶中，已装瓶蚝油再经巴氏杀菌或在热水流水线上杀菌。

二、蚝油生产新工艺

近年来，有些企业采用了某些现代食品科学技术(如生物工程、酶科学、膜分离技术等)和先进材料(如一品鲜酵母精、风味化酵母精等)，加工出来的产品更具市场竞争力，以下将举例说明几种生产新工艺的应用。

（一）蚝油的酶解生产法

传统蚝油加工利用微生物的新陈代谢活动来进行，主要是微生物的酶解作用。酶解法则是用特定的酶或者酶的组合来进行原料的水解，不涉及活的微生物。牡蛎经过酶促降解后可生成大量的多肽和部分游离氨基酸，大量多肽的形成，不仅增加了蛋白质的水溶性，也丰富了产品的功能性，而游离氨基酸的形成则给产品的风味带来良好的影响。通过酶解工艺生产蚝油可弥补传统方法存在的食盐、重金属含量高和氨基酸损失大等不足，并且酶解法生产工艺简单，便于工厂大规模工业化生产，可减轻劳动强度及提高劳动生产率，具有较高的经济效益。

1. 工艺流程（图 6-4）

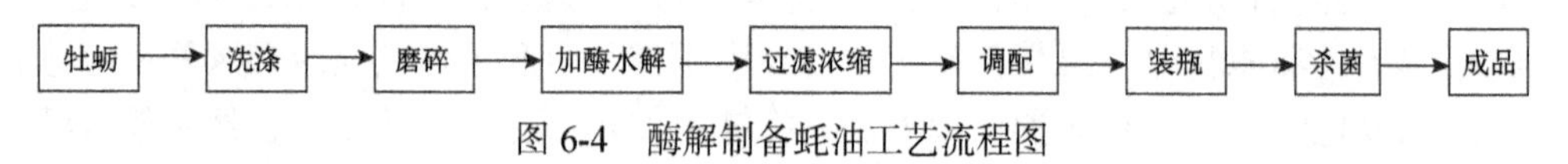

图 6-4 酶解制备蚝油工艺流程图

2. 工艺要点

(1)蛋白酶的选择：蛋白酶是牡蛎酶解的关键，蛋白酶的种类对牡蛎酶解有着很大的影响。周新月通过对 11 种蛋白酶进行研究发现，碱性蛋白酶对牡蛎的酶解程度高，但产品风味欠佳；酸性蛋白酶对牡蛎酶解无作用；中性蛋白酶酶解效力适中，其中“8931 蛋白酶”酶解制备的蚝油的色、香、味均好；最佳的酶解 pH 为 7～8，温度为 50℃，酶解时间为 1～2h。邓尚贵报道了采用枯草杆菌中性蛋白酶在 55～60℃保温酶解 2h 后，加入 0.5%的酱油曲精，然后于 40℃保温发酵 24h，再于 46℃保温发酵 48h，可得到酶解程度高，且具有蚝汁风味的酶解蚝汁。

(2)酶解温度的选择：温度太高，蛋白酶容易失去活性；温度太低，蛋白酶活性差，酶解效果较差。根据研究表明，一般最佳的酶解温度为 50～55℃。

(3)酶解物料 pH 的选择：酶解物料的 pH 与牡蛎酶解温度及产品色泽有着密切的关系，酶解 pH 宜控制在 7 左右。pH 高于 7 时，产品外观不佳；低于 7 时，酶解效果显著降低。

(4)酶解时间的选择：从经济效益的角度出发，当蛋白酶种类、酶解温度以及酶解 pH 确定后，酶解时间在 50～60min 为宜，时间太短，牡蛎酶解不够；时间太长，会造成人力、物力的浪费。

(5)采用牡蛎复合酶酶解提高蚝油风味：采用多种酶复配的方法对牡蛎进行酶解处理，以获得风味良好且蛋白质回收率和酶解程度都比较高的产品。研究结果表明，采用 0.05%中性蛋白酶+0.1%碱性蛋白酶+0.1%风味蛋白酶+0.1%复合蛋白酶的复合酶，可以使蛋白质回收率达到 85%、水解度达到 43.5%，酶解后的游离氨基酸含量比酶解前提高 122.2%，酶解液无腥味，且鲜味突出。

（二）壳聚糖-海藻酸钠-金属硫蛋白凝胶球层析柱去除蚝油中的铅

采用层析方式脱除蚝油中的重金属铅，将壳聚糖-海藻酸钠-金属硫蛋白凝胶球装于玻璃层析柱(250mm×16mm)中，去离子水平衡过夜，蚝油稀释1倍体积，通过层析柱，待柱中去离子水完全排尽后，收集蚝油。检测处理前后蚝油中的铅、钙、铁、锌、氨基酸态氮、总酸(以乳酸计)、总固形物等的含量。结果表明，加铅标准品的蚝油经过壳聚糖-海藻酸钠-金属硫蛋白凝胶球层析柱处理后氨基酸态氮、总酸、总固形物等的含量没有明显变化，而铅含量为原来的1/6，在不影响蚝油营养价值的前提下，达到了很好地去除加标蚝油中重金属铅的目的。

（三）变性淀粉改善蚝油稳定性

使用变性淀粉可以改善蚝油品质，保持产品的稳定性，赋予产品鲜明的色泽、细腻均匀的体态，增加蚝油的黏度。变性淀粉种类多样，性质各不同，酯化淀粉由于糊化温度低、黏度大、透明度高、回生程度少、抗冻性能高等特点得到较多应用。变性淀粉用水溶解后趁大火均匀加入，待变性淀粉完全熟透后逐渐熄火。此操作比较重要，如果火力不够或淀粉加得过快，淀粉会易结团，因此要慢慢地加入，及时搅拌均匀，加入变性淀粉后要注意火力的调节，淀粉完全溶解糊化后应立即熄火。变性淀粉改善蚝油稳定性流程见图6-5。

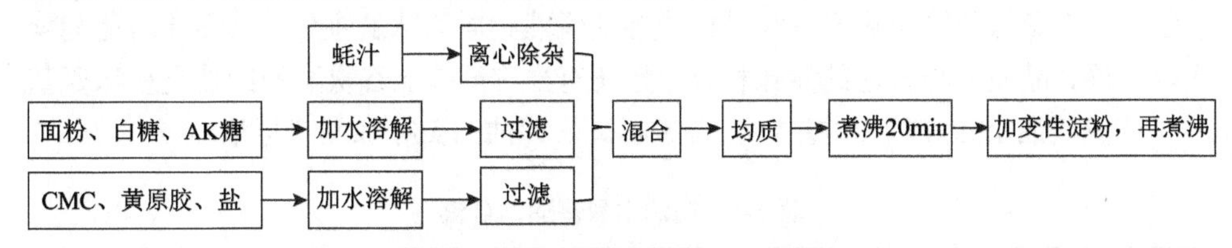

图6-5　变性淀粉改善蚝油流程图

AK糖表示乙酰磺胺酸钾，又名安赛蜜；CMC表示羧甲基纤维素钠

三、蚝油的主要成分

蚝油营养均衡，富含多种氨基酸(包括七种人体必需的氨基酸)、维生素、糖类、微量元素等，是一种高级营养品。其中，醇类、呋喃类、醛类和嘌呤类化合物是其最主要成分，氨基乙磺酸是蚝油的特有成分，且包含哺乳动物必需的微量元素，如Cu、Zn、Cr、I、Se等。蚝香的主体是原蚝汁，蚝汁中的营养成分是氨基酸、核糖核酸、糖、盐、有机酸、酯和矿物质等。氨基酸、核糖核酸、糖、盐、有机酸、酯是呈味的主体；醇(1-戊烯-3-醇)与牡蛎风味相关；磷酸盐和钾被认为有助于咸味，也是蚝香的源泉；它们含量的多少直接影响蚝油的质量。

(一)营养成分

牡蛎蛋白质的氨基酸组成完善，是一种优质蛋白质；牡蛎除含有较多的糖原外，还含有一定量的生物活性多糖，分离提纯后可用于生产保健食品或药品。牡蛎肉中，脂肪含量很低，但是 ω-3 不饱和脂肪酸（DHA 和 EPA）的含量较高，占总脂肪的 28%。

在制备蚝油过程中，发酵会使蛋白质在微生物生化作用下发生水解，导致某些氨基酸的含量发生明显变化，尤其是呈味氨基酸含量会显著增加。蚝油中含量最为丰富的碳水化合物仍是糖原，但是也含有葡萄糖、果糖等。脂肪酸含量虽然较低，但有着重要的生理活性功能。

（二）风味成分

1. 氨基酸

蚝油中的氨基酸含量及种类与呈味关系最为密切，直接决定了蚝油的鲜味程度，以及蚝油的营养价值，氨基酸的含量越多，味道越鲜美，营养价值就越高。不同蚝油的氨基酸含量因原料牡蛎的品种、采收季节、工艺差异而不同。此外，在发酵期间部分游离氨基酸的含量会发生波动，但大部分游离氨基酸含量呈增加趋势。黎景丽和文一彪用日立 835-50 型高速氨基酸自动分析仪对蚝油中氨基酸含量进行了详细测定，结果见表 6-1。蚝油中谷氨酸的含量最多，甘氨酸、脯氨酸、丙氨酸、天冬氨酸、赖氨酸、苏氨酸、丝氨酸等的含量依次减少。甘氨酸、脯氨酸、丙氨酸、丝氨酸、天冬氨酸等甜味氨基酸是构成蚝油天然物质甜味的主体，其甜味与葡萄糖大体相同，品质上与普通的甜味相异，且还有少许酸味。谷氨酸的钠盐是呈味氨基酸，构成蚝油呈味和酯味的主体，含量越高，蚝油的美味和酯味越浓。

表 6-1 蚝油中氨基酸的含量

氨基酸名称	含量/(mg/mL)
天冬氨酸	3.5122
苏氨酸*	1.1650
丝氨酸	1.1622
谷氨酸	26.6540
脯氨酸	5.5222
甘氨酸	8.0800
丙氨酸	5.1150
胱氨酸	0.6230
缬氨酸*	0.9718
甲硫氨酸*	0.5460
异亮氨酸*	0.7246
亮氨酸*	1.0172

续表

氨基酸名称	含量/(mg/mL)
酪氨酸	0.3442
苯丙氨酸*	0.6200
赖氨酸*	1.4804
组氨酸	0.5812
精氨酸	0.8942
总量	58.0262

测定条件：离子交换柱规格 2.6mm×150mm，交换树脂型号 NO.2619(25051)，柱温 53℃，泵流速 0.225mL/min，泵压力 85kg/cm^2，分析时间 72min，进样体积 50μL。

*人体新陈代谢所需的必需氨基酸。

2. 核糖核酸

牡蛎核酸含量较多，它与谷氨酸构成蚝油呈味的主体，其含量越多，蚝味越鲜美，酯味越浓。核酸的鲜度是味精的两倍以上，加入食品中，能突出食品原有的天然主味，对腥、膻、焦、苦、咸和霉等异味有掩盖作用，并且可以促进食欲，提高免疫力。

3. 糖类

蚝油中的糖类包括葡萄糖、果糖、半乳糖、核糖、糖原等，葡萄糖的含量较少，呈味弱；果糖、半乳糖、核糖含量较多，与蚝油呈味的关系最为密切；糖原含量最多，为蚝油甜味的主体。此外，糖对流变性也有重要影响，随着温度的升高，蚝油的黏度会逐渐下降，但是随着蚝油中糖浓度的增加，温度对黏度的影响会减小，蚝油黏度与糖浓度的关系符合指数模型。在配制蚝油时，混合添加几种糖可使蚝油更接近天然蚝肉的风味，也可使蚝油有较好的形态。

4. 有机酸

乳酸、丙酮酸、富马酸、乙酸、琥珀酸是蚝油含有的主要有机酸。乳酸是一种较好的调味剂，其酸味较乙酸柔和、爽口。琥珀酸在贝类中含量较多，是贝类食物的固有呈味成分。每年的四五月份，牡蛎的琥珀酸含量最多，由这种牡蛎制作的蚝油更加美味。人工配制蚝油时，适当添加几种有机酸也会起到使蚝油接近天然蚝肉味道的效果。

（三）活性成分

1. 矿物质

牡蛎中锌、锰含量非常高。锰在增强人体免疫功能、抗衰老和补肾壮阳方面具有重要作用。蚝油中的矿物质对人体机能有一定的调节作用，是肌肉、皮肤、内脏、血液等的构成物质，其重要性不亚于维生素，且所含的矿物质大部分是易被吸收代谢的有机矿物质，对人体健康有积极影响。

2. 糖原

糖原是组织能源的一种储备形式，具有抗疲劳的功效，补充糖原可以改善心脏及血循环功能，并增强肝脏功能。它可以被机体直接吸收，减轻胰脏负担，对糖尿病的防治十分有效。中国药科大学生化研究室研究证明，牡蛎糖原有明显的防治心血管疾病、降血脂、提高机体免疫力和抗白细胞降低等作用。日本已有专利表明，添加牡蛎糖原到润肤品中，可以延缓肌肤衰老。

3. 牛磺酸

牛磺酸是一种含硫氨基酸，能增强细胞抗氧化、抗自由基损伤及抗病毒侵害的能力，是良好的护肝剂，可以促进大脑发育，并具有一定的抗肿瘤活性。

4. 脂肪酸

DHA 和 EPA 有助于降低冠心病的发病率和死亡率，还能调节体内的抗氧化能力，消除自由基，所以有抗衰老的作用。另外，DHA 是人大脑细胞形成发育及运动必不可少的物质基础，并对强化视力有很好的作用。

四、蚝油的调味作用和特点

蚝油属于隐味原料，隐味原料是指那些尽管用量极少，但是却能使整个食物的味道发生某种微妙变化甚至升华的调味品，能产生这种作用的味就是隐味。

蚝油在烹调中可作为鲜味调料和着色料来使用，尤其是在制作某些高档菜肴时，更能突显出它所具有的提鲜、增香、赋咸、补色的理想效果，它不仅适用于炒、烩、扒、烧、煮、炖等多种烹调技法，还可用于调制菜肴的味碟。以下将从不同类型的搭配进行介绍。

1. 在冷菜及点心中的运用

蚝油在冷菜及点心制品中的运用非常广泛，常用于拌料调味，如蚝油冷拌面、蚝油拌双笋，以及味碟的调配，如软煎鸡柳、冷香仔芋等菜点的随配味碟。

2. 在畜肉类菜品中的运用

用蚝油调制畜肉菜品，风味别致，其代表菜有蚝油牛肉。制法是：牛肉顶刀切薄片，经致嫩处理上浆滑油以后，在滑炒过程中加入适量蚝油，成菜不仅爽滑可口，而且具有蚝油的特殊清新味。此外，调制畜肉类肉汤时，如果稍添蚝油，汤味将会变得更加鲜美醇厚，令人回味绵长。

3. 在禽肉、蛋类菜品中的应用

蚝油在禽肉、蛋类菜品中运用较为广泛。例如，广西名菜蚝油柚皮鸭，以光鸭为主料，配柚皮等调味料，加蚝油煨制而成。该菜色泽碧绿，口感软滑，味道甘香。又如，蚝油焖蛋饼，先把鸡蛋液在锅中摊成蛋饼，然后加入酱油、蚝油、清汤，焖至汤汁浓稠、色泽棕红时，该菜的软糯入味、咸甜醇厚等特点就显现出来了。

4. 在水产类菜品中的应用

水产类菜肴用蚝油调味，风味往往别具一格。例如，谭府名肴蚝油鲍脯，是把优质水发鲍鱼片成薄片后，入毛汤锅中氽透，再放入由清汤、鸡油和发制鲍鱼原汁调制的混合汤汁中，煨煮至软糯入味后，调以蚝油，最后用水淀粉勾薄芡成菜。该菜鲍鱼软糯爽滑、汤鲜味醇、蚝油味浓。又如，油焖明虾，将明虾洗净，拍粉走油后待用；葱、姜、蒜茸先入油锅爆香，接着下入明虾，烹入料酒，酌加精盐和鲜汤，最后施以蚝油提鲜增香。该菜在虾肉特有的鲜味里融入了鲜蚝的醇香。

5. 在蔬菜类菜品中的应用

蚝油在蔬菜类菜品中的应用也相当广泛，主要用于时令鲜菜、菌菇及豆制品菜肴调味，不仅可以弥补原料自身的某些不足，时蔬成菜后还突出了蚝油鲜香味美的风味。菜品如蚝油芥蓝、蚝油草菇、蚝油豆腐等，此外，蚝油还是一些复合酱汁不可缺少的调制佐料。

总的来说，蚝油不宜与辛辣或酸甜类的调料混合使用，否则会抵消蚝油的鲜味。蚝油不宜长时间加热，一是避免所含谷氨酸钠分解为焦谷氨酸钠而失去鲜味；二是避免香味挥发失去蚝香味。蚝油在菜肴即将出锅时或出锅后调入为佳。

第三节　扇　贝　酱

扇贝是一种重要的食用贝类，其本身营养价值很高。不仅含有丰富的蛋白质、人体生理活动所必需的氨基酸及微量元素，还含有氨基多糖、扇贝多肽、牛磺酸、EPA 和 DHA 等具有生理活性的功能性成分。这些成分对抑制肿瘤生长、增强病毒抵抗力、延缓衰老、降低血压以及促进机体能力起积极作用，是集营养价值和经济价值于一体的食品。

扇贝酱生产发酵是利用米曲霉、酵母菌和细菌所分泌的各种酶，在适宜的条件下，使原料中的物质进行一系列复杂的生物化学变化，主要包括大分子物质的分解和新物质的生成，从而组成扇贝酱所具有的色、香、味、体，如图 6-6 所示。这既符合当代人的饮食习惯，又能将大分子蛋白质水解为小分子肽和氨基酸等，使人们能充分利用扇贝的营养物质。

图 6-6　扇贝与扇贝酱产品

一、扇贝酱的传统生产工艺及其影响因素

扇贝酱的酿造分为三个主要阶段：制曲、发酵、后熟。传统扇贝酱是以扇贝贝柱为原料，以豆粕或者面粉为辅料，高压杀菌后经米曲霉发酵得到的。扇贝豆酱或扇贝面酱入口细腻，具有浓郁的海鲜风味。以贝柱为原料成本较高，因此寻找其替代品是解决这一问题的最好途径。若以扇贝裙边为原料，成本只有贝柱的1/3，且扇贝裙边有较高的营养价值，因此扇贝裙边是一种良好的替代品。

（一）扇贝面酱加工工艺

以不规则扇贝柱和面粉为原料，以米曲霉为发酵菌种，通过加酶、加曲、恒温等手段，生产营养丰富、配比合理、风味鲜美的扇贝面酱。

1. 工艺流程（图 6-7）

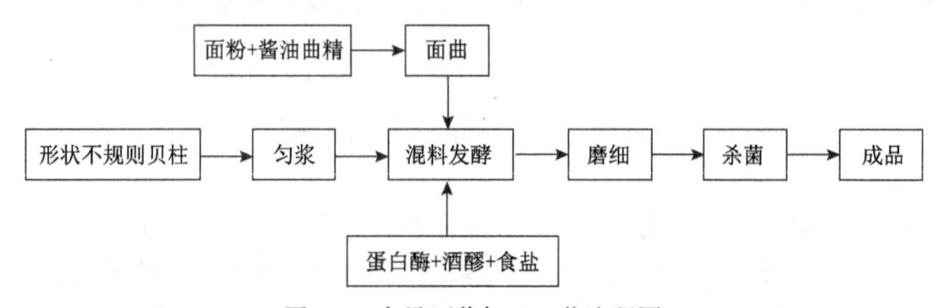

图 6-7　扇贝面酱加工工艺流程图

2. 工艺要点

(1)制备面曲：取面粉 1kg 与水 0.03kg 混合，和面至碎，蒸熟后冷却，待面温降至38℃接种0.5‰酱油曲精，将物料拌匀，摊平于白色瓷盘中，厚度约为1.0cm，表面用湿润的 6 层纱布盖住以保湿，30℃保温培养 48h，培养过程中物料出现结块现象要及时翻曲，曲料表面结满黄绿色孢子即得成熟面曲。

(2)混料发酵：将贝柱、面曲、蛋白酶、酒醪和食盐按照一定比例盛于发酵容器中，混合均匀，容器表面用保鲜膜密封，恒温发酵12d。发酵过程中每4d测定1次氨基酸态氮含量，发酵结束后进行感官评定。

(3)磨细：将发酵好的扇贝面酱，用胶体磨磨细，过磨5次。

(4)杀菌：将磨细的扇贝面酱于80℃杀菌10min，冷却后进行包装即为成品。

(二)扇贝豆酱加工工艺

以扇贝为主要原料，以米曲霉为发酵菌种，经大米和豆粕制曲，制得营养丰富、风味鲜美的扇贝豆酱。

1. 工艺流程(图6-8)

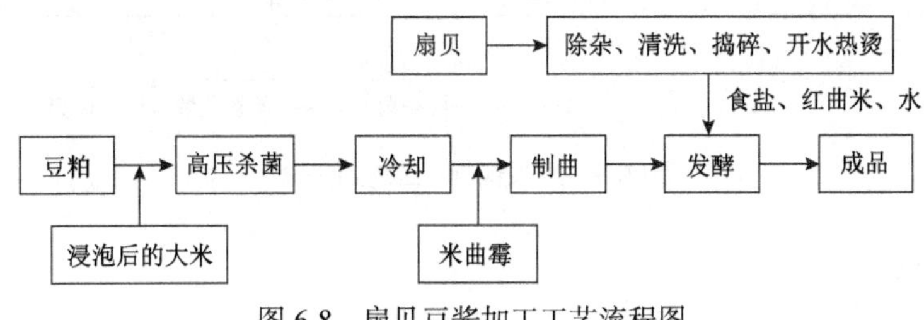

图6-8　扇贝豆酱加工工艺流程图

2. 工艺要点

(1)原料处理：豆粕70℃水浸泡30min，大米冷水浸泡12h，使原料中淀粉吸水膨胀、糊化，以便溶出米曲霉生长所需要的营养物质。以m(豆粕)：m(大米)=1.5：1的比例混合后放入高压锅杀菌，121℃杀菌30min。扇贝除去杂质后，清洗、捣碎，开水热烫。

(2)制曲：豆粕和大米杀菌后冷却至40℃，添加0.05%米曲霉，平铺在托盘中，料厚为1～1.5cm，盖上6层湿纱布后，放入35℃恒温培养箱(用75%的酒精溶液消毒)中保温培养36h。在培养过程中，每隔2h向纱布上喷灭菌水，以保持纱布的湿润状态，同时保持物料湿度，并随时翻曲以防曲料结块，减少通风阻力，降低曲料温度，使曲料温度均匀，以利于米曲霉正常生长繁殖。曲料表面结满黄绿色孢子时制曲结束。

(3)发酵：将处理好的扇贝、豆曲、食盐、红曲米及水按一定比例盛于发酵容器中，混匀，密封，恒温发酵。

(4)磨细：将发酵好的扇贝豆酱，用胶体磨磨细，过磨5次。

(5)杀菌：将磨细的扇贝豆酱于80℃杀菌10min，冷却后进行包装即为成品。

(三)由扇贝裙边发酵扇贝酱加工工艺

扇贝裙边较贝柱而言成本降低，研究发现扇贝裙边营养丰富，粗蛋白、脂肪、总糖含量分别为 80.67%、3.21%、7.35%，是一种很理想的高蛋白、低脂肪、低糖类食物，且其氨基酸种类达 18 种以上，与联合国粮食及农业组织/世界卫生组织推荐的氨基酸模式较为接近。此外，动物试验结果表明，裙边在体内的消化吸收及利用率均在 60%以上，具有较高的生物学价值，所以扇贝裙边作为原料有着良好的应用前景。

1. 工艺流程(图 6-9)

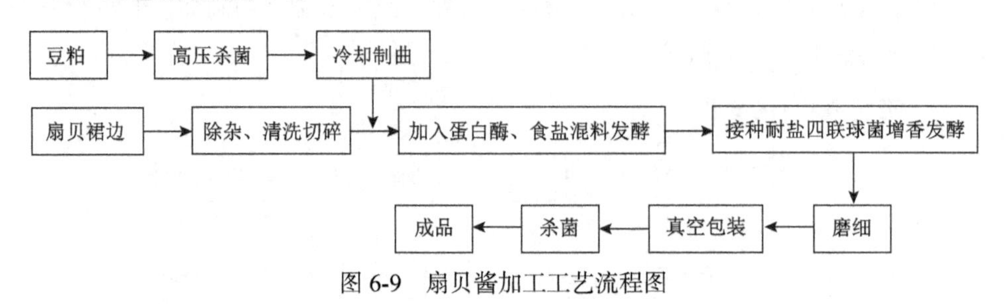

图 6-9　扇贝酱加工工艺流程图

2. 工艺要点

(1) 制曲：豆粕用水浸泡 12h 后放入高压杀菌锅中，0.1MPa 杀菌 30min，冷却至 38℃，添加 0.05%酱油曲精，在 30℃保持充分的空气湿度制曲 36h，备用。

(2) 菌种活化：将保藏于斜面的耐盐四联球菌接种于液体德曼-罗戈萨-夏普培养基中，于 26℃恒培养箱培养 32h，连续活化传代 3 次，备用。

(3) 发酵：取扇贝裙边 400g，豆曲 100g，加入中性蛋白酶 2000U/g(以每克物料混合后的质量添加酶的活性计算)，添加食盐 60g，在 40℃恒温培养箱中发酵 8d 后接种耐盐四联球菌，混匀，再在 30℃恒温培养箱中发酵 7d，最后在 25℃恒温培养箱中后熟 30d。

(4) 磨细后真空包装、杀菌得成品。

(四) 影响发酵的因素

影响发酵的因素有很多，包括温度、接种量、加盐量和曲水比等。通常，温度低时，蛋白酶活性低，后酵速度慢；温度升高后，虽然后熟速度快，但由于含盐量低，易染杂菌。因此，一般采用先高温后熟，再室温后熟的分段后发酵工艺。接种量在 2%时，发酵进程较缓慢，发酵时间延长，而接种量高于 8%后，扇贝酱风味较差，颜色也较深，不易被消费者接受，因此接种量控制在 4%～5%为宜。发酵过程中加盐的主要目的是防止腐败菌的生长，盐分通过渗透作用，进入组织内，并使其析出水分，给成品以必要的咸度和一定的体态。后发酵中的加盐量以 8%～10%为宜，成品咸味不足时，调配时再加以调整即可。

二、扇贝酱生产新工艺

为了提高扇贝裙边的利用率，增加其附加值，将扇贝裙边作为主要原料，采用多菌种阶梯发酵与酶法相结合的方法，可得到棕黄色酱状物。该产品入口细腻，具有浓郁的海鲜风味。其工艺要点如下。

(1)蛋白质水解发酵工艺：将洗净的扇贝裙边放入沸水中漂烫，放凉后切碎，豆粕经过高压杀菌(0.1MPa，30min)后，冷却至35℃接种米曲霉，接种量为0.05%，30℃保温36h制得成曲；将扇贝裙边和豆曲以4∶1的比例混合发酵，加入中性蛋白酶2000U/g、食盐12%(添加量占成品总质量的百分比例)，40℃恒温发酵。

(2)增香发酵工艺：待酱醪发酵8d后，按1%的接种量接种已活化好的耐盐四联球菌，30℃恒温发酵6d后，再接种已活化好的鲁氏酵母菌，接种量为1%，30℃恒温发酵7d，最后，酱醪经磨细、杀菌，制得成品。

此法所制得的扇贝酱中氨基酸态氮含量、游离氨基酸和必需氨基酸总量均显著高于其他方法所制备的扇贝酱。

三、扇贝酱的主要成分

(一)营养成分

三种发酵扇贝酱的蛋白质、脂肪、还原糖等成分的含量存在差异，其中扇贝裙边酱的蛋白质含量最高，脂肪含量最低，如表6-2所示。随着发酵的进行，菌种的交互作用和共同作用使扇贝酱的理化品质呈现一定的变化规律，发酵后期各指标趋于平稳。

表6-2　扇贝酱营养成分及理化指标　(单位：g/100g)

项目	扇贝面酱	扇贝豆酱	扇贝裙边酱
水分	57.32 ± 1.15	58.62 ± 0.45	60.81 ± 0.19
灰分	18.74 ± 2.04	14.29 ± 0.41	13.74 ± 0.05
蛋白质	5.00 ± 0.32	15.32 ± 0.48	20.04 ± 0.41
脂肪	4.61 ± 0.19	6.21 ± 0.24	0.82 ± 0.03
还原糖	11.76 ± 0.42	—	0.84 ± 0.35
食盐	14.33 ± 0.08	—	13.23 ± 0.18
总酸	1.14 ± 0.049	—	1.80 ± 0.05
氨基酸态氮	0.94 ± 0.02	1.17 ± 0.02	1.76 ± 0.02

（二）风味成分

1. 氨基酸

微生物发酵将原料中的蛋白质分解为氨基酸，使扇贝酱中氨基酸的含量增加，谷氨酸和天冬氨酸呈鲜味特征，甘氨酸和丙氨酸呈甘味特征，这四种主要的呈味氨基酸赋予扇贝酱鲜美的味道。

扇贝酱含有人体所需的 8 种必需氨基酸和 2 种半必需氨基酸。魏巍等对海湾扇贝酱中游离氨基酸进行了测定，结果见表 6-3，游离氨基酸总量为 68.40mg/g，必需的游离氨基酸总量为 22.60mg/g，呈味氨基酸中谷氨酸含量最高，达到 10.18mg/g。

表 6-3　海湾扇贝酱游离氨基酸含量

种类	含量/(mg/g)
天冬氨酸	9.30
谷氨酸	10.18
组氨酸	1.01
丝氨酸	5.55
精氨酸	2.63
甘氨酸	2.31
苏氨酸	4.56
牛磺酸	0.56
脯氨酸	3.88
丙氨酸	5.65
缬氨酸	6.50
甲硫氨酸	1.62
胱氨酸	0.00
异亮氨酸	0.32
亮氨酸	0.54
色氨酸	5.74
苯丙氨酸	0.23
赖氨酸	7.82
必需的游离氨基酸总量	22.60
游离氨基酸总量	68.40

2. 还原糖

扇贝酱中的还原糖源自霉菌在代谢过程中对大分子多糖等碳水化合物的分解，

会使扇贝酱的口感更加香甜。发酵初期，在糖化酶、淀粉酶和纤维素酶的作用下，原料酱醅中的淀粉被分解为还原糖。随着发酵的进行，发酵体系环境发生变化，酶的活性下降，微生物的生长繁殖消耗了部分还原糖，使得还原糖含量缓慢降低。

3. 挥发性风味成分

扇贝酱的风味成分是通过后期发酵形成的，它们在扇贝酱的组成中虽然含量极微，但对酱的风味影响很大。扇贝酱中的主要挥发性风味成分可分为酯类、醇类、醛类和酮类，其中，醇类相对含量最高，其次是酯类。醇类主要包括1-辛烯-3-醇、甲位松油醇、4-甲基-1-异丙基-3-环己烯-1-醇等，醇类物质中饱和醇主要由酵母菌发酵产生，由于它们具有较高的阈值，对扇贝酱的呈味影响不大。酯类主要包括辛酸乙酯、己酸乙酯、棕榈酸乙酯，酯类物质赋予食品甜香、果香，其气味强度适中，温和厚重，是扇贝酱香味的底蕴。醛类物质主要为戊醛、壬醛和糠醛，其主要是在后期加热杀菌过程中发生化学反应或醇、酚等被氧化而来。挥发性酮被认为对扇贝酱的干酪味有贡献，具有独特的清香和果香。

（三）活性成分

1. 多酚物质

多酚物质的强抗氧化性赋予多酚很多保健功能，如清除自由基、抗脂质过氧化、延缓衰老、抑制肿瘤、消炎杀菌等，对人类正常生理活动发挥重要作用。扇贝酱中的多酚大部分来源于豆粕，其抗氧化作用可以防止油脂酸败，在扇贝酱储藏中可延长其保质期。

2. 黄酮类物质

黄酮类物质有预防心血管疾病、防癌抗癌、调节免疫、抗衰老、抗菌抗病毒、抗炎抗过敏等功能，但其在人体中的含量与吸收率都很低，且人体不能直接合成。扇贝酱中黄酮的含量为1.1mg/g左右，长期食用，有益健康。

第四节　海鲜调味酱

随着生活节奏的加快，方便型调味品的需求量逐年增加，如方便面食、方便米饭、冷冻食品、汤料的调味辅料包等，在调味品市场中占领越来越多的市场份额。发展至今，人们对调味料的需求已由单一的鲜味型向营养、保健、方便型转变。海鲜调味料含有丰富的呈鲜和保健成分，如游离氨基酸、活性肽、核苷酸、牛磺酸、微量元素等。水产蛋白质为完全蛋白质，氨基酸品种齐全，比例合理，营养价值较高，是优质的蛋白质来源。海鲜调味酱是以虾、鱼、贝、藻等海洋生物或其下脚料为原料，采用不同配方，经腌制、发酵、调味等工艺制成的一种风味典型、营养丰富的酱类风味调味品，如图 6-10 所示。

图 6-10　海鲜调味酱产品

一、海鲜调味酱的生产工艺

（一）以扇贝为主要原料的海鲜调味酱

1. 工艺流程（图 6-11）

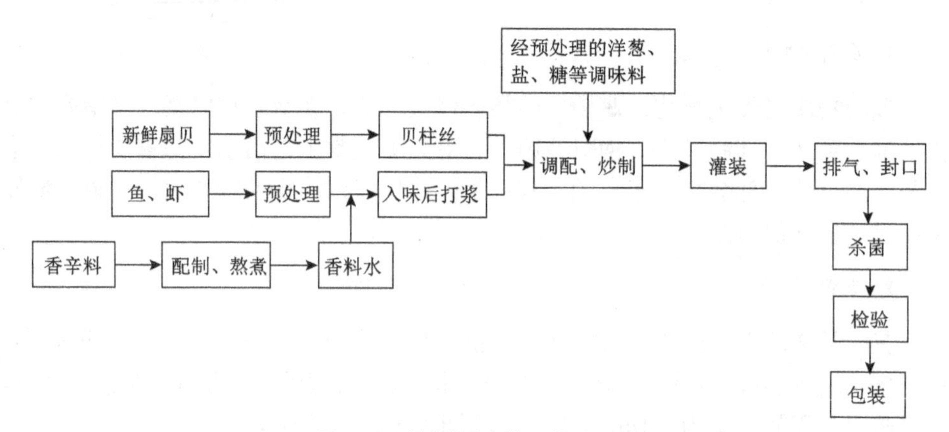

图 6-11　海鲜调味酱工艺流程图

2. 工艺要点

（1）扇贝预处理：扇贝加工季节最好为春末夏初或秋末冬初，挑选贝肉肥满、肉质鲜美的个体为宜。

清洗、蒸煮：将鲜活贝洗净，剔除死贝、异贝及杂质等，入锅蒸煮，待贝壳张开立即出锅。

去壳取肉：取出贝柱肉，除掉外壳、内脏和外套膜。

脱水：在加工贝柱的过程中应严格控制水分含量，取下的贝柱晾晒或烘干至水分含量为 20%～25%，冷藏备用。

(2)贝柱丝的制备：将脱水后的贝柱急火蒸 40～50min，取出趁热搓丝，制成贝柱丝，晾干备用。制备贝柱丝时，应先将脱水后的扇贝柱放在蒸笼中蒸。隔水蒸后，加入适量水于干贝中，既能使干贝的肌纤维分离，又能减少干贝鲜味成分的损失，并防止其变得过于黏软。搓丝要点：一是蒸好的干贝要趁热搓，否则待干贝冷却后，不易搓均匀；二是搓丝时不可来回揉搓，以防贝柱丝打结，有损于产品外观。

(3)香料水的配制：将八角、丁香、桂皮、陈皮、花椒、白芷、酱油、盐、糖、味精等按比例称取适量后加入水中进行熬煮，过滤得香料水。

(4)鱼虾的预处理：选择低值海水鱼或淡水鱼，且鱼体不必过大，如小黄花鱼、偏口鱼等小杂鱼。虾亦选择低值的小海虾、河虾或小海米。鱼虾分别洗净、控水、油炸，然后浸入配制好的香料水中腌制入味后打浆。根据产品咀嚼感的要求，应保证鱼虾在打碎过程中有一定的颗粒度。若打浆时间过长，鱼虾肉较细、较黏，与蔬菜浆混合后不易看到原有的成分，降低了成品的咀嚼感，口感反而欠佳；而打浆时间过短，颗粒较大、较粗，降低成品的黏稠度，影响产品质量。

(5)蔬菜的预处理：选用的洋葱要求鳞茎新鲜饱满，组织脆嫩，无抽芽，无腐烂。洋葱去外皮、切蒂头，切成块状后油炸，使洋葱散发特有的香气，油炸后的洋葱打浆备用。

(6)调配、炒制：按配方要求称取预处理后的贝柱丝、鱼虾、蔬菜，加入盐、糖、味精等调味拌匀。将食用油加热后，倒入姜蒜末炒至散发出应有的香气(也可根据产品口味的不同再加入辣椒或调味酱)，然后倒入称量好的上述物料，进行炒制 3～5min。临近结束时加入适量料酒。

(7)灌装、排气、封口：包装采用玻璃瓶。在灌装前对瓶体、瓶盖进行清洗消毒。要求趁热装瓶，物料温度保持在 85℃以上。灌装后迅速放入输送带，经真空封口机封口。

(8)杀菌、冷却：将产品装篮后送入高压杀菌锅，121℃杀菌 20min。

(9)检验、包装：将杀菌后的实罐洗净油污，控水晾干，剔除破碎罐及低无空罐，装入纸箱中，常温储存。

（二）以海带、鳕鱼和虾米为主要原料的海鲜调味酱

1. 工艺流程(图 6-12)

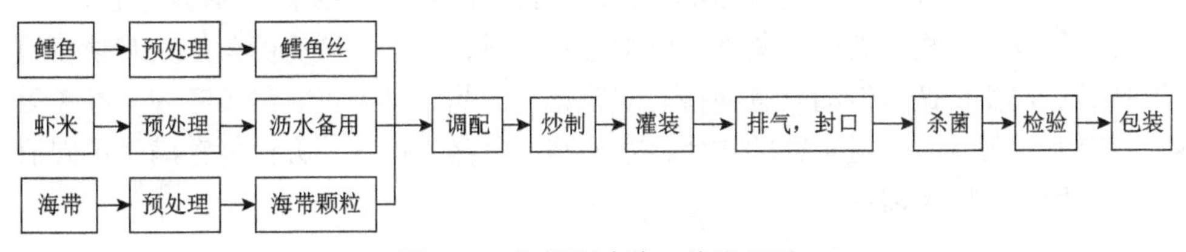

图 6-12　海鲜调味酱工艺流程图

2. 工艺要点

(1)原辅料的处理：①对海带进行清洗，去除泥沙杂质后，进行粉碎，成细小颗粒状(直径小于 0.5cm)，称量。②虾米称量，清洗后，浸泡 10min，沥水 10min。③将鳕鱼去头、分身、去皮后，干燥(含水 20%～30%)，切丝，称量。④将称量好的花生，放入容器中，利用沸水浸泡去皮，并碾成碎末。

(2)炒制：将植物油倒入锅中加热至 180℃，放入花生，炒制 1min；加入虾米和鳕鱼丝，翻炒 1min；加入香辛料粉和芥末粉，翻炒 1min；加入辣椒粉炒至颜色鲜亮为止；加入芝麻酱炒制 2min；再加入海带、精盐、白砂糖炒至均匀，温度控制在 85℃以上，准备包装。

(3)灌装、排气、封口：包装采用玻璃瓶，灌装前对其进行清洗消毒，要求温度在 85℃以上时灌装，灌装后迅速排气、封口。

(4)杀菌、冷却：杀菌是关系产品口味及安全性最重要的一道工序，将封好口的产品放入反压式杀菌锅中 121℃条件下杀菌。

(5)包装：待产品冷却后，贴标，封膜，装箱。

二、海鲜调味酱的营养成分

海鲜调味酱由多种不同原料调制而成，因此含有大量的氨基酸、呈味酯类、糖类和矿物质，从而丰富了调味酱的氨基酸等营养成分。此外，可依据消费者的口味需求添加其他的物质(蔬菜、油、添加剂等)，由此营养成分更加多样。

三、海鲜调味酱的特点

1. 营养搭配科学合理、口味多样化

以中医“药食同源”“药食并用”的理论为基础研制配方，科学地将原料进行配伍和深加工，力求发挥食品的保健作用，从提味、除腥、抗氧化、延长货架期等方面考虑添加香辛料，使最终的调味制品营养价值更加全面。为迎合不同消费群体的口味需求，可加入辣椒或各种调味酱等制成不同风味的产品。

2. 特殊风味构成

该产品不仅具有较高的营养价值，还有良好的外观，更重要的是选用八角、丁香、桂皮、陈皮、花椒、茴香、白芷等香辛料，使得腌制后的鱼虾具有独特的风味，进而使得调味制品具有独特的醇厚感，产品口感纯正、鲜美醇香，回味无穷，有开胃健脾、增进食欲的功能，在形态、色泽、口味等方面能够满足不同消费者的感官和味觉需求。

3. 其他风味来源

美拉德反应是食品风味的重要来源之一，是广泛存在于食品工业的一种非酶褐变，是羰基化合物(还原糖类)和氨基化合物(氨基酸和蛋白质)间发生热反应，经过复杂的历程最终生成棕色甚至黑色的大分子物质类黑精或拟黑素，所以又称为羰氨反应。酶解液中所含氨基酸和还原糖的种类是美拉德反应的基础，但一般情况下酶解液中所含氨基酸及还原糖的种类及数量是不足的，所以为了使反应后的香味更加浓郁、突出，通常要另外加入一种或几种还原糖及氨基酸。利用热反应技术，将氨基酸、多肽等与糖类进行美拉德反应，可生成吡嗪、呋喃、吡咯、噻唑、含硫与含氧杂环类等风味成分，以此提高基料的风味。

参考文献

陈骞, 杨瑞金, 顾聆琳. 2005. 牡蛎糖原的研究(Ⅰ)——牡蛎糖原的分离提取和化学组成. 食品科学, 26(6): 99-101.
邓嫣容. 2011. 牡蛎复合酶解提高蚝油风味的工艺探讨. 现代食品科技, 27(7): 788-790.
何海伦, 陈秀兰, 张玉忠, 等. 2003. 海洋生物蛋白资源酶解利用研究进展. 中国生物工程杂志, 23(9): 70-74.
侯亚薇, 王颉, 蔡毅, 等. 2011. 扇贝面酱发酵工艺条件的研究. 食品科技, (9): 309-313.
黄丽卿. 2011. 福建贝类的资源概况、加工利用现状与发展措施. 漳州职业技术学院学报, 13(2): 48-52.
黄筱声. 2001. 新型增味剂——核酸调味品. 中国食品工业, (2): 32.
纪蓓, 周坤. 2007. 贝酱发酵工艺研究. 中国调味品, 7(7): 45-47.
家银. 调味鲜品说蚝油. 2005. 江苏调味副食品, 22(1): 43-44.
江雄辉, 廖国洪. 2002. 蚝油的生产技术. 食品与机械, (1): 30.
黎景丽, 文一彪. 2000. 对蚝油生产工艺的探讨及其营养成份与保健作用. 中国调味品, (3): 3-9.
李志军, 贺红军, 马敬俊, 等. 2004. 海产贝类调味品的生产技术. 中国调味品, (2): 18-21.
刘媛, 王健, 孙剑峰, 等. 2013. 我国海洋贝类资源的利用现状和发展趋势. 现代食品科技, (3): 673-677.
邵仁东, 江晓路, 刘远平, 等. 2016. 海鲜酱的研制与开发. 食品工业, (7): 180-182.
王丹, 赵元晖, 曾名湧, 等. 2011. 牡蛎营养成分的测定及水提工艺的研究. 食品科技, (3): 209-212.
王晓茹, 王颉, 张亮. 2011. 扇贝裙边酱发酵工艺及营养成分分析的研究. 食品工业科技, (12): 449-451.
王颖, 李晓, 孙元芹, 等. 2009. 新型海鲜酱的加工技术研究. 中国调味品, 34(10): 66-69.
魏巍, 牟建楼, 王颉. 2015. 海湾扇贝酱营养成分及品质分析. 食品工业, (1): 203-207.
吴园涛, 孙恢礼. 2007. 海洋贝类蛋白资源酶解利用. 中国生物工程杂志, 27(9): 120-125.
严超, 牟建楼, 王颉, 等. 2016. 扇贝豆酱发酵工艺条件的研究. 食品科技, (12): 245-249.

张国琛, 毛志怀. 2004. 水产品干燥技术的研究进展. 农业工程学报, 20(4): 297-300.

张建俊, 于淑娟, 徐献兵, 等. 2010. 糖对蚝油流变性影响. 食品工业科技, (2): 101-103, 107.

张京涛. 2004. 日本天然调味品的特点、成分及用途. 中国酿造, 23(3): 38-40.

赵华杰, 杨荣华, 戴志远. 2009. 贻贝蒸煮液发酵调味品的感官评价及呈味成分的分析. 中国食品学报, 9(4): 185-191.

赵祥忠, 张合亮, 杨晓宙. 2014. 微生物协同发酵生产海鲜调味料的技术研究. 中国酿造, 33(5): 72-76.

周新月. 1994. 蚝油酶法生产工艺的研究. 食品工业科技, (4): 29-32.

Je J Y, Park P J, Jung W K, et al. 2005. Amino acid changes in fermented oyster (*Crassostrea gigas*) sauce with different fermentation periods. Food Chemistry, 91(1): 15-18.

Nguyen T D, Wang X C. 2012. Volatile, taste components, and sensory characteristics of commercial brand oyster sauces: comparisons and relationships. International Journal of Food Properties, 15(3): 518-535.

第七章　藻及其他水产发酵调味品

第一节　引　　言

海藻是海洋生物资源的重要组成部分，是海洋中最大的植物类群，与人类的生活、生产和经济发展息息相关。海藻一般分为微型海藻和大型海藻两类。通常情况下肉眼看不到微型海藻，它们是以漂浮的状态存在于水中的，也称为浮游生物，如矽藻、涡鞭毛藻等。大型海藻是指生长在潮间带或亚潮带的海藻，是潮间带生态系统中重要的初级生产者，可以为多种生物提供栖息地和生物来源。通常根据色素的不同，可将大型海藻分为绿藻、褐藻及红藻三大类。虽然海藻的细胞结构单一，但其化学成分多种多样，含量也较陆地植物丰富。大多数海藻含有丰富的碳水化合物(木聚糖、甘露聚糖和糖醇等)、氮类化合物、色素、酚类化合物、维生素、人体所必需的微量元素和其他生物活性分子等。例如，人们经常食用的海带、紫菜、石莼等，不仅味道鲜美，而且含有很多人体必需的氨基酸、蛋白质和无机盐。

我国海藻加工产业涉及食品、饲料、医药、化工等多个领域。在 20 世纪 60 年代，我国开始以海带为原料生产碘、甘露醇、褐藻胶产品；在药物制备方面，我国已将海藻多糖研制成海洋新药，如治疗肾衰病的肾海康胶囊、抗艾滋病病毒新药 911 等；在农业应用方面，将藻体分解提取物制作成液态、固态肥料以及增产剂、抗逆剂，在粮食作物、水果、蔬菜及花卉等方面应用效果明显，此外，将海藻粉或浸提物作为营养保健剂饲养畜禽，可促进动物的生长发育、防治病害，改善动物肉、蛋、奶的品质；在纺织纤维加工方面，已将褐藻胶加工织成海藻纤维或复合纤维织物，作为医用纱布、伤口缝合线投放市场；在海藻食品加工方面已形成涵盖初加工、精加工和深加工系列层次的海藻食品工业。目前，我国在海藻开发、加工及利用上已经形成相当规模，但也存在着一定的问题，如产值和效益低下、养殖结构不合理、海藻生产和市场需求脱节、缺乏宏观调控和引导、海藻加工工艺落后、产品单一、质量低下、海藻科技研发不足、企业科技力量薄弱、产学研结合不够紧密等。

海藻在水产调味料中的应用非常广泛，已经被加工成酱油、调味酱、调味粉、海藻发酵酒等调味品。利用发酵法制得的酱香型海藻发酵酱，具有营养丰富、滋味鲜美、醇香浓郁的特点，其发酵过程中产生的乙醇、有机酸、氨基酸和酯类物质可使产品产生独特的色、香、味，还有利于食品保藏，具有广阔的应用前景。通过加工制作紫菜酱，既可以解决紫菜利用问题，也可以增加其营养价值，改善其口感和风味。绿藻可提高食欲，帮助消化，顺气通便，降低血压，是优良价廉的海洋食品源，将其加工制成酱，不仅可以改善其口感和风味，丰富其产品形式，还可以充分利用绿藻资源，创造经济价值。

近年来，我国传统的水产调味料不断得到研究和发展，加工制备了具有丰富风味和功能性的传统调味料。除了以海藻为原料加工成的水产调味品外，蟹和海胆也因具有特殊的营养成分和风味而被加工成酱。水解蟹酱的生产比传统生产工艺周期短，效率高，而且挥发性盐基氮含量低，腥味淡，气味、鲜味较好，不仅可作为高档调味品，而且可以提高蟹的利用价值，带来经济效益；以新鲜海胆为原料加工制备海胆酱，其蛋白质、脂肪含量相比新鲜海胆更高，还能释放出各种呈味氨基酸，具有广阔的发展前景。

本章主要介绍海藻、蟹、海胆三类发酵调味品的加工工艺研究。

第二节　海　藻　酱

随着食品科技的快速发展和人民生活水平的不断提高，酱类产品已由传统的单一大豆酱发展成为具有各种风味及保健功效的营养型食品。酱类食品由于丰富的口感和风味以及较高的营养价值，在人们的饮食中已经占有越来越高的比重。相关研究报道，不同方法制备的海藻酱不仅可用于调味，还具有抗氧化、降低胆固醇以及防止胃溃疡等多种保健功能。

不同种类的海藻，加工利用的方式也不同，因而开发出了一系列形式各异的海藻类加工产品。目前，我国的海藻加工已经形成了相当的规模，海藻原料经过较为严格细致的加工处理工艺，制作成具有各种不同特色的酱类食品，这是一类广受大众喜爱的海产加工品。

一、海带酱

海带是中国、日本、朝鲜等东亚国家喜欢食用的藻类之一。我国海带养殖已发展成大规模产业，从辽宁一直到广东沿海，产量约占世界海藻总产量的 50%，居世界第一位。海带成本低廉，功能众多，在有益物质提取和食品加工中作用明显，市场潜力很大。

海带食品按加工方式可分为简单加工食品和深加工食品。所谓简单加工食品，就是将海带经过净化、软化、熟化、脱水、干燥、杀菌等工艺加工成海带丝、卷、末、粉或辅以调味料的复合型食品。深加工食品就是提取海带的有效成分或者以海带的简单加工产品作为添加剂制成的食品，该类食品主要包括海带胶囊、海带饮料、海藻酒、海带糕点、海带面包、海带酱等，能够满足不同消费者的需求。

海带酱是以海带为原材料经深加工制成，在加工过程中会产生乙醇、有机酸、氨基酸和酯类等物质，可使产品产生独特的色、香、味，还有利于食品保藏。因此，利用生物发酵法生产海带酱，不仅产品质量优于未经发酵的海带调味酱，而且可以提高海带的利用价值，增加经济效益。

(一)海带营养及功效

据测定，每 100g 海带干物质含蛋白质 8g、脂肪 0.1g、胡萝卜素 0.57mg、维生素 B_1 0.09mg、维生素 B_2 0.36mg、烟酸 1.6mg、钙 1.177mg、铁 1.50mg、磷 2.16mg、钴 22μg，还含有丰富的海带氨酸、褐藻酸、甘露醇和多糖等生理活性物质。

海带富含碘元素及有机碘，碘是甲状腺素合成的重要元素，碘化物被人体吸收后，有降血压、防止动脉硬化的作用。海带含钙也很丰富，常吃海带不但能补钙，还可以防治骨质疏松。海带含有丰富的人体必需微量元素镁，可以调节心脏活动。海带的热量低，对预防肥胖症有益处。除此之外，海带等海藻类食物还具有抗癌和防癌的功效。

(二)不同加工工艺制作海带酱

1. 非发酵法制酱

非发酵法制得的风味海带酱口感滑润，口味鲜香，色泽诱人，香味绵长，富含碘、钙、蛋白质与不饱和脂肪酸等各种营养素，营养均衡，具有广阔的市场前景。

1) 材料

干海带、海藻酸钠、卡拉胶、黄原胶、明胶、羧甲基纤维素钠、味精、白糖、食盐、酱油、花生油、料酒、米醋、花椒、辣椒、五香粉、咖喱粉、维生素 C、花生油、柠檬酸、$ZnCl_2$。

2) 工艺流程(图 7-1)

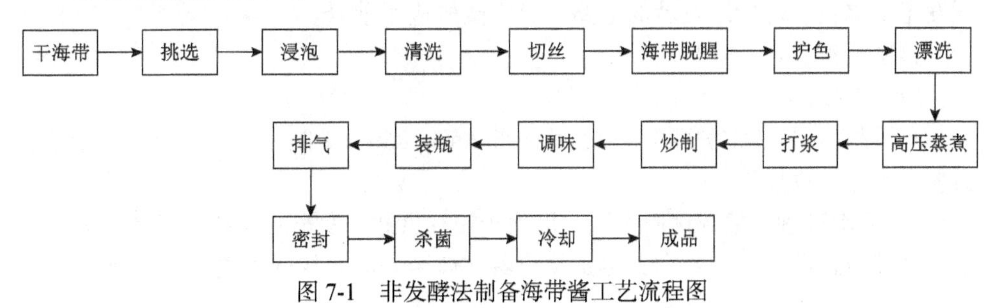

图 7-1　非发酵法制备海带酱工艺流程图

3）工艺要点

（1）海带预处理：选择深褐色且肥厚无霉烂的干海带，用流水洗净泥沙，放入一定量的水中浸泡 3h，至海带充分吸水膨胀，取出切丝待用。

（2）脱腥处理：将海带丝放入质量分数为 1%的柠檬酸溶液中浸泡 1min，再放入沸水中热烫 60s。

（3）护色：调柠檬酸 pH 值为 5.0，脱腥后的海带丝在质量浓度为 250mg/L 的 $ZnCl_2$ 溶液中煮沸 10min，进行护色处理。

（4）高压蒸煮：将漂洗后的海带丝在压力 0.08MPa、温度 115℃的夹层锅中隔水高压蒸煮 10min，以达到软化和部分脱腥。

（5）打浆：将软化好的海带丝和适量的水一起放入打浆机中打浆 2～3min，即得海带原浆。

（6）稳定剂的准备：将选择的海带酱稳定剂加入一定量的水中，待充分浸胀后，置于温度 65℃的水浴锅中搅拌，使其完全溶解，备用。

（7）炒制与调味：在锅中加入少量花生油，待油温升至 120～130℃时，倒入海带原浆，并不断翻炒，之后加入浸胀溶解的稳定剂。待海带酱炒熟后，加入食盐、酱油、白糖、味精、花椒、辣椒、五香粉、咖喱粉等调味料，继续翻炒 1min 左右，最后加入适量抗氧化剂即可出锅。

（8）装瓶、排气、杀菌：将制作好的海带酱装瓶，并置于温度 95℃水浴锅中，待瓶中心温度达 80℃时，排气 10～15min 封口，对封口后的海带酱进行 40min/115℃杀菌，冷却至室温即可。

2. 发酵法制酱

食品发酵加工历史悠久并有很多优点，如发酵过程中产生的乙醇、有机酸、氨基酸等物质可使产品产生独特的色、香、味，还有利于食品保藏。相比于非发酵法制酱，发酵法可以制得酱香型的海藻发酵酱产品。

海带经过高压蒸煮脱腥后，和黄豆按照一定比例混匀，采用多菌种制曲，经过前期、中期、后期的发酵过程制成的海带豆瓣酱，营养丰富，滋味鲜美，醇香浓郁。该类产品不但成本低，而且具有营养和安全性俱佳的特点，能使海洋资源开发走上绿色、可持续发展的道路，有广阔的应用前景。

1）工艺流程（图 7-2）

2）工艺要点

（1）材料：米曲霉沪酿 3.042、黑曲霉 As 3.1860、干制海带、裙带菜、紫菜、面粉、大豆、麸皮等。

（2）原料处理：精选优质大豆，剔除干瘪、虫蛀、发霉的豆粒，清水洗净，晾干。盐渍海带浸泡 12h 左右，尽量将附着在海带表面的盐分清洗干净，沥干。

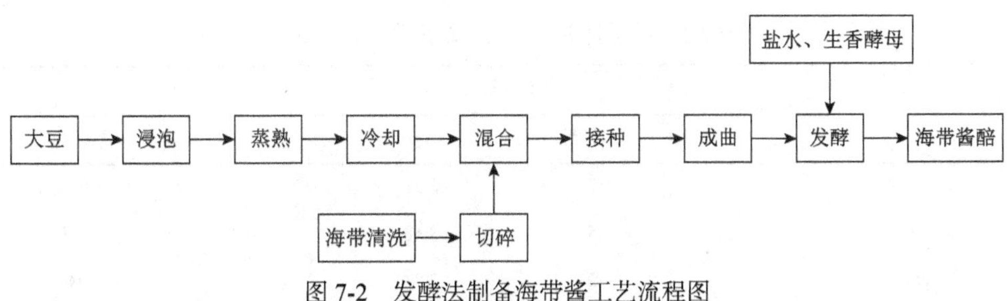

图 7-2　发酵法制备海带酱工艺流程图

(3)菌种活化：将察氏培养基、试管、棉塞进行高温高压杀菌 20min，取出后在无菌环境下倒入试管中，塞上棉塞，冷却后制成斜面。将米曲霉、黑曲霉用接种环挑取菌落少许，划线接种到培养基斜面上，33℃培养 72h 左右。

(4)扩大培养：将配好的察氏培养基与平板一起放进高压杀菌锅内 105MPa 杀菌 20min。之后在超净工作台内将培养基倒入培养皿中，放凉，使培养基凝固。取出活化好的菌种，在酒精灯旁用接种环挑取进行平板划线，后放置到 33℃恒温培养箱内进行培养。

(5)种曲的制备：接种制备的新鲜孢子悬液 1mL 添加到 250mL 三角瓶内的麸皮培养基中，33℃静置培养 4d，期间摇瓶两次，扣瓶一次，当麸皮表面附着大量孢子时停止培养。

(6)海带酱醅制备：将处理好的原料按比例装入 500mL 锥形瓶中，装入量为 100g/瓶,塞好棉花塞,将瓶装好的物料放入杀菌锅内以 121℃高压蒸汽杀菌 20min。面粉在夹层锅内翻炒，以每瓶 10%的添加量加入到物料中，在无菌环境中搅拌均匀，然后将种曲按比例加入，再次搅拌均匀，置于 34℃恒温培养箱内培养 4～5d，海带曲成熟。加入适量盐水搅拌均匀，然后加入 1%的生香酵母搅拌均匀，塞好瓶塞，置于 30℃恒温恒湿培养 7d 左右，然后升温至 45℃培养 21d，再于 30℃进行后熟。

(三)风味成分

1. 呈味成分

发酵制品风味物质的形成十分复杂，各种成分经微生物酶水解后可以产生各种次级产物和小分子终产物，微生物在发酵过程中也产生了大量的代谢产物，代谢产物经复杂的生物、化学反应构成了呈味物质。对发酵法制备的海鲜酱进行成分分析，结果见表 7-1 和表 7-2。

表 7-1　不同种曲配比制酱的大类物质分析表

分类	种类/种	米曲：黑曲=1：3		米曲：黑曲=3：1	
		种类/种	含量/%	种类/种	含量/%
醇	1	1	2.31	0	0
醛、酮	7	5	8.18	6	13.54
酸	3	2	2.84	2	6.24
酚	1	0	0	1	0.89
酯	6	5	9.7	4	11.68
烃	11	8	72.91	8	64.3
杂环	3	3	4.05	1	1.05
总量	32	24	99.99	22	97.7

由表 7-1 可以看出，米曲与黑曲比例为 1：3 时发酵制得的海带酱中 72.91%的风味物质是烃类物质，其次是酯类、醛酮、杂环类等，含量最少的是醇类，不含酚类物质。而米曲与黑曲比例为 3：1 时发酵制得的海带酱中风味物质含量最多的也是烃类，占 64.3%，其次是醛酮，酯类占 11.68%。

表 7-2　不同物质配比制酱的大类物质分析表

分类	种类/种	海带：大豆=1：1		海带：大豆=5：1	
		种类/种	含量/%	种类/种	含量/%
醇	2	1	1.32	1	8.28
醛、酮	4	3	35.29	1	0.94
酸	5	0	0	5	48.44
酚	0	0	0	0	0
酯	9	1	15.76	8	23.12
烃	13	9	25.65	6	16.48
杂环	5	4	21.98	1	0.76
总量	38	18	100	22	98.02

由表 7-2 可以看出，海带与大豆比例为 1：1 时发酵制得的海带酱中 35.29%的风味物质是醛酮类物质，其次是烃类、杂环、酯类等，含量最少的是醇类，不含酸和酚类物质。而海带与大豆比例为 5：1 时发酵制得的海带酱中风味物质含量最多的是酸，为 48.44%，其次是酯类，为 23.12%，烃类为 16.48%，醇类为 8.28%，

最少的是醛酮和杂环类物质，同样不含酚类。可见，不同物料配比对海带酱的风味影响较大，海带加入量少，醛酮和烃类含量高，酯类较少，不含酸；而海带加入量多，酸和酯的含量高，醛酮和烃类含量较少。这可能是因为纤维素酶对海带的植物纤维分解得不完全，产生了大量的有机酸，促进了酯化反应的发生。

2. 呈香成分

海带酱中的酯类成分赋予海带酱特殊的甜香、果香，主要通过酵母的酶促反应和有机酸与醇的酯化反应两条途径产生，是反映酱类香味的主要指标之一。酪酸正丁酯具有苹果、风梨的味道，工业上用作溶剂和香料。杂环类物质主要是甲基吡嗪类，三甲基吡嗪具有浓郁的炒花生或烤马铃薯的香气，是重要的食用香精和烟用香精原料。醇类物质中，1-辛烯-3-醇又名蘑菇醇，具有薰衣草、玫瑰和干草的香气。

二、紫菜酱

紫菜，是海水中互生藻类的统称，属红藻纲，红毛菜科，生长于浅海潮间带的岩石上。紫菜种类多，主要有条斑紫菜、坛紫菜、甘紫菜等。紫菜具有十分高的营养价值，高蛋白、低脂肪，含有丰富的矿物质以及多种维生素，是宝贵的天然海洋保健食品之一。紫菜所具有的营养成分和保健价值，使其在食品工业上有着极大的应用潜力。

紫菜资源的开发有助于调整人们的饮食结构、强化营养、丰富居民的餐桌，对带动本地经济的发展起到十分积极的推动作用。但由于国人饮食习惯的原因，目前市场上的紫菜制品品种不多，主要为紫菜饼、即食紫菜片、小包装汤料、紫菜酱等。紫菜酱(图 7-3)的制备既可以解决紫菜的利用问题，也可以增加其营养价值，改善其口感和风味。传统紫菜酱只是将紫菜粉碎、加水、调味制成，或者与其他酱料搭配制成。而为了能更好地适应市场需求，充分利用紫菜资源，现已发展出多种紫菜酱的加工工艺。

不同加工工艺对紫菜酱的品质影响不同。在加工过程中，酶、添加剂等的种类及用量会对紫菜酱的风味组成、感官评价产生不同的影响。

图 7-3　紫菜酱产品

(一) 紫菜的营养成分

紫菜是食用海藻中的珍品，具有极高的营养和药用价值，干紫菜的蛋白质含量为24.5%，是鲜蘑菇蛋白质含量的9倍以上，维生素A的含量是牛奶的67倍，鸡蛋的20倍，另外还有维生素B_1、维生素B_2、维生素B_3和钙、磷、铁、镁、碘、硒等多种营养物质，其中，干紫菜的钙含量为343mg/100g，镁为460mg/100g，是典型的高蛋白、高纤维、低热值、低脂肪的健康食品。

(二) 不同加工工艺制作紫菜酱

1. 传统法制酱

产品的生产工艺简单，设备投资小，易于操作。

1) 工艺流程(图7-4)

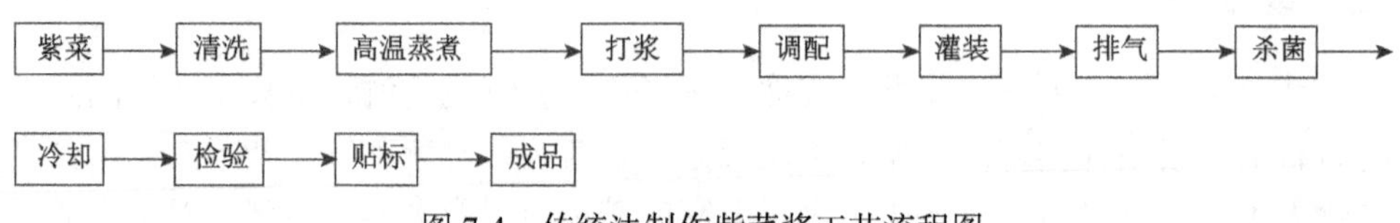

图7-4 传统法制作紫菜酱工艺流程图

2) 工艺要点

(1) 原料选择：厚薄均匀，颜色鲜亮、有光泽，无杂色、无霉变的紫菜。

(2) 高温蒸煮：目的是使紫菜的组织软化。软化较好的产品，口感润滑，呈味均匀。高温蒸煮的时间不够，口感明显粗糙。可采用的蒸煮条件为100℃，90min。

(3) 打浆：目的是使紫菜进一步细化。打浆应控制在一定的程度，打浆太细，容易形成泥状，口感差；打浆太粗，紫菜片较大，无法形成细腻润滑的感觉。打浆机筛孔的孔径应控制在0.6mm左右。

(4) 调配：包括调节紫菜酱的口感、风味等，为使产品具有细致、润滑的口感，可以调配成鲜、咸、麻辣、甜等多种风味。

(5) 灌装：包装可采用瓶装，适于家庭食用；也可采用蒸煮袋包装，便于旅行出游携带。

(6) 杀菌：采用105℃、20min的杀菌强度。

2. 复合酶水解法制酱

与优质的头水紫菜相比，春季收获的末水紫菜(老紫菜)游离氨基酸含量已大幅下降，因此风味很差。但从成分上看，末水紫菜蛋白质含量在30%左右，另外还含有多糖、琼脂、维生素C、各种矿物质等，营养价值依然很高。影响紫菜风味的主要因素是游离氨基酸含量，开展对紫菜，尤其是对低值末水紫菜的深加工和综合利用就显得尤为迫切和必要。

利用蛋白酶水解末水紫菜，释放出呈味氨基酸，可以显著增强鲜味，并辅以纤维素酶处理，使水解紫菜的黏度显著提高，有利于将水解后的紫菜制成风味鲜美、口感优良的紫菜酱。复合酶水解法制备紫菜酱工艺流程如图 7-5 所示。

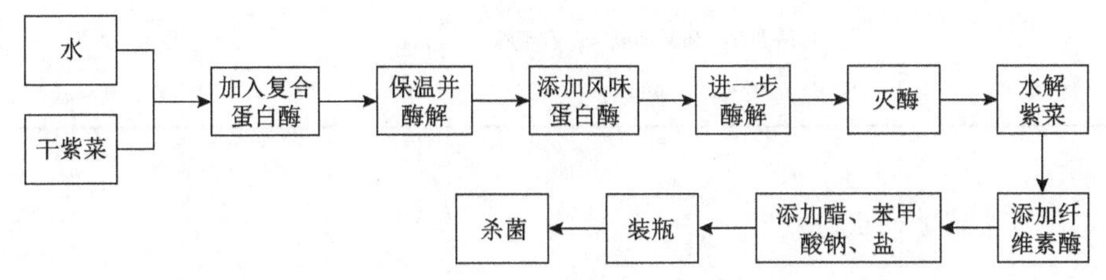

图 7-5　复合酶水解法制备紫菜酱工艺流程图

干紫菜与水的固液比为 1∶20，每 2g 干紫菜添加 0.01g 复合蛋白酶，在 55℃下保温酶解 1h 后添加 0.01g 风味蛋白酶，继续在 55℃下保温酶解 6h，然后在沸水中水浴 5min 灭酶。在此条件下，紫菜蛋白的水解度达到 35%以上。

采用上述最优条件水解的紫菜冷却后添加纤维素酶水解，增加酱体黏度。然后添加醋 1%、苯甲酸钠 0.2%、盐 3%，装瓶后在 100℃下排气 10min，再旋紧盖子，杀菌 10min，冷却后放置于室温环境中。经室温放置 2 个月形成酱体均匀、口感细腻、保持良好紫菜风味紫菜酱。

3. 发酵法制酱

目前对紫菜的发酵工艺研究报道较少，传统的真菌发酵食品多采用米曲霉、黑曲霉、根霉、酵母菌等发酵，利用这些微生物产生的蛋白酶、淀粉酶和糖化酶等作用，可得到风味良好、营养丰富、易于消化吸收的产品。

发酵紫菜酱的生产工艺流程如图 7-6 所示。

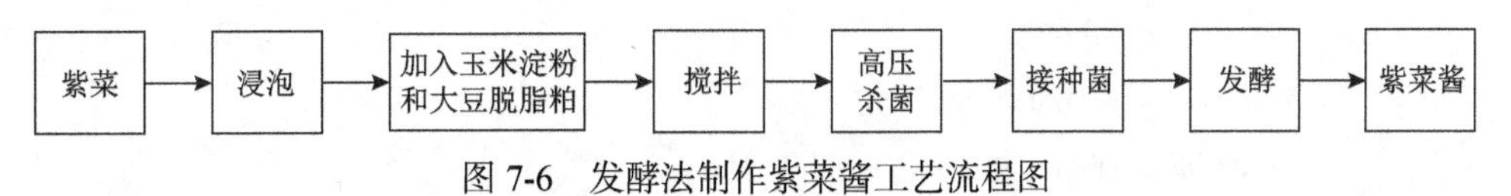

图 7-6　发酵法制作紫菜酱工艺流程图

将紫菜用清水浸泡 1h，待其充分溶胀后，捞出沥干，按照湿紫菜∶玉米淀粉∶大豆脱脂粕为 6∶3∶1 的质量比例加入玉米淀粉和大豆脱脂粕，置于均质机中搅拌成糊状，121℃高压杀菌 10min，再在无菌条件下将经过三级培养活化好的米曲霉菌(添加量为 1.0%)和鲁氏酵母菌(添加量为 0.6%)分别接种在杀菌后的紫菜上，于 35℃下发酵 4d，即得发酵紫菜酱。

发酵紫菜酱感官评分标准如表 7-3 所示。

表 7-3 发酵紫菜酱感官评价表

风味描述	分值/分
酱香味明显，紫菜风味浓郁，无腥味	8～10
有酱香味和紫菜风味，无腥味	6～8
无明显酱香味和紫菜风味，有腥味	4～6
有异味，腥味较重	0～4

（三）紫菜酱的成分

1. 呈味成分

影响紫菜酱风味的主要因素是游离氨基酸含量，在紫菜蛋白的氨基酸组成中，含量最高的 4 种氨基酸为丙氨酸、甘氨酸、天冬氨酸、谷氨酸，所占比例分别为 6.4%、4.8%、4.4%、3.9%，并且研究发现这 4 种氨基酸是紫菜的主要呈味氨基酸。

2. 呈香成分

发酵法制备紫菜酱，通过发酵过程中米曲霉和鲁氏酵母菌产生的蛋白酶、淀粉酶、糖苷酶、纤维素酶等，对紫菜中的大分子进行酶解，此外发酵过程中微生物的协同作用使紫菜酱产生了醇、酸、酯等成分，形成了酱香味，在此条件下生产的发酵紫菜酱风味协调，具有浓郁的紫菜风味和酱香味，无腥味。

3. 营养成分（表 7-4）

表 7-4 紫菜酱营养价值表

组分	含量
水分/(g/100g)	48
氨基酸态氮（以氮计，g/100g)	0.44
还原糖（以葡萄糖计，g/100g)	22.10
总酸（以乳酸计）	1.5
热能/kJ	167
钙/(mg/100g)	63.7
磷/(mg/100g)	138
铁/(mg/100g)	5.2
碘/(mg/100g)	17

续表

组分	含量
维生素 A（国际单位）	977
维生素 B_1（国际单位）	0.085
维生素 B_2（国际单位）	0.20
烟酸/(mg/100g)	3.5

4. 活性成分

多糖是广泛存在于动植物和微生物中由单糖组成的天然高分子化合物。紫菜多糖是一种糖醛酸含量较高的酸性杂多糖，糖链残基上不同程度地连接着硫酸根、甲氧基等基团。紫菜多糖具有多种生物活性，如抗氧化及免疫调节功能。

藻胆蛋白是紫菜等某些藻类特有的重要捕光色素蛋白。紫菜藻胆蛋白具有很好的抗氧化、抗肿瘤和增强免疫功能。

紫菜多肽是通过生物酶解技术从紫菜蛋白中提取获得的多肽活性物质，由于生存环境的差异，海洋生物活性物质的化学组成和分子结构有一定的特殊性，紫菜多肽可能具备一些特有的生物活性，如抗氧化、降血压、降血脂等作用。

紫菜多酚是一种植物多酚，具有多种生物活性。紫菜多酚具有抗氧化活性、抗肿瘤活性和调血脂降血糖活性。

（四）健康食用紫菜酱

紫菜酱含有人体所需的各种营养物质，其营养价值高于纯粮酿造酱油和甜面酱。紫菜酱有酱香和酯香气，有独特的紫菜香味，色泽呈红褐色，鲜艳有光泽，味鲜而醇厚，鲜甜适口，无苦味，无异味及其他异味，黏稠适度。

人们常食用紫菜酱油、紫菜酱能促进智力发育，降低血清中的胆固醇含量，防治克汀病及甲状腺肿大，降低癌症发病率等，对软化血管和降低血压有一定疗效。此外，《本草纲目》中提到紫菜的医疗价值为“主治热气”。

紫菜酱的卫生指标应符合 GB 2718—2014《酿造酱》的规定。

三、绿藻酱

绿藻广泛分布在世界各地海域的内湾、礁石、河口小流等。常见的绿藻主要有礁膜（俗称海苔）、石莼、孔石莼、蛎菜及浒苔等，它们的颜色相似但藻体各异。石莼呈叶片状，边缘有波状绉褶；孔石莼似石莼，但叶片上有许多不规则圆孔；礁膜幼时呈管状，稍大即纵裂为膜状叶片；蛎菜藻体深裂为瓣状，似一朵绿色重瓣花；浒苔则是管状单条或分枝。绿藻细胞内含形状各异（杯状、基状、环带状、螺旋状、网状）的色素体，该藻类体内主要成分均为叶绿素 a 和绿叶素 b，故呈绿色，另含叶黄素和胡萝卜素。

常食绿藻可提高食欲，帮助消化，顺调通便，降低血压，绿藻为一种优良价廉的海洋食品源，将其加工制作成酱，不仅可以改善其口感和风味，丰富其产品形式，还可以充分利用绿藻资源，创造经济价值。

（一）绿藻的营养及药用价值

干绿藻蛋白质约为 9.0%，脂肪约为 1.0%，糖类约为 56.1%，纤维素约为 3.1%，灰分约为 19.5%，其余为水分。与红藻、褐藻不同，绿藻中尚未发现天然卤素（氯、碘）有机物，只在少数绿藻中发现溴有机物，因此绿藻不能作为天然碘源，但其并未因此而降低价值。

有关浒苔，《本草纲目》记有“烧末吹鼻止衄血；汤浸捣敷手背肿痛”。《海药本草》中称石莼“主风秘不通，五鬲气，并小便不利，脐下结气，宜煮汁饮之”。沿海至今流传用石莼类煎服治急、慢性肠胃炎，广东则用浒苔、蛎菜制作消暑解毒饮料。日本人金田在动物试验中发现，石莼类有明显降低胆固醇的作用，服用石莼藻粉的大鼠较对照组游离胆固醇下降约 50%。

（二）绿藻酱生产工艺

1. 工艺流程（图 7-7）

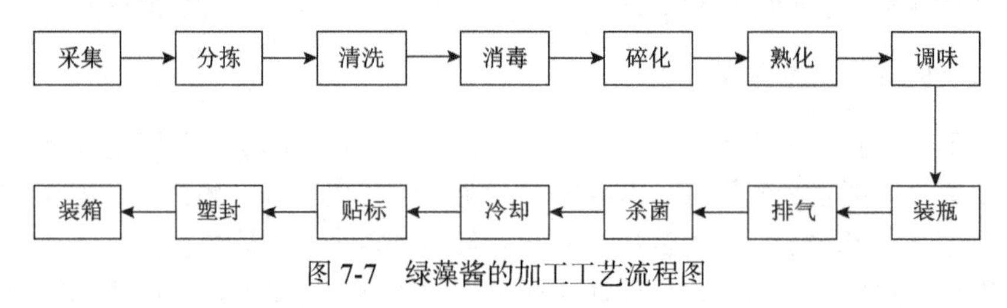

图 7-7　绿藻酱的加工工艺流程图

2. 工艺要点

（1）采集：绿藻分布于沿海各地，但不宜在建有海边核电站、海边油田及其他工业污染严重的海区采集，主要在无污染大潮后的滩涂和沙滩上拾取置于网箱中，网箱可用尼龙绳编织，可在海滩上轻便滑行。

（2）分拣：拣除叶边发白、褐变和腐烂的绿藻。

（3）清洗：清洗前先用 0.5%食用碱浸泡 10min，而后洗去表层黏性异物，再用淡水洗净。

（4）消毒：将洗净的绿藻用臭氧水浸泡 5min 可杀灭大部分细菌。臭氧水可用臭氧水发生器生产。

(5)碎化：将消毒后的绿藻沥干水置于快速切碎机内，1min 内打成藻酱。酱粒细度通过接电时间控制。一般切至 0.2cm 即可，太细会使后续操作不便，熟化时易粘锅底。

(6)熟化、调味、装瓶：将消毒碎化的绿藻置于夹层锅内煮沸，稍冷后加入5%香菇粉、3%酱油、0.2%甜蜜素、0.2%味精、2%食用明胶(先化开)和 1%的羧甲基纤维素钠，混匀后趁热装瓶。

(7)排气：装瓶后移入排气箱热排气，当瓶内中心温度为 80℃时取出旋盖。也可用真空排气机，抽真空旋盖一次完成。

(8)杀菌：将旋盖后的酱瓶移入杀菌锅内，按杀菌公式操作。

(9)冷却、贴标、塑封：杀菌后的酱瓶迅速置于 80℃、60℃、40℃水中分段冷却，然后贴商标，加热水缩薄膜塑封套而后装箱。

第三节　发酵海藻调味基料

一、海带粉

海带是营养价值极高的海洋性蔬菜，它含有多种对人体健康具有特殊作用的物质。以干海带为原料制取的海带粉，最大限度地保留了海带中原有的营养成分，可直接添加到香肠、挂面、饼干及膨化食品等产品中，以提高其价值，也可制成含碘药粉。海带粉富含糖类、矿物质、维生素、游离氨基酸、脂肪酸、天然色素及未知生长因子，可有效预防甲状腺肿大，改善生育能力，平衡泌乳期的营养比例，减少乳腺炎发生，预防贫血等。

1. 工艺流程(图 7-8)

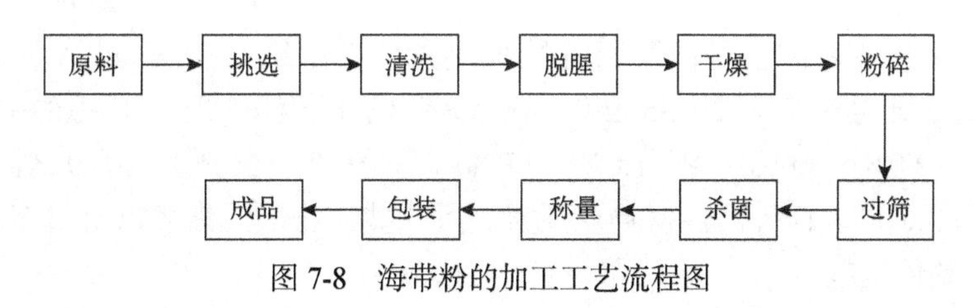

图 7-8　海带粉的加工工艺流程图

2. 工艺要点

(1)原料挑选：挑选新鲜、优质、深褐色或深绿色海带作原料。经挑选，去除杂质、根部及其他藻类，去除海带的黄白边梢。

(2)清洗：用水漂洗泥沙，洗净后用有效氯浓度 $2mL/dm^3$ 的洁净水浸泡 2～3h，以去除盐分并使其软化。

(3)脱腥：将海带浸入 20%的柠檬酸溶液 5～10h，除去海带固有腥味，然后用清水漂洗 2～3 次，除残留酸液，再将其沥干。

(4)干燥：将沥干的海带置于烘干机内，干燥约 4h。采取分段干燥工艺，各段干燥温度和时间如下：第一段 45～55℃，1h；第二段 55～65℃，45min；第三段 65～75℃，45min；第四段 75～85℃，1.5h。保持空气流速，及时将烘干机湿蒸汽排除出去，以提高烘干效率，使海带最终水分控制在 14%以内。

(5)粉碎、过筛：采用粉碎机粉碎后，直接过筛。若作为制造含碘药片用，则其颗粒度要求 50%以上能通过 80 目标准筛；如作为食品添加剂产品，则要求全部通过 80 目标准筛，达满意口感。

(6)杀菌：将海带粉铺薄层，置室内 2h，室内保持干燥(以免吸水返潮)，进行杀菌处理。

(7)称量、包装：根据客户要求称量包装，一般内层采用聚乙烯塑料袋密封，外层采用复合铝箔袋封口。

3. 营养成分

海带粉的蛋白质含量低，但碘含量高，其他矿物质以及各种维生素含量丰富，还含有大量的不含氮有机化合物(褐藻酸、甘露醇、褐藻淀粉等)。海带粉的营养成分中，粗蛋白为 8.2%，粗脂肪为 0.1%，粗纤维为 8.3%，无机盐为 12.9%，钙为 2.25%，铁为 0.15%，碘为 0.9%，胡萝卜素为 0.57%。海带粉中多糖的含量见表 7-5。

表 7-5 海带粉中各种多糖的含量 (单位：%)

种类	褐藻胶	海带多糖	一缩甘露醇	甲基戊聚糖	其他糖
含量	25.3～28.4	3.2～11.6	3.8～5.6	6.5～8.7	11.5～13.4

海带粉含有多种水溶性及脂溶性维生素，其中维生素 C 的含量为 250～2000mg/kg，维生素 E 为 2～35mg/100g。海带含有陆生植物不可比拟的碘(0.4%～0.9%)、钾(2.0%～3.0%)、钙(1.0%～3.0%)、镁(0.5%～1.0%)、磷(0.2%～0.6%)、硫(2.0%～3.0%)、锌等活性矿物质元素，且这些矿物质元素多以有机态存在，故不易发生氧化反应。

海带粉蛋白质含量不高，但游离氨基酸含量丰富，如丙氨酸、甘氨酸、谷氨酸等。油脂含量低，但其脂肪酸多属于 *n*-3 多不饱和脂肪酸，EPA 高达 28%～52%，而 DHA 含量也较高。

二、坛紫菜固态发酵调味粉

坛紫菜属于红藻门，红藻纲，红毛目，红毛菜科紫菜属植物，是一种传统海水养殖暖温性海藻，具有降血压、降血脂、降血糖、免疫调节、抗肿瘤、改善肠道菌群及肠道微环境等多种生物学功能。

我国坛紫菜出口的主要产品形式以干紫菜原料为主，以及少量坛紫菜添加调味剂。产品主要销往缅甸、越南和泰国，少部分销往美国和欧洲等国家和地区。但是与日韩两国相比，由于技术开发能力和投入不足，我国坛紫菜产品类型单一，缺乏精深加工和高值化产品，长期以来停留在干坛紫菜制品和烤紫菜制品的阶段。坛紫菜的市场潜力没有得到进一步的挖掘，总体经济效益无法实现增长。

坛紫菜固态发酵调味粉的制备丰富了坛紫菜的加工方法，提高了利用价值，实现了经济效益增长。

1. 坛紫菜营养成分

坛紫菜是一种天然的保健食品，具有高蛋白、低脂肪、含多种矿物质的特点，味道鲜美的同时富含多种营养物质，受到人们的喜爱。坛紫菜的基本成分见表 7-6。

表 7-6　坛紫菜的基本成分

成分	碳水化合物	蛋白质	脂肪	水分	灰分
含量/%	49.97±4.22	27.65±2.19	1.75±0.01	13.03±1.75	9.53±1.34

据分析，坛紫菜中蛋白质含量约占 30%，与大豆的蛋白质含量相近，近似为小麦粉的 6 倍、大米的 5 倍，是猪、牛肉类的 2 倍。研究表明，坛紫菜蛋白质的氨基酸分布非常合理，富含包括人体必需氨基酸在内的一共 18 种氨基酸，其中 8 种必需氨基酸含量约占氨基酸总量的 40%以上。甜味氨基酸和鲜味氨基酸占氨基酸总量的 50%以上，它们赋予了坛紫菜独特的鲜美风味，同时紫菜蛋白质的消化率为 70.8%，位列海藻之首，因此有“素食珍品”之称。

因所含维生素种类丰富，坛紫菜也有“微量元素的宝库”的美誉。其中，维生素 A 的含量约为牛奶的 67 倍，远高于橘子和番茄；维生素 B_1、维生素 B_2 的含量也远远超过牛肉和菠菜的含量；维生素 C 的含量可以达到与番茄相当的水平。坛紫菜矿物质含量见表 7-7。

表 7-7　坛紫菜矿物质含量

种类	钙	磷	铁	镁	钠
含量/(mg/g)	504.1±121.1	383.1±93.7	486.7±139.2	4755.1±820.5	10454.7±44.2

2. 加工工艺

以坛紫菜为原料，添加蔗糖 7%(以干坛紫菜计)、水 55%，混匀润料后杀菌，接种米曲霉孢子粉 0.5‰(以干坛紫菜计)于 32℃下发酵 60h。然后按照 1∶8 的比例添加浓度 12%的盐水，40℃下发酵 28d。将发酵液用四层纱布过滤，离心取上清液，之后水浴预热，目的是使发酵液中某些氧化酶、微生物失活，达到杀菌的目的，热处理的温度控制在 80℃，加热时间 20min，间断重复三次。发酵液固形物含量为 16.23%，由于发酵液糖含量较高，过于黏稠，为减小喷雾干燥难度，须先按照发酵原液∶水=1∶1 的比例进行稀释，然后按照比例添加各类调味剂，以及喷雾干燥助剂，以感官评价得出最佳调味粉调配方案。其中，坛紫菜米曲霉制曲工艺如图 7-9 所示。

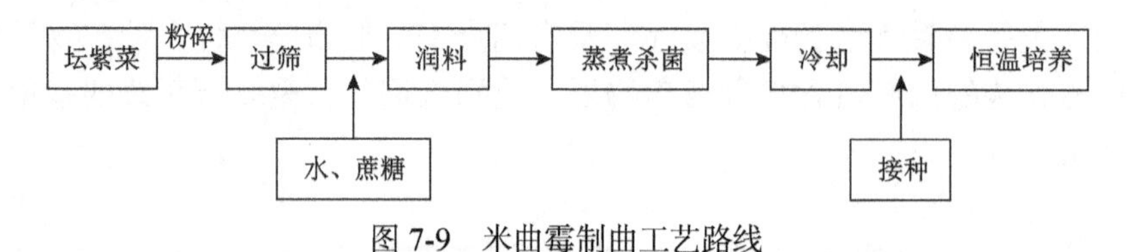

图 7-9　米曲霉制曲工艺路线

3. 工艺要点

(1)将坛紫菜粉碎后，依次过 6 目、10 目、20 目筛得到四种颗粒度的坛紫菜粉。

(2)称取 10g 坛紫菜粉，以坛紫菜富含的蛋白质作氮源，添加蔗糖作碳源，按照比例添加水，搅拌均匀，润料 30min。

(3)润料后在 121℃条件下杀菌 20min，冷却至 25～30℃后，进行接种。加热也起到使蛋白质变性的作用。

(4)将米曲霉孢子粉配制成一定浓度的悬浮液，接种至杀菌冷却后的物料中，摇晃均匀，透气膜封口。

(5)培养箱 32℃进行发酵至成曲出现黄绿色菌丝，制曲基本完成。测定成曲蛋白酶活性和糖化酶活性判定制曲时间终点。

(6)以米曲霉发酵坛紫菜得到的成曲为基础，按照不同的固液比例，添加不同浓度的盐水，进行后期发酵，得到富含蛋白质、多糖、氨基酸态氮的发酵液。

(7)在喷雾干燥之前，通过添加一定量的喷雾干燥助剂，可以起到抑制褐变反应、降低成品吸湿性、提高成品的玻璃态转化温度的作用。

(8)喷雾干燥时，调配好的发酵液通过蠕动泵进入喷嘴，在压缩空气的作用下以细小雾滴的方式进入干燥塔，被塔中的热空气快速干燥成固体颗粒，即调味粉，干燥后的成品在旋风分离器的作用下进入集瓶中。

4. 添加剂对调味粉调配的影响

蔗糖的加入主要起到改善口感、中和不愉悦味道的作用。随着蔗糖含量的增加，坛紫菜调味粉的口感更加温和，味觉上的愉悦感也增加。

味精的加入令鲜味得到进一步的提升，使调味粉的滋味更为突出。

5. 产品感官

制备得到的坛紫菜发酵调味粉为细腻均一的乳白色粉末，气味口感滑润细腻，滋味咸鲜醇厚，具有独特的咸鲜风味。

第四节　蟹　　酱

我国古老的饮食文化产生了许多具有地方特色的原始调味料和酿造调味料，其中蟹酱就是我国人民在长期的实践中调制出来的一种民间加工品。对于螃蟹的加工利用，《周礼》详细记载了“蟹胥”的制作工艺，证明蟹酱很早就成为我国重要的调味料。

我国的螃蟹包括中华绒螯蟹、青蟹、梭子蟹，年产总量已达到数万吨，成为水产养殖的佼佼者。螃蟹除了鲜食外，还可以进行深加工增值。在食品加工方面，将螃蟹加工成蟹黄酱、蟹黄粉、蟹黄汤料、蟹黄味精、蟹肉干、蟹肉速冻食品、食品添加剂等螃蟹食品；在保健及药品应用方面，螃蟹的脂肪和碳水化合物含量很高，还含有宝贵的微量元素，可以提取有效成分，制成保健口服液或与中西药配制成药品；在化工产业方面，蟹壳是制造甲壳素和酮酸的原料，食品加工后的下脚料可以使蟹加工规模化成为现实；其中低值蟹还可以作为鱼粉或养殖饲料用于养殖业。

蟹酱属于发酵制品，是利用体型较小的蟹作为原料，经发酵后再研磨细，制成的一种黏稠状酱料(图 7-10)。它含有咸味和鲜味成分，作为副食品能够生吃，也可作为菜肴的调味品而食用。

在加工工艺上，我国曾采用传统发酵法生产蟹糊和蟹酱，但是由于长时间发酵致使挥发性盐基氮含量较高、腥味较浓，此类产品市场占有率不高。近年来，为了有效地开发利用蟹类资源，采用酶水解法水解其蛋白质，再经浓缩后添加各种辅料制成蟹罐头。水解蟹酱的生产比传统生产工艺周期短，效率高，而且挥发性盐基氮低，腥味淡，气味、鲜味较好，不仅可作为高档调味品，而且可以提高蟹的利用价值，带来经济效益。

图 7-10　蟹酱产品图

一、蟹酱的营养成分

蟹酱是由新鲜的螃蟹捣碎研磨后，加盐腌制发酵而制成的，每 100kg 鲜蟹可制成蟹酱 120kg 左右。蟹酱属于蟹类制品的一种，营养十分丰富，含有丰富的蛋白质、钙、磷、铁和维生素 A。

二、蟹酱的生产工艺

蟹酱生产集中在浙江、河北和天津等地。浙江沿海的渔民常将新鲜梭子蟹捣碎，加入适量盐，经腌制发酵后作为日常佐餐食品。蟹酱的生产一般在冬季进行，为了避免食品中毒，对原料蟹鲜度、加工工艺和卫生条件要求较高，上市销售的蟹酱必须经食品卫生部门检验合格，才能出售。目前，制作蟹酱的加工技术可分为两种，即传统自然发酵法和酶解法制蟹酱。

（一）传统自然发酵法制蟹酱

传统发酵法生产蟹酱和生产鱼露、虾酱一样，蟹酱也是加盐后发酵的调味品，但是生产情况远不如虾酱普遍，产量也不大。

1. 工艺流程（图 7-11）

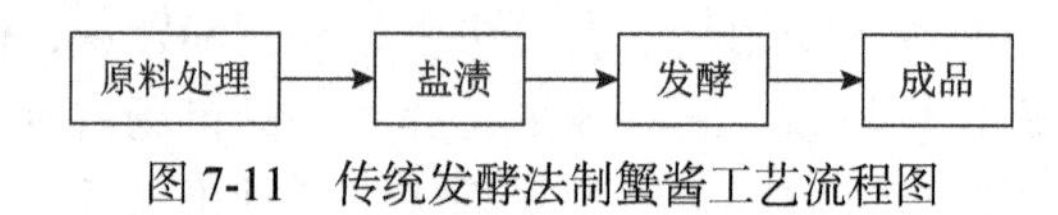

图 7-11　传统发酵法制蟹酱工艺流程图

2. 工艺要点

（1）原料处理：将原料用清水清洗，沥干水分。

（2）盐渍：腌制用的容器（可用木桶或缸）清洗干净，将原料放入，添加原料质量 25%～30%的食盐于容器中进行盐渍，当蟹体变红表明已初步发酵，可用木棒捣碎成酱，搅拌均匀，压紧抹平，加盖密封容器口。加盐量可根据季节气温变化而定，一般春夏季按原料质量的25%放盐，秋冬季按原料质量的30%放盐，如需增香，可在加食盐的同时加入茴香、花椒、辣椒等香辛料，以提高制品风味。

(3)发酵：经日晒10d左右，当酱料发酵膨胀时，每天2次边晒边搅拌，每次搅拌约20min，促进发酵均匀充分，并挥发臭气，在发酵几日后沥去卤汁，再连续发酵30d左右，即制得成品。

(二)酶解法制蟹酱

酶解法生产蟹酱，生产技术的关键是酶的选择及水解的控制。

1. 工艺流程(图7-12)

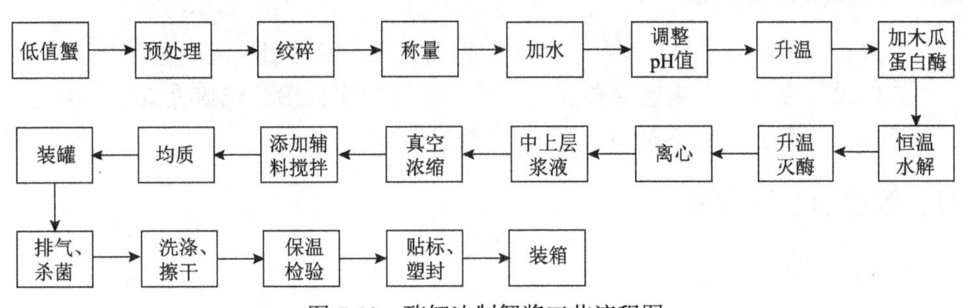

图7-12　酶解法制蟹酱工艺流程图

2. 工艺要点

(1)低值蟹预处理：从市场购入个体较小的低值蟹，新鲜度好，可以食用。将其洗净、剥壳、去鳃，再水洗除去泥沙、污物、杂质等。

(2)绞碎：用刀或破碎机先将蟹破碎或捣成小块，再用绞肉机绞两次，使其壳肉尽可能成浆状。

(3)称量、加水、调整pH值：将绞碎的蟹进行称量。称量后，考虑到后面工序还要浓缩，所以按照1∶1加入水，并且用稀盐酸调节pH值至7左右(一般绞碎的蟹肉pH值在8左右)。

(4)升温、加酶水解：先将蟹浆加热至70℃，恒温后再添加定量的木瓜蛋白酶进行恒温水解。

(5)升温灭酶、离心、真空浓缩：水解一定时间后，升温至100℃灭酶20min，趁热用沉降式离心机离心(35r/min)15min左右，将中、上层浆液收集起来，先常温浓缩至75%左右，再用旋转蒸发器真空浓缩(70℃左右)，最终浓缩至50%左右，冷却或冷藏备用。

(6)添加辅料、搅拌、均质：先将复合增稠剂溶解均匀后，加入浓缩的蟹浆液，搅匀，再加入其他辅料搅拌，最后用胶体磨均质。辅料包括食品级的糖、盐、豆豉、葱、姜、蒜粉、味精等调味料和复合增稠剂。

(7)装罐：每瓶装 180g，罐顶必须留有间隙，以防加热杀菌时内容物的膨胀，引起盖变形，甚至造成脱盖、破瓶。

(8)排气、杀菌：排气时应注意排气温度和时间的控制，通入蒸汽加热 30～50min，至中心温度达到 85℃左右，随后马上封口，并且移入杀菌锅杀菌，采用(30～60min)/118℃杀菌公式杀菌后，冷却。

(9)洗涤：冷却后的罐头用稀洗洁精水将外表洗净，并擦干。

(10)保温检验：随机抽取样品放在 37℃的恒温箱中，7d 后检验是否有胀罐、长霉或其他变质情况。

三、蟹酱的成品质量

一级品：紫红色，呈黏稠状，气味鲜香无腥味，酱质细腻，盐度适中。

二级品：紫红色，鲜香味差，无腥味，酱质较粗且稀，咸味重或发酵不足。

三级品：颜色暗红不鲜艳，酱稀、粗糙，味咸。

四、蟹酱的主要成分

1. 营养成分

通过对原料及产品成分的测定，比较蟹壳、蟹肉、蟹汁和蟹酱在水分、粗脂肪、粗蛋白、粗灰分、钙、氯化钠、氨基酸态氮含量共 7 个指标的差异。蟹壳和蟹肉的粗蛋白含量分别为 14.26%和 12.11%，蟹酱的粗蛋白含量为 3.62%。蟹壳和蟹酱的粗灰分和钙含量均高于蟹肉和蟹汁，分别为 23.64%、23.84%、7.28%和 12.70%。

2. 呈味成分

蛋白质分解产生的小分子肽类，谷氨酸和甘氨酸等游离氨基酸，单磷酸腺苷、次黄嘌呤、肌苷等核苷酸类物质，以及它们的初级、次级代谢产物，包括醇类、醛类、酮类、酯类和芳香族化合物和一些含硫化合物，是蟹酱鲜味、蟹味的主要来源。小分子的游离氨基酸、肌苷和还原糖等使蟹酱呈现发酵味、甜味。然而，水分含量过多，微生物代谢过度活跃，包括亚硝酸盐、三甲胺在内的代谢产物的存在可导致蟹酱产生不良气味，同时，未分解的蛋白质分子及蟹肉本身含有的精氨酸等苦味氨基酸使蟹酱呈现苦涩味。蛋白质分解产生的游离氨基酸及还原糖发生美拉德反应提升了酱体的色泽与质地，但总酸过高会导致制品的质地、色泽变差。

五、蟹酱的产品标准

1. 产品要求

加工过程操作严格，卫生指标符合要求，含菌量低。产品既保持了蟹肉色、香、味，又最大限度地限制了蟹肉营养成分的流失，有利于人体吸收。产品形体颗粒大小适中，口感良好。蟹汁呈油状，不形成沉淀，不易变质；含盐量较其他产品低，有利于人体健康，耐储存。

2. 感官要求(表 7-8)

表 7-8　蟹酱感官要求

项目	指标
色泽	棕褐色
气味	具有蟹特有的香味，无异味
味道	鲜美，无苦、涩等异味
组织状态	呈黏稠状
杂质	无外来杂质

3. 理化要求(表 7-9)

表 7-9　蟹酱理化要求

项目		指标
食盐(以 NaCl 计，g/100g)	≥	18
氨基酸态氮/(g/100g)	≥	0.5
粗蛋白/(g/100g)	≥	3
砷(以 As 计，mg/kg)	≤	0.5
食品添加剂		按 GB 2760—2014 规定

六、健康食用蟹酱

蟹酱属于蟹类制品的一种，其营养十分丰富，含有较多的蛋白质、钙、磷、铁和维生素 A。在烹饪中，蟹酱可用于各种新鲜蔬菜、肉类、汤类等菜肴的调味增鲜，也可单独将蟹酱蒸熟后，淋些麻油，成为别具一格的佐餐佳肴。在食用过程中一定要注意蒸熟煮透，切不可生吃，因为生蟹酱可能会含有肺吸虫等寄生虫。蟹酱是添加大量食盐腌制而成的，含盐量一般在 25%～30%，所以最好作为调味品来食用。另外，蟹酱含胆固醇较高，高血压、冠心病等患有心血管疾病的人最好少吃。

第五节　海　胆　酱

海胆，又称海肚脐、刺海螺、刺锅子，属棘皮动物门，海胆纲，是海八珍之一，为暖海底栖种类。海胆主要生活在浅海的岩礁、砾石、砂石等海底，一般以褐藻、红藻和绿藻等为食，通常被认为是草食性动物。但根据目前的研究情况来看，海胆的食物链跨度很大，包括水栖类、蠕虫类、棘皮动物类、矽藻类、海绵类、苔藓类、贝蚌类、甲壳类等。

我国辽宁、山东、广东、福建和海南沿海地区历来有吃海胆生殖腺的习惯。在日本、马来群岛、南美和地中海沿岸的一些国家，如法国、意大利、希腊等国家也有吃海胆生殖腺的习惯，尤其是日本民众特别嗜好吃海胆，不但鲜食，而且将海胆加工成各种制品，如海胆酱、海胆糜、酒精海胆等高档食品。

由于海胆非凡的食用价值，国际市场对海胆食品的需求量逐年增加。目前，我国沿海各省都有海胆食品加工业，产品有海胆酱(图 7-13)、盐渍海胆、冰鲜海胆和清蒸海胆罐头等。

图 7-13　大连紫海胆及一种海胆酱产品

一、海胆的成分

海胆的主要化学成分有色素、毒素、蛋白质、甾醇、维生素、脂肪酸、氨基酸、磷脂等，还含有镁、锶、锰、钛、铁、铝、硅、钙、铜等无机元素。骨壳含氧化钙 50.30%～52.65%、氧化镁 0.26%～1.13%、铁 0.1%～0.8%、锶 0.01%～0.09%、钡 0.006%～0.060%。研究发现，海胆的石灰质骨壳、棘、生殖腺有良好的药用价值，是开发海洋药物的重要资源。

海胆的磷脂成分主要为磷脂酰胆碱、磷脂酰乙醇胺、磷脂酰丝氨酸、磷脂酰肌醇、神经鞘磷脂等。海胆还含有有机酸，如柠檬酸、丁二酸、焦谷氨酸、苹果酸、乳酸、乙酰丙酸等。此外，海胆含有牛磺酸、天冬氨酸、苏氨酸、丝氨酸、谷氨酸、脯氨酸、甘氨酸、丙氨酸等氨基酸，以甘氨酸含量最丰富。

二、海胆的营养价值

海胆的可食部分是生殖腺，包括精巢和卵巢。卵巢，即海胆卵，俗称海胆黄或海胆膏，占海胆质量的8%～15%。海胆终年怀卵，4～9月时生殖腺最为饱满，这时是食用海胆的黄金季节。新鲜海胆卵的蛋白质含量为15.8%，脂肪含量为8.5%，糖类含量为2.2%；若制成海胆酱，则蛋白质含量高达41%，脂肪含量为32.7%，还含有甾醇、黏多糖、磷脂、维生素、矿物质等多种物质。海胆含有人体必需的氨基酸且极易被人体吸收，是高质量的动物蛋白。由于谷氨酸含量高达6%，海胆味道鲜美。脂肪中的不饱和脂肪酸EPA占总脂肪酸的30%以上，这是目前市场上热销的有益于人体健康、能预防心血管疾病的"深海鱼油"的主要有效成分。

三、海胆酱的生产工艺

海胆酱是以新鲜海胆为原料，取其生殖腺，调入精盐或者食用酒精而制成的调味品。

1. 工艺流程(图7-14)

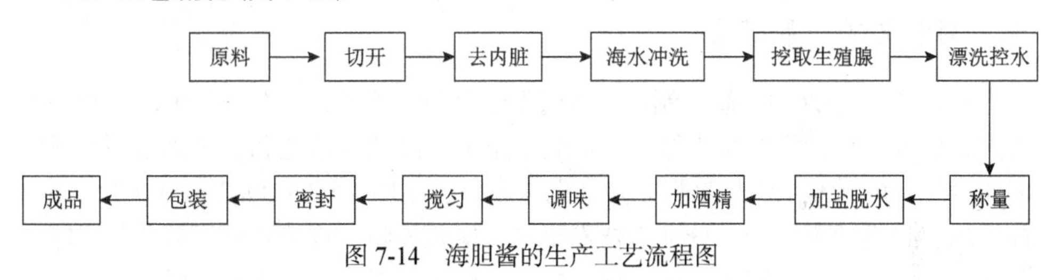

图7-14　海胆酱的生产工艺流程图

2. 工艺要点

(1)原料要求：采用直径5cm(去棘刺计算)以上的鲜活紫海胆(马粪海胆应在3cm以上)。如当日加工不完，不要切开，海胆可在筐内的海水中衍养，离海较远的加工厂，可以放在0℃的冷藏库中，能存活2～3d。

(2)去内脏：用刀沿海胆口部边缘切开，去除内脏，去掉残膜，然后用海水洗净。

(3)加盐脱水：控水后的生殖腺以每千克加精盐100g的比例均匀加盐，以少加多次为好。加盐过程应将生殖腺置于倾斜的木盘上进行，并静置控水以基本不滴汤汁为准，时间可根据生殖腺的成熟期灵活掌握。应注意精盐品质对海胆质量和风味的影响，可先将精盐炒制，除去苦味，握在手中呈散状即可使用，不可用手搅拌，否则容易破坏细胞组织，不利于脱水。

(4)加酒精、调味：一般每千克生殖腺(质量按加盐脱水前计)加食用酒精(浓度为95%以上)100mL，在生殖腺脱水后直接加入并随之搅匀，使蛋白质凝固，可起到调味和防腐的作用。然后定量装入坛中，密封存放。

(5)包装：经过3～6个月的密封储藏，海胆生殖腺开始发酵、成熟，蛋白质分解为呈味的氨基酸，此时即可包装。包装中应注意剔除杂质，准确称取后装入塑料袋中，并注意各批产品的盐分、水分的调配和卫生条件。

四、海胆酱的成分

研究人员从腌制的紫海胆、球海胆和从墨西哥进口的混合品种的生殖腺中分离了维生素A、维生素E、维生素B_1、维生素B_2、维生素B_6、维生素H、维生素D、十四烷酸及一些蛋白质。经测定，腌制海胆的卵巢中有胆甾醇、前维生素D、鲛肝醇、鲨油醇，同时还有一些脂肪酸，如9-十六碳烯酸、二十二烷酸、十四烷酸、十六烷酸、十八烷酸。相关研究用离子交换柱色谱分析未成熟的腌制日本海胆的氨基酸，种类主要有牛磺酸、天冬氨酸、苏氨酸、丝氨酸、脯氨酸、甘氨酸、丙氨酸、缬氨酸、胱氨酸、甲硫氨酸、异亮氨酸、亮氨酸、酪氨酸、苯丙氨酸、色氨酸、赖氨酸、组氨酸、精氨酸，其中，甘氨酸含量最多。

五、海胆酱的产品标准

SC/T 3902—2001《海胆制品》适用于以海胆纲正形目中的鲜活紫海胆和马粪海胆，或其他可食用海胆为原料，取其生殖腺，经调入精盐和食用酒精而制成的海胆食品。该标准可供加工配制多种调味海胆食品用。SC/T 3902—2001《海胆制品》内容包括四个部分，分别为技术要求、检验规则、包装要求、储存与运输。其中，技术要求包括感官指标、理化指标和微生物指标三个部分，感官指标内容见表7-10。

表7-10 卤胆制品的感官指标

项目	内容
色泽	呈海胆生殖腺应有的色泽，淡黄、橙黄、红黄或褐黄等色，允许因加工而使色泽稍深，但同件内色泽基本一致
组织形态	呈酱状块粒或酱糊状
滋味及气味	具有本品应有的鲜味和醇香味，无异味
杂质	不得混入海胆碎壳、残棘或其他外来杂质，允许有自然析出的结晶粒存在。产品中不准添加标准规定以外的物质

参考文献

艾学东, 胡丽娜. 2014. 海藻葡萄皮渣复合发酵醋饮料的研制. 饮料工业, 17(6): 17-20.
白梅. 2000. 宴席上的珍品——海胆. 医药与保健, (8): 55.
段杉, 朱佩敏, 桂丹丹. 2008. 复合酶水解低值紫菜制备紫菜酱. 中国调味品, (4): 43-46.
范露, 施星杰. 2015. 发酵紫菜酱的工艺研究. 食品科技, 40(3): 269-272.
郭文场, 丁向清, 尚建勋, 等. 2012. 中国海胆食品加工与利用. 特种经济动植物, (5): 48-49.
黄珂. 2003. 珍稀食物海胆. 食品与生活, (3): 53.
李融. 1992. 日本的海胆市场. 中国水产, (3): 2.
刘树立, 王春艳, 王华. 2007. 我国海带的加工利用和开发. 食品与药品, 9(5): 34-36.
刘烨. 2011. 海藻发酵酱加工工艺研究. 上海海洋大学硕士学位论文.
彭增起, 刘承初, 邓尚贵. 2010. 水产品加工学. 北京: 中国轻工业出版社: 241-243.
沈开惠. 1998. 绿藻酱的研制. 中国水产, (5): 48.
王冬, 王政乾, 田红伟, 等. 2006. 海胆的研究进展及其应用现状. 中国海洋药物, 25(4): 52-54.
王桂宏, 栾兴社, 胡家济, 等. 1996. 红曲海鲜调味汁的发酵技术研究. 山东食品发酵, (3): 1-5.
王克明. 2006. 生物反应器发酵海藻功能食醋的研究(Ⅰ)——多元混菌固定发酵海藻酒醪. 中国调味品, (12): 28-32.
王子臣, 常亚青. 1997. 经济类海胆增养殖研究进展及前景. 海洋科学, 21(6): 20-22.
许永安, 廖登远, 刘海新, 等. 2001. 蟹酱的生产工艺技术. 福建水产, (3): 33-38.
玉林. 2004. 蟹的几种食品加工方法. 渔业致富指南, (19): 55.
张凤瀛, 吴宝铃, 廖玉麟. 1957. 中国的海胆. 生物学通报, (7): 2, 20-27.
张金昂. 2013. 新型紫菜产品工艺研究. 中国海洋大学硕士学位论文.
张弈强, 李群, 许实波. 1998. 海胆的化学与药理研究概况. 中药材, 21(2): 102-105.
赵艾东. 1988. 海胆的加工方法. 中国水产, (7): 32.
赵军, 刘月华. 2007. 发酵型海藻酒的研制. 酿酒, (2): 101-102.
朱力, 杉山. 2006. 新型营养保健食品——紫菜酱的简易加工技术. 渔业致富指南, (21): 50-51.

第八章　水产发酵调味品的安全性

第一节　引　言

民以食为天，食以安为先，食品安全问题已经成为当今社会最重大的民生问题之一。调味品作为日常辅助类食物，既能增加菜肴的色、香、味，促进食欲，又有益于人体健康。随着生活水平的提高，人们对食物的要求也越来越高，餐桌上的菜肴要保证色香味俱全，缺不了调味品的作用，因此，调味品的安全问题与食品安全一样不容忽视。

天津查处小作坊私自制作多种“假”知名调味品并销往全国各地的事件给我们敲响了警钟。调味品作为食品中较为特殊的一类产品，其安全性也需要多加关注。调味品使用历史悠久，随着世界饮食文化的发展也在一步步演变，并且具有浓郁的地域特色。其中，发酵调味品是相对特殊的一类调味品，主要通过微生物发酵制得。传统的发酵类调味品不仅有着独特的风味与口感，且具有许多特殊的保健功能，如豆瓣酱中富含的羧氨酸可以刺激免疫系统，增强机体的抵抗力，还具有调整肠道菌群平衡、增强肠蠕动、预防大肠癌等功效。然而，传统工艺工业化程度较低，生产规模小，生产过程对人工依赖程度大，品质不稳定，且存在安全隐患。以酱油为例，发酵过程中优势菌种的改变会对产品的安全性产生重要影响。发酵前期温度较低，适合各类微生物的生长，进入高温阶段(55～60℃)后，大部分微生物被淘汰，优势菌从细菌变成了霉菌和酵母菌，霉菌中的黄曲霉及其所产生的毒素会对人体产生危害，酵母菌中有害的菌属有醭酵母、毕赤氏酵母、圆酵母等。产膜酵母是引起酱油污染的主要菌，会影响酱油的感官和营养品质。

发酵产品随着工业化发展也日益丰富，除了以豆类为原料的发酵调味品，以水产品为原料发酵制得的调味品也受到消费者的青睐。水产品加工和综合利用是渔业生产活动的延续，已经逐步成为中国渔业内部的三大支柱产业之一。水产品在调味品中的应用主要包括两种反应类型产品：一类是热反应制得的肉香调味基料；一类是发酵工艺产品，即通过发酵过程所制得的调味品。根据发酵工艺的不同，又可分为传统水产调味料(鱼露、虾酱、虾油、海鲜酱等)和利用化学化工新技术与新型生物技术开发的新产品(如鱼酱油、扇贝酱、南极磷虾酱等)。无论是传统方法还是现代技术，水产调味品作为一类特殊的调味品，从原料到加工都比其他种类的调味品有更多需要关注的安全因素。

水产发酵调味品既能满足消费者在味觉和健康上的追求，又能充分发挥水产行业的价值，降低企业生产成本，但是其原料本身养殖环境带有一定的有害物质、发酵工艺不成熟、加工运输条件差等，都会影响最终产品的品质，甚至会产生有害于人体健康的物质。水产发酵调味品的制作是一个系统工程，受到原料生产以及加工流通过程中生物性、物理性和化学性等多种因素的影响。解决现阶段的问题要对标准化、工业化的生产做进一步的研究，安全经济的复合调味品也必将成为水产发酵调味品的发展趋势。

第二节　水产原料中的有害成分

水产发酵调味品的主要原料是鱼、虾、蟹等水产品，因此水产品原料的质量安全问题也会影响到调味品的质量。水产品原料中的有害成分主要来源于生长区的水源及周边环境污染、生长时期所投喂的饲料和药物、运输储存中所产生的有毒有害物质、加工过程的不规范工艺以及在包装过程中所使用的添加剂等。

一、水域污染

水产品生长区水源中存在的有害物质大多来自于人类生产生活用水活动造成的水体污染，主要种类包括重金属、农药、生物毒素、病毒等。

（一）重金属

重金属指的是密度大于 5g/cm^3 的金属，对于生物体而言，包括必需金属和非必需金属两类。目前研究发现，重金属汞、镉对生物体完全无益，而少部分重金属如铜、铬等则是生物体必需的微量营养元素，但是超过生物耐受限度时，同样会引起中毒反应。海洋中重金属的来源可分为天然来源和人为来源两大类。天然来源，如海底火山喷发将地壳深处的重金属带到海底，地壳岩石风化后经过陆地径流、大气沉降等方式将重金属注入洋流，构成了海洋重金属的环境底值；人为来源主要是由于工业的发展，陆源输入是人为产生的重金属最主要的入海方式，每年有大量含有重金属的废水排入海中，这些重金属入海后通过沉淀作用、吸附作用、络合与螯合作用和氧化还原作用在水体中不断迁移转化，或是被海洋生物吸收后随着食物链积累放大。

我国水域、海域辽阔，水产品产地主要分布于东、南沿海及内陆的江河、湖泊和水库等水域，水产品产地集中程度高，且多数集中于海洋大省。这些省份不仅是水产大省，同时也是工业强省，因此这些省份的重金属水体污染也会相对严重。据不完全统计，全国城市工业废水排放总量约为 400 亿吨/年，其中工业废水可排出镉、汞等重金属2700吨左右。全国各个水域、海域普遍受到不同程度的重金属污染，其中浙江、福建、广东海域地质污染率高达80%。

1. 常见水体重金属污染物

水体重金属污染对水域中的水产品生长影响重大，由于富集作用，水产品原料会出现多种重金属，在污染严重的地区，原料中重金属超标现象十分严重。根据我国现行的农业标准 NY 5073—2006《无公害食品 水产品中有毒有害物质限量》，水产品重金属的检测对象主要为水产品中的无机砷、铅、铜、镉、汞等元素，见表8-1。

表8-1 水产品检测常见重金属

重金属元素	常见有毒形态	致病部位	中毒症状
砷(As)	+3、+5价砷	消化道、血液循环系统、神经系统、肝脏	急性中毒消化道反应症状明显，严重可至休克，多伴有神经炎等症状
铅(Pb)	硫化物、氧化物	神经系统、肾脏、骨头等	对神经系统造成损害，引起末梢神经炎，影响婴幼儿的智力发育
铜(Cu)	+2价铜	胃肠道、肝脏等	急性中毒出现恶心、呕吐、腹泻反应，甚至会引起肝功能衰竭、休克或死亡；慢性铜摄入过高，可引起儿童肝硬化
镉(Cd)	+2价镉、氢氧化物	肝脏、肾脏、骨头、肺、基因表达、代谢系统调控等	引起骨质疏松，抑制酶系统的正常生理功能，“骨痛病”，引发肺炎、肺水肿、呼吸困难，染色体畸变，诱发肿瘤、癌变等
汞(Hg)	甲基汞、+2价汞、金属汞	胃肠道、大脑、神经、肾脏、肝脏等	影响脑部发育，器官损伤，甚至会引起昏迷或者死亡
铬(Cr)	+2、+3、+6价铬	胰岛	葡萄糖、蛋白质代谢障碍等疾病

2. 水产品中重金属的富集效应

重金属进入水生生物的途径主要有：呼吸时，通过腮吸收水中氧气的同时吸收水中的重金属，经过血液循环富集于身体各个部位；摄食时，重金属通过饵料进入体内；水产动物体表与水体的渗透交换作用富集；藻类等植物类水产品通过络合、离子交换等形式吸附水中的重金属，富集在体内。重金属在生物体内的积累是普遍存在的，不同组织器官的累积量不均衡，一般来说，在内脏器官中的含量相对高些，肌肉中的含量较低。除此以外，重金属在不同种类的水生生物之间也是存在差异的，在藻类、贝类等水产品中的含量会高些，其他种类生物则相对低些。

重金属对水生生物的毒性大小不仅取决于其总量、形态，而且也受水域环境的物理化学因素(如温度、硬度、酸碱度、游离离子浓度以及与无机、有机试剂的络合作用等)和生物因素(如生物种类、大小、质量、生长期、耐受性、摄食水平等)等影响。

1)藻类

藻类属于低等植物，具有个体小、生长速度快、代谢迅速的特点，因此藻类对水中的重金属吸收作用强，体内也容易积聚重金属，且重金属会随食物链进入下一级，出现富集的情况。

藻类吸附重金属的机理复杂，活体藻类与死体藻类的吸附机理也存在差别，活体藻类先将重金属吸附在细胞壁上，吸附快，且不依赖于能量代谢，通过主动运输将重金属运送到细胞内部，吸收过程与藻类自身的结构有着密切的联系。藻类细胞壁分为内外两层，外层为纤维素、果胶质、聚半乳糖硫酸酯等多层微纤丝组成的多孔结构，内层主要成分是纤维素，细胞间质富含多肽、多糖(藻酸盐、岩藻多糖等)。多聚复合体的存在，使得藻类拥有了可以与金属离子结合的羧基、氨基、醛基、羟基、巯基、磷酰基等官能团，这些官能团能合理地排列在藻类细胞壁上，与重金属离子充分接触，在藻类吸收重金属过程中起重要作用。

藻类吸收可溶性重金属的动力学研究认为，藻细胞对金属的吸收过程主要由两个阶段组成,分别为快相和慢相(也可分为胞外的快速吸附阶段与胞内的缓慢富集阶段)。快相过程迅速且可逆，慢相过程则需要重金属跨膜进入胞内富集，是在细胞表面结合、沉积或者结晶的金属离子与质膜上的某些酶(如膜逆转酶、水解酶等)结合从而被转移至胞内的过程。

2)虾蟹类

虾蟹类属于甲壳类，是水生生态系统中的次级消费者，在重金属污染严重的水域，同样也是环境的受害者，在虾蟹类体内积聚的重金属会随着食物链进一步富集，以虾、蟹为原料的发酵调味品也会存在重金属超标的风险。

甲壳类生物体内重金属含量与规格大小和部位有直接的关系。大规格对虾的重金属含量明显高于小规格；对虾虾头是重金属富集的主要部分，虾头是虾类加工制品的下脚料，虾酱等调味品的制造多采用此类下脚料，这就使得调味品存在重金属超标的风险。螯虾内脏重金属的富集能力明显高于肌肉部分，肝脏重金属的富集量是肌肉的十几倍之多，这与肝脏、胰脏、肾脏为解毒排泄器官有关。

甲壳类生物不同器官对重金属的吸收也具有选择性，在对克氏原螯虾的腮、肝脏、螯足肌肉、腹部肌肉的重金属检测中发现，螯足肌肉的铜含量最高，腮中检测出的铬、镉、铅均高于其他部位。

3)鱼类

鱼类是水生态系统的次级消费者，是人类的重要食品营养来源之一。在加工过程中会产生大量下脚料，鱼类下脚料也是水产发酵调味品的重要原料之一。重金属作为水污染物，对鱼类的毒性作用很大，对其生长发育不同阶段均有不良影响，尤其对鱼类的胚胎发育有重大影响。

鱼类对重金属的富集因食性、栖息水层的不同而存在差异，就富集的重金属含量而言，食物链高端的肉食性鱼类体内的重金属含量大于杂食性和滤食性鱼类。同时，不同食性的鱼类对重金属具有选择性富集作用，如以浮游生物为食的鱼类体内砷、镉含量高，以固着藻类和腐屑为食的鱼类体内总铬、铜的含量较高，以底栖无脊椎动物为食的鱼类体内锌的含量较高，而杂食性鱼类体内铅和镍的含量相对较高。此外，大部分重金属离子常被水体中大量存在的悬浮颗粒物和底泥所吸附，因此，底层鱼类的重金属含量往往较高。具体的富集特点如下：对于铜元素来说，底层、中上层鱼类体内的铜富集含量高于中下层鱼类；底层鱼类重金属铅、镉、铬富集能力强于中下层鱼类，中上层鱼类的富集能力最弱。

重金属在鱼类体内各组织器官中的富集效应有所差异，这与重金属进入鱼体的途径有着密切联系。鳃呼吸是鱼体吸收不同形态重金属的主要途径，因此从水相中吸收的重金属通常存在于鱼类的鳃和外部组织，而从食物相进入鱼体内的重金属则大多存在于内部器官，且随着暴露时间的延长，其积累量会不断增大。

由于重金属与鱼体内的内源性物质亲和力不同，因此在不同组织和器官中蓄积量和富集程度也大有不同，在不同器官组织中的分布也不均衡。李来好等研究发现，铅、镉、无机砷、汞这些重金属在罗非鱼内脏的富集量高于肌肉，在肌肉群的分布也有所差异，鱼腹肌重金属含量除了砷以外均小于背肌，其余重金属含量都高于背肌。相关研究发现，鲤鱼肝脏重金属的富集能力明显高于肌肉部位，其中肝脏对重金属镉的富集量高出肌肉十几倍之多。这也与肝脏是解毒器官有重大关系。

4) 贝类

贝类作为重要的海洋食品原料之一，以其丰富的营养及独特的风味深受人们喜爱。贝类由于底栖的生活模式、滤食的食性、移动性差、活动范围小、区域性强和迁移能力弱等特点，对环境污染及变化通常缺乏回避能力，容易暴露于污染物中并对其进行富集，因而贝类成为水生生物中最容易受污染的动物。

我国海洋食用贝类中铜、铅、铬、汞的含量总体较少，但是镉和砷的含量较多，是贝类重金属污染引起人体健康风险的主要“元凶”，其中镉对总风险的作用最大，部分海域贝类中镉和砷的含量甚至超出了人体的可接受水平。我国沿海水域镉污染较为严重，主要的工业污染源是电镀、五金加工、采矿、石油化工和化学工业等废水的排放。重金属镉是贝类生长的非必需元素，会对贝类生长产生毒害，在贝壳内，镉能诱导其产生金属硫蛋白，而金属硫蛋白具有解毒的作用，能降低或解除镉的毒性，在这一过程中，会出现重金属镉在贝壳体内积聚到很高水平的现象。目前研究结果表明，牡蛎对海洋环境中镉的吸收为净积累，半衰期长，且排出量少，因此牡蛎中镉含量经常出现超标的现象，以牡蛎肉为原料的调味品及其他制品也同样会出现超标问题。另外，牡蛎对重金属铜的蓄积能力也较强，且在牡蛎体内铜和镉的累积具有协同作用，从而会导致镉大量积累。另外也有研究表明，贝壳中砷通常是以有机砷形式存在的，通常占总砷的90 %以上。

（二）农药

我国是农业大国，农药的使用率高，大量残余农药随地表和地下径流注入江河，造成水域农残超标，进而影响水生态系统的稳定，对水产品的品质有一定影响。其中，有机氯农药(OCPs)是农业常用农药之一，是一类用于防治植物病虫害的农药。主要分为以苯为原料和以环戊二烯为原料的两大类。前者包括使用最早、应用最广的杀虫剂滴滴涕(DDTs)和六六六(HCHs)、杀螨剂三氯杀螨砜和三氯杀螨醇等，以及杀菌剂五氯硝基苯、百菌清、道丰宁等；后者包括作为杀虫剂的氯丹、七氯、艾氏剂等。此外，以松节油为原料的莰烯类杀虫剂、毒杀芬和以萜烯为原料的冰片基氯也属于有机氯农药。有机氯农药也是易在水产品中残留的一类农药，对水产品的品质有一定的影响。

有机氯农药因高效、广谱曾被广泛应用于防治农业病虫害。但从长远看，它对生态系统和人体健康存在一定的负面影响。该类化合物大部分是内分泌干扰物或潜在的内分泌干扰物，当它们长期以低剂量存在于环境中时，会严重影响人类和其他生物的健康。沉积物作为水环境有机污染物的主要蓄积库，与河流污染密切相关。沉积物中的有机污染物可以通过上覆水的作用重新进入水体，形成上覆水的二次污染源。由于有机氯农药具有高疏水性和脂溶性，导致其极易累积于生物体中。在水环境中，有机氯农药进入生物体(如鱼类)主要通过两种途径：直接从水环境中吸收污染物的生物富集作用和通过食物网的污染物食物放大作用。生物体的脂含量、污染物的排泄速率、生物的体积与暴露时间、食物网的结构以及环境中污染物的浓度，均为有机氯农药生物累积的潜在影响因素。据研究发现，人体中难降解的有机污染物大多数来自食物，尤其是鱼类。

有机氯农药会干扰内分泌，可通过与雌激素受体结合而影响动物的生殖和发育，会在水生生物体内发生富集，不同种类生物的富集效应有所差异。张泽洲等在研究舟山青浜岛海域海产品中DDTs和HCHs残留时发现，农残问题存在的主要原因是历史残留或外源输入。青浜岛不同种类海产品依据总农残蓄积能力由大到小排列大致为贝类、甲壳类、鱼类、藻类。水生动物体内有机氯农药富集浓度远高于植物。研究还发现，贝类对HCHs的积累效应大于其他海洋生物，可能的主要原因是贝类栖息于潮间带泥滩中，以碎屑为食，吸收并富集了沉积物有机质中大量的DDTs。另外，在检测的贻贝、牡蛎、小鲍鱼3种贝类中，贻贝对DDTs的蓄积程度远大于其他两种，其体内DDTs含量是总DDTs的63.45%。因此贻贝对于海洋环境污染检测具有指示作用。

中国现行水产品中农药残留限量标准一览表如表 8-2 所示。

表 8-2　中国现行水产品中农药残留限量标准一览表

农药名称	产品名称	最大残留量/(mg/kg)	标准
六六六	鲟鱼子、鳇鱼子、大麻(马)哈鱼	2	《地理标志产品 抚远鲟鱼子、鳇鱼子、大麻(马)哈鱼子》(GB/T 19853—2008)
	冻虾	2	《冻虾》(SC/T 3113—2002)
	小饼紫菜	2	《小饼紫菜质量标准》(SC/T 3201—1981)
滴滴涕	鲟鱼子、鳇鱼子、大麻(马)哈鱼	1	《地理标志产品 抚远鲟鱼子、鳇鱼子、大麻(马)哈鱼子》(GB/T 19853—2008)
	冻虾	1	《冻虾》(SC/T 3113—2002)
	小饼紫菜	1	《小饼紫菜质量标准》(SC/T 3201—1981)
溴氰菊酯	鲜虾、活虾、冻虾及加工品	1	《绿色食品 虾》(NY/T 840—2012)
	蟹	不得检出(<0.0025)	《绿色食品 蟹》(NY/T 841—2012)
	淡水鱼类	不得检出(<0.0025)	《绿色食品 鱼》(NY/T 842—2012)
敌百虫	鲜虾、活虾、冻虾及加工品	不得检出(<0.04)	《绿色食品 虾》(NY/T 840—2012)
	淡水鱼类	不得检出(<0.04)	《绿色食品 鱼》(NY/T 842—2012)
	龟鳖类	不得检出(<0.0002)	《绿色食品 龟鳖类》(NY/T 1050—2018)

(三)生物毒素

生物毒素又称生物毒，是指由动物、植物、微生物等各种生物所产生的有毒物质，是天然毒素。根据化学结构可将生物毒素分为多肽类毒素、聚醚类毒素和生物碱类毒素三大类。目前，水产品行业主要的检测毒素有河豚毒素、西加毒素、微囊藻毒素、腹泻性贝毒、麻痹性贝毒等。

1. 贝类毒素

海洋中部分赤潮生物能够产生毒素，当贝类或鱼类摄食有毒赤潮生物或其休眠孢子后，毒素会在贝类或鱼类体内累积，因此有些赤潮藻毒素也称为贝毒或鱼毒。20 世纪 50 年代以后，海洋赤潮频发，对海洋生态环境、天然海洋生物资源和近海海域养殖业产生了极大的危害，其中以有毒赤潮藻的影响尤为严重。有资料表明，能够形成赤潮的微藻有 184～267 种，其中有毒的有 60～78 种，而这些藻类恰好是牡蛎、贻贝、文蛤、扇贝等贝类的主要食物，藻类毒素通过食物链在贝类体中蓄积，形成贝类毒素。海洋藻类毒素是由海洋中的微藻或者海洋细菌产生的一类生物活性物质的总称，常见的贝类毒素主要有麻痹性贝毒、腹泻性贝毒、神经性贝毒和记忆缺失性贝毒 4 种，如表 8-3 所示。

表 8-3　贝类毒素毒性一览表

毒素名称	主要产毒素藻类	中毒症状
麻痹性贝毒	亚历山大藻属、裸甲藻属和多甲藻属中的种类	食用少量即可引起神经系统的疾病，严重时会导致呼吸系统麻痹甚至死亡
腹泻性贝毒	有毒赤潮藻类鳍藻属和原甲藻属中部分藻类	引起腹泻性中毒，危害食用者健康
神经性贝毒	短裸甲藻	摄食后会产生肠胃不舒服及神经系统疾病性症状，如神经麻木、冷热知觉的颠倒、恶心、呕吐及腹泻，严重时会心律失常、窒息，对人体危害极大
原多甲藻酸贝类毒素	原多甲藻	与腹泻性贝毒相似的症状，如恶心、呕吐、腹泻、胃痉挛等

2. 真菌毒素与细菌毒素

真菌毒素是由曲霉菌、镰刀菌、青霉菌等真菌产生的次级代谢产物，目前已发现的真菌毒素达 300 多种，主要有黄曲霉毒素、玉米赤霉烯酮、赭曲霉毒素、伏马菌素和脱氧雪腐镰刀菌烯醇、雪腐镰刀菌烯醇以及它们的衍生物（如 3-ACDON、15-ACDON、Fus X、DOM）等单端孢霉烯族化合物。这些真菌毒素已经成为大多数农产品的主要污染物之一。世界卫生组织将真菌毒素列为食源性疾病的重要根源，很多国家制定了食品及饲料中真菌毒素的限量标准，以保护消费者的健康。真菌毒素可以直接或间接进入食物链，最终导致动植物、食品受到毒素污染，人畜进食被其污染的粮油食品可导致急、慢性中毒症。其中，黄曲霉毒素 B1 的毒性最强，被国际癌症研究机构规定为 I 类致癌物，其毒性是氰化钾的 10 倍。

黄曲霉毒素是一类聚酮衍生的呋喃氧杂萘邻酮，属于曲霉的次级代谢产物，其结构式见图 8-1。目前已证实能产生黄曲霉毒素的菌株主要是曲霉属的花生抗黄曲霉和寄生曲霉。黄曲霉毒素及其生物转化物是对人和动物非常有害的食源致癌物，是世界上分布最广泛和最令人担忧的食品及饲料污染物。研究数据表明，黄曲霉毒素可诱发实验性肝癌，是目前已发现的最强的化学致癌物，比二甲基亚硝胺诱发肝癌能力强 75 倍。黄曲霉毒素还是一种剧毒物，其急性毒性为砒霜的 68 倍，可在短时间内使肝脏严重受损而造成死亡。

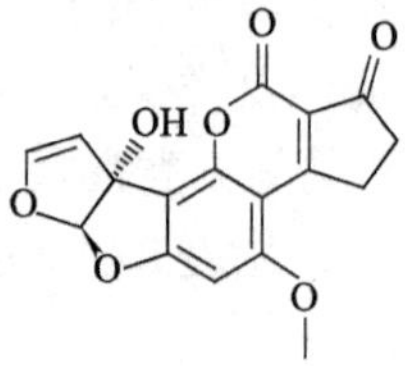

图 8-1　黄曲霉毒素结构式

过去十多年间，越来越多的植物成分被添加到鱼饲料中，这些成分使得水产品在很大程度上有被真菌毒素污染的风险。研究表明，黄曲霉毒素在水产饲料中普遍存在并在水产生物体内富集，会显著影响水产生物的健康和质量，尤其是在水产生物组织中(甚至可食组织)已检测出黄曲霉毒素的存在，对消费者的公共卫生健康产生了潜在危害。

水产品中的黄曲霉毒素主要来自于水产饲料中的植物成分。确定水产饲料中的黄曲霉毒素的安全浓度比较困难，因为毒素的危害程度不仅依赖于黄曲霉毒素的浓度，还受接触毒素的时间、鱼的品种、鱼的年龄、营养状况和健康状况等因素的影响。一般来说，幼鱼对黄曲霉毒素比成年鱼更加敏感。同时，黄曲霉毒素还会显著抑制虾、蟹等甲壳类生物的生长。黄曲霉毒素在水产品中普遍存在富集现象，会显著破坏水产生物的健康和质量。

霍乱弧菌是人类霍乱的病原体，可引起烈性肠道传染病，以水和食品为媒介，经口感染，尤其是水产品，因为鱼类和贝类污染率相当高。霍乱弧菌的主要致病因素是霍乱肠毒素，它是目前已知的致泻性毒素中最强烈的毒素之一，产生毒素的霍乱弧菌致病力强，且容易引起流行和爆发，非产毒的霍乱弧菌一般致病力不强，或仅能引起散发的腹泻病例。

(四)病毒

病毒性疾病是贝类动物引起的最为常见的疾病。贝类受到病毒污染一般发生在捕获前的水体环境中。由于双壳纲经济贝类属于滤过性摄食动物，每天大量过滤生长环境中的水，在滤食饵料生物的同时，也会将水域中的化学污染物、细菌、病毒等有害物及菌体等物质吸入体内。此外，感染者或者无症状携带者的粪便有着成千上万的病毒粒子，通过粪便污染水体，粪便或者附着于特定的物体上或者沉积于淤泥中，而这些病毒会不断释放，如果没有经过适当的处理，这些病毒最后就会扩散到环境当中，进而浓缩富集在贝类体内，在水产调味品的制作过程中，对于贝类的加工，往往不会去除内脏，因此这很容易成为食品安全的隐患。目前，已经报道的可以对人类产生危害的贝类病毒主要有诺如病毒(NV)、甲型肝炎病毒(HAV)、轮状病毒(RV)以及星状病毒(AV)等多个品种及其变异体。

NV 是一组形态较相似、抗原性略有不同的病毒颗粒，能引起自限性、轻中度的胃肠道感染症，其病症特点是高发病率、低致病剂量和对外界的抵抗力较强。NV 是导致人类病毒性急性腹泻的主要病原菌，被世界卫生组织列为 B 类病毒，也被认为是目前世界范围内流行性、非细菌胃肠炎爆发的主要原因。

HAV 生存能力很强，传染性极强，人类感染 HAV 后，会出现发热、关节痛、食欲不振、恶心甚至呕吐、腹胀、腹泻等临床症状。HAV 对人体健康危害是以肝脏炎症和坏死性病变为主。

RV 属于呼肠孤病毒科，轮状病毒属，RV 已经被确认为引起全世界婴幼儿急性胃肠炎最常见的原因，该病毒主要经过粪便-口途径传播，也可以通过水源污染进行传播。

二、养殖污染

我国已成为世界淡水养殖规模最大、水产消费市场容量最大的国家之一。养殖类水产品在生长时期受到的污染，主要是由投喂的饲料和渔药中含有的物质引起的，污染物积聚在水产品体内出现药物残留(表 8-4 和表 8-5)。这些物质主要可分为三大类，分别为抗生素类、激素类和化学合成类。

表 8-4　水产质检中心检测的水产品种类及药物残留项目一览表

水产品种类	药物残留检测项目
淡水养殖鱼	氯霉素、孔雀石绿、无色孔雀石绿、呋喃唑酮代谢物、呋喃西林代谢物、呋喃妥因代谢物、呋喃他酮代谢物
对虾	氯霉素、己烯雌酚、五氯酚钠、呋喃唑酮代谢物、呋喃西林代谢物、呋喃妥因代谢物、呋喃他酮代谢物
龟鳖类	氯霉素、己烯雌酚、孔雀石绿、无色孔雀石绿、甲基睾丸酮、呋喃唑酮代谢物、呋喃西林代谢物、呋喃妥因代谢物、呋喃他酮代谢物
梭子蟹	氯霉素、己烯雌酚
海水养殖鱼	氯霉素、孔雀石绿、无色孔雀石绿、呋喃唑酮代谢物、呋喃西林代谢物、呋喃妥因代谢物、呋喃他酮代谢物
青虾	氯霉素、己烯雌酚、五氯酚钠
无公害产地水产品	氯霉素、环丙沙星、喹乙醇、喹乙醇代谢物

表 8-5 水产品中可能非法添加的渔用药物种类一览表

药物名称	可能添加的水产品种类	可能的主要作用	涉及的环节
硝基呋喃类药物	各类水产品	抗感染	养殖
磺胺类、喹诺酮类、氯霉素、四环素、β-内酰胺类抗生物	生食水产品	杀菌防腐	餐饮
孔雀石绿	鱼类	抗感染	养殖
五氯酚钠	河蟹	灭螺、清除野杂鱼	养殖
喹乙醇	各类水产品	促生长	养殖

（一）抗生素类

抗生素是由微生物（包括真菌、细菌、放线菌属）或高等动植物在生长过程中所产生的具有生理活性的一类次级代谢产物及其衍生物，是能干扰其他生物细胞发育功能的化学物质，广泛应用于人类及动物的疾病预防、农业生产、畜牧及水产养殖等领域。

水环境中存在的抗生素主要包括四环素类、大环内酯类、磺胺类、喹诺酮类和氯霉素类等。水中抗生素污染的来源主要有医用、养殖业及制药工业废水。研究表明，抗生素使用后并不会被生物体完全吸收，85%以上是以原药或者代谢产物（共轭态、氧化产物、水解产物等）的形式随粪便和尿液排入水体等环境中，对水环境造成二次污染。由于抗生素具有高的亲水性和较低的挥发性，导致其不断地在水相与生物相间相互交换，形成一定的风险压力。

Brooks 等在对美国德克萨斯州北部一条城市河流的研究中发现，鱼体内检出诺氟沙星、5-羟色胺四萘胺和甲基 5-羟色胺四萘胺。Kim 等指出，抗生素对鱼类的直接危害并不十分明显，但一些水溶性差的抗生素会在鱼类及脊椎动物体内富集，最终通过食物链威胁人体健康。

有研究发现，抗生素对无脊椎动物和鱼类的影响要小于对藻类的影响，因为无脊椎动物和鱼类复杂的生理活动，使得抗生素在其体内肌肉中的积累需要一个长期的过程。

氯霉素又称左旋霉素，属广谱类抗生素药物，因其抗菌效果好，曾长期在国内外广泛应用于水产养殖业，但氯霉素有严重的副作用，它能抑制人体骨髓造血功能而引起再生障碍性贫血症和粒状白细胞缺乏症等疾病，因此动物食品中的氯霉素残留对人类的健康构成了潜在危害。

氯霉素类属酰胺醇类广谱抗生素，包括氯霉素及其衍生物，主要有氯霉素、甲砜霉素和氟苯尼考。氯霉素有很强的毒副作用，且不可逆，与使用剂量和频率无关。美国、欧盟、日本等很多国家和地区都禁止在动物源性食品中检出氯霉素，中国在 2002 年也将其列为违禁药物。甲砜霉素对血液系统的毒性比氯霉素小，但有抑制人体免疫系统及红细胞和血小板生成的效果，除中国和日本外，欧盟和美国均禁止其用于食用动物。氟苯尼考虽不会引起再生障碍性贫血症，但对动物胚胎有影响。氯霉素类药物具有良好的抗菌和药理特性，并且菌株不易对甲砜霉素和氟苯尼考产生耐药性，因此该类药物现已成为水产养殖病害防治的常用药物。

硝基呋喃类药物是具有 5-硝基呋喃结构的人工合成抗生素，主要包括呋喃他酮、呋喃西林、呋喃妥因和呋喃唑酮，具有广谱抗菌性。由于这类抗生素具有良好的抑菌和杀菌效果，曾被广泛用于水产动物疾病的预防与治疗。但已有研究证明，硝基呋喃类药物具有致畸、致癌和致突变的毒副作用，长时间的试验研究过程也发现，硝基呋喃类药物和代谢物均可以使试验动物发生癌变和基因突变。水产品养殖过程中使用该药物后，由于其代谢产物会与蛋白组织结合而累积在体内，人食用后可直接导致人体发病，因而此类药物残留问题越来越受到人们的关注。联合国粮食及农业组织/世界卫生组织食品添加剂专家联合委员会、欧盟都已规定了禁止在动物养殖中使用硝基呋喃类药物呋喃唑酮、呋喃他酮。在中华人民共和国农业部公告第 193 号和第 235 号中该类药物也被列为动物性食品中不得检出的兽药。尽管我国从 2003 年起每年都将水产品中硝基呋喃类代谢物纳入残留监控计划中，但由于部分企业对此重视不够，国内水产养殖企业仍有使用硝基呋喃类药物的情况，药残超标问题一次次困扰着水产品出口企业。

以呋喃唑酮为例，其又名痢特灵，在水产养殖上用于防治水产类的细菌性疾病，如鱼类的烂鳃病、肠炎、白头白嘴病、细菌性出血病等。有资料表明，呋喃唑酮具有诱变致癌作用。呋喃唑酮使用后会在环境中长时间残留，并在环境中发生吸附、迁移、转化和降解等变化，这些残留药物及其代谢物是否会富集到未接触过这类药物的鱼类体内，从而影响人类的食用安全，已经引起政府部门的关注。

(二)激素类

激素是一类具有调节生物机体代谢、生长、发育、生殖等作用的化学物质。激素类药物主要包括雌激素、雄激素、孕激素及糖皮质激素等，因其具有影响动物性别分化、缩短动物生长周期的作用，常被非法用于水产养殖中，以提高水产品的养殖效率。

己烷雌酚、己烯雌酚、双烯雌酚是常见的人工合成雌激素。它们由于结构简单、易于合成、成本低等特点，近年来被广泛应用于饲料工业中。雌酚类激素对水生动物的正常合成代谢有刺激作用，可促使动物体内氮停留增加，导致氨基酸合成蛋白质的速度加快而增重。水产品中残留的激素进入人体后，蓄积到一定程度会破坏机体正常的生理平衡。对于这类激素，欧盟现已禁止使用，美国和加拿大则对其进行限量使用。我国规定动物组织中不得检出己烯雌酚，但对己烷雌酚和双烯雌酚的测定标准尚待制定。己烯雌酚是一种人工合成的雌性激素，应用于水产养殖中能够促进蛋白质同化，提高饲料转化率，同时促进鱼虾类生长。但因其在水产动物中代谢较慢且作用顽强，极少的残留都会对人体生理功能产生影响，主要危害是扰乱人体激素平衡，并具有致癌性，己烯雌酚现已被禁止应用于水产养殖中。

(三)化学合成类

孔雀石绿[图 8-2(a)]和结晶紫[图 8-2(b)]是人工合成的三苯甲烷类碱性工业染料，曾被用作抗菌药在水产养殖业中广泛使用，而国内外对其残留的检测研究关注日益增加。孔雀石绿化学名为四甲基代二氨基三苯甲烷，又名中国绿、苯胺绿，可以用来杀灭体外寄生虫和鱼卵中的霉菌。在我国曾经被用于欧洲鳗、甲鱼、河蟹、罗非鱼等病虫害防治，可治疗鱼类或鱼卵的寄生虫、真菌或细菌感染，常用于受寄生虫影响的淡水养殖中，对海产动物具有高毒性、高残留等不良反应。

孔雀石绿和结晶紫进入水生动物体内后，迅速代谢成脂溶性的隐色孔雀石绿和隐色结晶紫并在组织中蓄积，因此在水产品中检测到的残留物主要是隐色孔雀石绿和隐色结晶紫。

孔雀石绿能够溶解足够的锌，引起水生动物急性锌中毒；阻碍肠道酶(如胰蛋白酶、淀粉酶等)活性，影响水生动物的摄食与生长。试验发现，孔雀石绿能使鱼体肝细胞增大、空泡化，从而导致肝坏死和肝硬化。周立红等研究发现，孔雀石绿可使鳙鱼和尼罗罗非鱼的红细胞产生微核，微核率随药物浓度的升高而增加。孔雀石绿能致使淡水鱼卵染色体异常。孔雀石绿对哺乳动物细胞具有高毒性，能引起动物食物摄入量、生长速度和生殖能力的降低，导致肝、肾、心脏、脾、肺等脏器中毒，造成皮肤、眼睛、肺和骨骼的损害。孔雀石绿和无色孔雀石绿的致基因突变试验结果均为阳性。不仅如此，在对小鼠进行孔雀石绿毒性试验时发现，孔雀石绿对小鼠有一定的致癌、致畸作用。

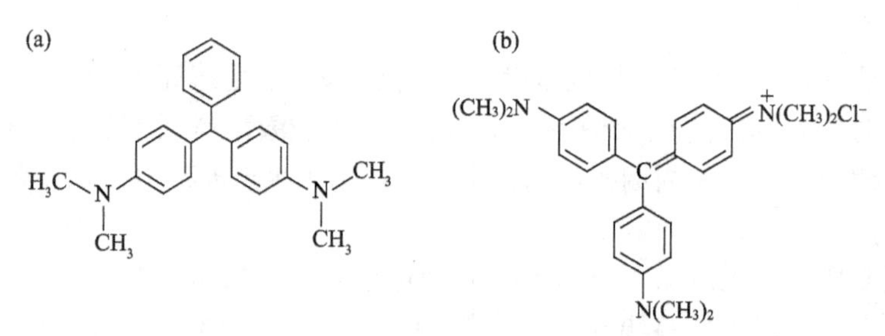

图 8-2 孔雀石绿(a)、结晶紫(b)结构式

三、短期运输储藏不当带来的污染

水产品在捕捞上岸后，往往会面临短时间储藏和运输的问题；水产品收获以

后，要进行初步的处理才能作为发酵原料使用，在处理过程中，处理手段不当或者周期过长，都会造成原料不新鲜甚至腐败，产生多种有毒有害物质。除了水产品自身的变化，为了保鲜，销售者经常会用到消毒剂，消毒剂残留也是水产品污染的重要内容。

（一）自身作用产生

1. 生物胺

生物胺是一类相对分子质量低的含氮有机化合物，主要是由细菌将游离氨基酸脱羧而生成，包括组胺、尸胺、腐胺、酪胺等。组胺是毒性最强的生物胺；尸胺、腐胺不仅能够增强组胺的毒性作用，还会与亚硝酸盐反应生成亚硝胺等致癌物质。人体摄入过多生物胺时，会出现头痛、心悸、腹泻、休克等中毒症状。生物胺，尤其是其中的组胺成分会对人体的多种平滑肌产生影响，致使气管、胃肠道损伤，严重时影响心肌功能。水产品中海产的青皮红肉鱼类的组胺成分含量相对较高。

新鲜水产品几乎不含生物胺。不同水产品在腐败过程中产生的生物胺种类、含量、比例不同。生物胺总量可作为水产品腐败变质程度的指标。

发酵水产品中生物胺的形成机制主要有两种：第一种是醛或酮通过氨基化和转胺作用产生生物胺；第二种是游离氨基酸脱羧产生，即在适宜的环境条件下，具有氨基酸脱羧能力的微生物分泌氨基酸脱羧酶，作用于游离氨基酸，生成相应的生物胺，并伴随有 CO_2 的产生。腌制水产品中生物胺的产生主要以第二种途径为主，并需要三个条件，即可以充分利用的游离氨基酸、具有氨基酸脱羧酶活性的微生物存在、适合这些微生物生长以及氨基酸脱羧酶合成与作用的环境条件。

2. 挥发性盐基氮

挥发性盐基氮是指动物性食品由于酶和细菌的作用，在腐败过程中蛋白质分解而产生的氮以及胺类碱性含氮物质，它是判定水产调味品原料新鲜度和最初细菌负荷的一个重要指标。

曲映红等选取带鱼和小黄鱼作为试验对象，取样时选择鱼体的不同部位测定挥发性盐基氮值，结果发现，鱼腹部的挥发性盐基氮含量较高，而鱼背部的挥发性盐基氮含量较低。这是由于鱼腹部脂肪含量较高，而背部脂肪含量较低。鱼体内脂肪含有多种高度不饱和脂肪酸，故极不稳定，很容易氧化酸败，使鱼体发生腐败。鱼肉中的蛋白质及其分解所产生的游离氨基酸，可被进一步分解为氨盐(或氨)，最终转化为挥发性盐基氮。

目前海水及淡水水产品挥发性盐基氮的限量已有规定，但不同水产品在同等条件下挥发性盐基氮含量的变化和感官的变化差别较大。顾捷等选取了鱼类、虾类等多种水产品作为研究对象，对挥发性盐基氮的变化趋势进行了探究，发现随着存放时间的推移，各样品感官腐败程度与其挥发性盐基氮数值成正比。同时由于水产品种类、大小及捕捞后保鲜程度存在差异，其挥发性盐基氮基数也大相径庭。总体来说，同一天内虾类、头足类(鱿鱼)基数高于鱼类。

3. 甲醛

一些水产品在酶及微生物的作用下可自身产生一定量的甲醛，且甲醛的含量随着加工和储藏条件的变化而变化，这种在水产品中检测出并证明非人为添加的甲醛的含量称为本底含量。柳淑芳等对 56 种海水鱼和 16 种淡水鱼的甲醛本底含量的研究结果表明，海水活鱼与海水冷冻鱼的甲醛含量均显著高于淡水活鱼与淡水冷冻鱼。在不同的存活状态中，活体鱼的甲醛含量最低，冰鲜样品的甲醛含量最高，冷冻样品随着冻藏时间的延长，甲醛含量呈现上升趋势。其可能原因是广泛分布于海产动物组织中的氧化三甲胺酶催化氧化三甲胺生成了二甲胺和甲醛等产物，由于淡水动物不含有或者含有极少的氧化三甲胺酶，所以大部分淡水鱼中未检测出本底甲醛。

(二)消毒剂

随着社会经济的快速发展，畜牧业生产结构发生了巨大的变化，动物及动物产品跨地区、跨省份、反季节经营格局已经形成。在内陆地区，湖泊、河流养鱼成为农户增收和人民群众高质量蛋白质摄取的重要途径，也是发展生态农业和循环农业重要的产业。目前，水产品调运量日趋增大，但是在运输环节和市场初加工环节中染菌等造成病菌滋生，会严重影响水产品质量和人身体健康。有害细菌多存在于水产品体表黏液、腮部及肠道中，有害菌和病毒侵入肌肉中，躯体受伤后可使细菌传播加速。此外，鱼贝类、软体类等冷血动物肠道内微生物种群性质上各不相同，在流通和初加工环节极易受病菌、病毒或毒素污染。

消毒剂的作用机制主要有 7 种类型：氧化作用、凝固蛋白质作用、溶解类脂作用、脱水作用、与核酸作用、与巯基作用、与膜作用。

常用的水产品消毒剂有：卤族消毒剂(主要有次氯酸钠溶液、漂白粉、漂白精、二溴海因等)、银离子消毒剂、二氧化氮、复合碘消毒剂、过氧乙酸、甲醛等。

1. 孔雀石绿

孔雀石绿除了作为渔药使用，同时也是水产品运输过程中常用的消毒剂。具体应用如下。

(1)运输工具消毒：活鱼贩运商为了延长鱼生存的时间，在运输前用孔雀石绿溶液对车厢进行消毒。

(2)鱼池消毒：因为鱼从鱼塘到当地水产品批发市场，再到外地水产品批发市场，要经过多次装卸和碰撞，容易造成鱼鳞脱落。掉鳞会引起鱼体霉烂，导致鱼很快死亡，因此储放活鱼的鱼池也采用孔雀石绿进行消毒。

(3)暂养消毒：酒店为了延长鱼的存活时间，也投放孔雀石绿进行消毒。使用孔雀石绿消毒后的鱼即使死亡后颜色也较为鲜亮，消费者很难从外表分辨。

2. 甲醛

我国现行的水产标准中有关于消毒剂的标准，如《水产品中甲醛的测定》(SC/T 3025—2006)、《水产品中己烯雌酚残留量的测定》(SC/T 3020—2004)等。

甲醛易与细胞亲核物质发生化学反应，导致 DNA 的损伤。除了水产品自身产生的甲醛外，甲醛还是一种常用的水产品消毒剂，广泛应用于水产行业。甲醛经口引发急性中毒后可直接损伤人的口腔、咽喉、食道和胃黏膜，同时产生中毒反应。轻者头晕、咳嗽、呕吐、上腹疼痛，重者出现昏迷、休克、肺水肿、肝肾功能障碍，呼吸衰弱甚至死亡。长期食用含有低质量分数甲醛的食品，可引起神经系统、免疫系统、呼吸系统和肝脏的损害。在水产品加工过程中，常用 1%～5% 的甲醛溶液对加工工具、设施进行消毒，因此容易造成甲醛在加工设施上有一定量残留，从而污染水产品。

四、加工包装污染

常用作包装材料的三聚氰胺树脂、脲醛树脂、酚醛树脂、漆酚树脂、环氧酚醛树脂等及包装容器内壁涂料常含有甲醛。

人为非法添加甲醛也会造成污染。甲醛具有防腐、延长食品保质期、增加食品持水性和韧性、漂白等作用。近年来，一些不法商贩和生产厂家为追求产品的感官性状和延长保鲜时间，常将甲醛添加到水产品中，增加了水产品的毒性，降低了其营养价值。

第三节 发酵生产过程中的质量影响因素

捕捞技术的发展使得水产业获得快速的发展，为水产品加工提供充足原料，同时也进一步推动了水产调味品行业的发展。新兴生产技术也逐渐应用于传统调味品的生产加工。而以贝类、藻类等为原料制得的小宗调味品也更多地出现在人们的餐桌上，丰富了整个调味品市场。对大型捕捞作业产生大量下脚料(鱼骨、鱼头、鱼皮、鱼内脏、鱼鳞及小鱼虾等)的利用也符合合理充分利用资源的理念，将水产下脚料通过发酵技术制成水产品调味品，既充分利用了这些下脚料，发挥其经济价值，又迎合了消费者对天然鲜味剂等调味品作为味精、鸡精等传统合成调味品的代替品的市场需求。

一、发酵方法的影响

目前我国现有的水产发酵调味品主要有两种发酵方式，分别是自然发酵法与现代发酵法。

自然发酵法一般是加盐后，在太阳光下曝晒 10～18 个月，通过底物自身酶系和来自空气中的各种微生物来共同发酵，在此期间需要多次进行搅拌。其最主要的特点是生产时间较长，产品的含盐量较高，高达 20%～30%。这种方法得到的产品一般味道鲜美、呈味成分复杂。但是其生产周期过长，成本高，资金周转难，以及高含盐量、不成熟的工艺方式也带来了一系列的食品安全问题。通过加曲、加酶等手段，缩短产品发酵周期的方法称为现代速酿法，目前一些现代速酿法成为加工热点。这种现代发酵法虽然大大缩短了发酵时间，降低产品的含盐量和腥臭味，在安全与健康问题上相比自然发酵法有了明显的优势，但产品的风味往往不如自然发酵生产的产品。

二、发酵材料的影响

1. 水产品原料

传统发酵海产调味品通过发酵作用形成特征性风味产品。发酵过程中占优势地位的微生物主要是在高盐条件下生长良好的嗜盐菌，包括芽孢杆菌属、微球菌属、葡萄球菌属、链球菌属、片球菌属中极度耐盐的细菌，也包括含有细菌视紫红质光合色素的红色极端嗜盐古细菌和嗜盐乳酸菌等。

传统发酵食品多以酿酒酵母、乳酸菌等作为主体，利用混菌发酵过程生产。酿酒酵母和大部分传统发酵食品中应用的微生物，在人类历史上长期并广泛应用于种类繁多的发酵食品中，且绝大多数酿酒酵母菌株被食品药品监督管理局(FDA)认证为安全。然而，越来越多的研究表明，酿酒酵母和乳酸菌在很多传统发酵食品生产过程中积累有害的氨(胺)类物质。

2. 食盐

食盐在发酵调味品中是主要的原料之一，可以渗透到水产品原料中，降低其水分活度，提高渗透压。对微生物的作用主要包括脱水作用、生理毒害作用、影响酶活性、降低水分活度以及降低氧气浓度的作用。

一般来说，盐浓度在 1%以下，微生物的生理活动不会受到任何影响；浓度为 1%～3%时，大多数微生物的生长将会受到暂时性的抑制；浓度在 6%～8%时，大肠杆菌、沙门氏菌和肉毒杆菌会停止生长；浓度达到 10%后，大多数杆菌即停止生长，但是酵母菌仍能继续生长；球菌在浓度 15%时被抑制，其中葡萄球菌则要在浓度达到 20%时，才能被抑制；霉菌必须在盐浓度 20%～25%时才能被抑制，所以水产发酵调味品的盐添加量一般在 15%～20%，葡萄球菌和霉菌成了影响产品品质的主要菌种。除了发酵菌种，在发酵工艺中也会存在致病菌，副溶血性弧菌是一种革兰氏阴性菌，呈现弧状、杆状、丝状等多种形态，其生长特性为嗜盐，在盐度为 3%～4%的环境中生长良好，无盐或者高盐则不生长，该致病菌会分布在一些海产品制作的调味品中。几种微生物所耐受的最高食盐溶液浓度如表 8-6 所示。

表 8-6　几种微生物所耐受的最高食盐浓度一览表

微生物	所耐受的食盐浓度/%
肉毒杆菌 *Bact. botulinus*	6
乳酸菌 *Bact. brassicae fermentati*	12
乳酸菌 *Bact. cueumeris fermentati*	13
乳酸菌 *Bact. aderholdi fermentati*	8
大肠杆菌 *Bact. coli*	6
丁酸菌 *Bact. amylobacter fermentati*	8
变形杆菌 *Bact. proteus vulgare*	10

食盐的加入对生物胺的形成也有一定的影响。食盐影响生物胺的形成是因为高浓度的食盐会使发酵体系形成高渗透压，抑制微生物的生长和降低产生生物胺菌种的氨基酸脱羧酶的活性，但高浓度的食盐也可以增强某些耐盐微生物的氨基酸脱羧酶活性，因此食盐对生物胺的形成既可以是抑制也可以是促进，主要取决于它所作用的菌种。氧化还原电位对生物胺的形成也有一定的影响，一般来说，无氧或氧含量较低的环境不利于生物胺的形成，氧化还原电位的降低可以促进组胺的形成，而有氧条件下组胺脱羧酶会失去活性。

食盐对蛋白酶的活性有一定的抑制作用，盐度过高，蛋白酶对蛋白质的分解速度下降；盐度过低，易造成产酸细菌的大量繁殖，酱醅 pH 值迅速下降，抑制了中性、碱性蛋白酶的作用。

3. 发酵剂

另外，发酵剂也是影响调味品的品质与安全的重要因素。发酵剂与发酵食品中生物胺的产生有很重要的关系，某些菌种会产生氨基酸脱羧酶引起发酵食品中的生物胺积累，而也有一些菌株可以抑制生物胺的形成，主要原因是这些菌种可以产生胺氧化酶，降解生物胺。

传统调味品在制曲和发酵过程中需要酵母菌、曲霉菌等真菌的参与，容易受到霉菌毒素的污染。米曲霉是一种好氧性微生物，其培养条件简单粗放、生长迅速、抗杂菌能力较强。米曲霉分泌的酶系复杂，其中蛋白酶、淀粉酶活性较高，并且有一定的谷氨酰胺酶，是生产酱油制品常用的菌种。这些真菌在代谢中产生的毒素对人体具有不同程度的伤害，其中对人类安全危害最大的莫过于黄曲霉毒素。黄曲霉毒素不仅存在于水产品的饲料中，也存在于发酵菌种中。食品含有黄曲霉毒素 1mg/kg 以上有剧毒，由于真菌污染较难预防，因此人们需要对长期食用有可能被低剂量黄曲霉毒素污染的食品加以关注。

传统发酵在制曲、发酵过程中起主要作用的是曲霉菌，其次是细菌和酵母菌。工业化生产用于发酵生产的主要微生物种类很多，主要是细菌和霉菌，如枯草芽孢杆菌属，以及霉菌属的毛霉、根霉、曲霉等。但由于传统发酵调味品的生产仍处于比较粗放的境况，主要发酵过程采用传统自然发酵，制曲时杂菌数量多，易于发生黄曲霉毒素污染。

腐败和致病微生物是水产品腐败的主要因素，物理化学微生物控制技术在鲜活和微加工水产品应用中受到限制。由于水产品富含微生物生长的各种营养物质，为其自身和外表细菌繁殖提供有利条件，导致产品容易发生腐败变质和食品安全问题。

三、发酵过程控制的影响

影响我国传统发酵食品安全最为重要的因素是各种含氮化合物代谢生成的有害胺(氨)类物质，如氨基甲酸乙酯、亚硝胺类和生物胺类等。在虾酱的生产过程中，除了原材料在处理和储藏的过程会产生生物胺，在发酵的过程中也会产生生物胺，生物胺中的组胺对人体的健康危害程度极大。尽管不同种类发酵食品中生物胺种类和含量有所差异，但发酵食品中生物胺形成的基本途径相似，主要是某些微生物会产生氨基酸脱羧酶，氨基酸脱羧酶进一步作用于游离氨基酸使其脱羧而形成生物胺，而醛和酮通过氨基化及转胺作用也会产生部分生物胺。

发酵食品中的生物胺与原料质量、酿造工艺以及酿造和储藏过程中受微生物污染的程度密切相关。发酵过程中氨基酸的脱羧反应产生生物胺，微生物中乳酸菌的作用最为突出，乳酸菌通过对氨基酸的代谢作用，在发酵中易产生生物胺；酵母菌对氨基酸的吸收主要取决于原料中可同化氮的总量。此外，当原料中的氨基酸浓度较高时，发酵食品中残留较多的氨基酸经乳酸菌的代谢后，转化为酪胺和色胺等相应的生物胺。当主发酵结束后，残存的酵母部分发生自溶并释放出多肽和游离氨基酸，在以乳酸菌为主的细菌的作用下，发生水解和脱羧反应，产生相当数量的生物胺。在某些非灭菌体系中，其生成量随着产品储藏时间的延长而增加。

虾酱是典型的水产发酵调味品。虾酱味道鲜美独特，但在腌制发酵过程中，如果发酵条件处理不当，可能会产生一些对人体有害的成分——亚硝酸盐和挥发性盐基氮。亚硝酸盐在胃肠道的酸性环境中可转化为亚硝胺，亚硝胺已被证实具有致癌、致畸和致突变作用。有资料表明，在山东、辽东的沿海地区，千百年来，人们素有食用虾酱的习俗，但同时这些地区也是食道癌、胃癌等消化系统癌症的高发区。

传统发酵海产调味品通常以新鲜的鱼或虾为原料，添加高浓度的盐(一般为20%～30%)，经过 1～2 年的长时间发酵，利用原料自身蛋白酶、细菌蛋白酶及各种酶类分解蛋白质、脂肪、碳水化合物大分子物质形成氨基酸、脂肪酸及各种风味物质，赋予产品鲜、香、咸等品质特征。传统发酵海产调味品一是依靠海产品自身酶的降解作用，二是依靠原料中微生物自然发酵作用形成特征性风味产品。因选用海产原料和发酵环境的不同，其自身微生物的菌相构成存在很大的差异。发酵过程中占优势地位的微生物主要是在高盐条件下生长良好的嗜盐菌。不同发酵海产品在发酵过程中微生物的种类不同，同一产品在不同发酵时期微生物的种类也不同。针对传统发酵海产调味品中微生物的研究主要集中在特征性嗜盐菌的筛选和分类鉴定方面，而对嗜盐菌的发酵作用研究相对偏少，研究主要包括耐盐蛋白酶的功能、香气和风味物质形成及生物胺降解等方面。

氨基甲酸乙酯属于多位点致癌物，具有一定的神经毒性、强烈的肺毒性和较强的致癌性，国际癌症研究机构正式将氨基甲酸乙酯列为 2A 类致癌物(人类可能致癌物)。氨基甲酸乙酯在食品发酵过程中可由尿素、氰化物、瓜氨酸、氨甲酰磷酸盐等前体物质与乙醇反应形成，主要存在于酸奶、干酪、酱油及酒饮料等发酵食品中。

另外，发酵过程中引入杂菌也是水产发酵调味品安全性受到威胁的一个原因。目前，对全球性食品安全构成最显著威胁的是致病性细菌，水产品中的致病性细菌主要包括沙门氏菌、海洋弧菌、霍乱弧菌、单增李斯特菌、肉毒杆菌等。水产品中致病性细菌的污染存在于水产发酵调味品从原料到产品的整个过程中，养殖环境中微生物超标、加工和流通环节操作不标准、加工不彻底、储藏条件不合理等都可以产生致病性细菌。

来自海洋动物生长环境和体内外的微生物是引起捕捞后水产品腐败的主要原因，其中只有一部分微生物与水产品腐败有关，这种引起腐败的主导菌称为特定腐败菌。

水产品中致病菌主要分为三个类群：一是其本身固有的天然细菌类群，如肉毒梭菌、致病性弧菌和气单胞菌等；二是来自环境污染的细菌，如埃希氏大肠杆菌、金黄色葡萄球菌等；三是在加工过程中污染的细菌，如蜡样芽孢杆菌、单增李斯特菌和沙门氏菌等。

副溶血性弧菌是海洋环境中天然栖息的嗜盐性细菌，在海水和海洋生物中分布广泛，可通过海产品引起人类的食物中毒。在海产品中的存在状况与季节有关，一般在夏秋季海产品中含量最高，这主要与水温有关。

单增李斯特菌是引起食源性疾病的主要致病菌之一，在水产品中的含量波动性很大(2%～60%)。它是一种广泛存在于乳制品、水产品和肉制品等食品中的嗜冷菌，能在1～45℃和低pH值条件下生长，还具有耐盐能力。因此，由单增李斯特菌导致的食物中毒非常普遍。食品中单增李斯特菌的污染是食品安全较为突出的问题之一。对于水产发酵调味品来说，单增李斯特菌不仅作为水生动物自身原有的致病菌引起发病，亦因其在各种环境中的广泛分布而作为非自身原有致病菌污染水产品和水产加工品，其致死率(20%～30%)远高于其他常见食源性病原菌，如肠炎沙门氏菌(约0.38%)、弯曲杆菌(0.02%～0.1%)、弧菌(0.005%～0.1%)等。

除了金黄色葡萄球菌、单增李斯特菌，沙门氏菌也是一种常见的致病菌。沙门氏菌属肠杆菌科，是一种革兰氏阴性无芽孢杆菌，广泛分布于自然界，也是危害极大的肠道致病菌，可引起人类伤寒、副伤寒、感染性腹泻、食物中毒和医院内感染。产品中若检测出沙门氏菌，主要污染途径有两条，分别为原料污染和加工污染。原料污染主要是人为向养殖场或者水域排入了粪便等污染物，沙门氏菌会进入水产品原料中。加工污染主要是原料在发酵过程中，由于加热工艺的条件达不到要求或未进行加热活动，产品的接触面卫生控制不到位，造成了沙门氏菌的污染。沙门氏菌菌型繁多，是重要的食源性污染致病菌，在水产发酵调味品的生产过程中，受沙门氏菌污染的因素也较为复杂，除水域污染会对水产品原料造成影响外，在后续的环节也会出现沙门氏菌污染的情况。

第四节　水产发酵调味品标准

目前，世界上涉及水产品和水产品相关产业的国家纷纷将安全管理纳入法律轨道，不断完善法律、法规和相关标准。确保食品安全是一个国家的民生防线，法律法规的制定部门与生产科研单位紧密协作，共同加强水产发酵调味品的监管。我国的法律法规体系，除了要求生产经营者完善企业体制，约束自身行为外，还通过积极制定相应的卫生法规来规范行业的生产经营活动，为消费者提供安全产品。对于水产品，我国现行的卫生法规可分为国内标准与国外标准两大类。国内标准又可细分为国家标准(GB)、进出口行业标准(SN)、农业标准(NY)、水产标准(SC)、商业标准(SB)、轻工标准(QB)、地方标准(DB)、卫生标准(WS)、食品安全企业标准(Q)等；国外标准根据商品出口的国家和地区的不同，有着不同的标准体系可供参考，如国际法典委员会标准(CAC 标准)、美国分析化学家协会标准(AOAC 标准)、EU/EC 欧盟指令条例、联合国欧洲经济委员会标准(UNECE 标准)、澳新标准、食品化学法典标准(FCC 标准)、食品添加剂联合委员会标准（JECFA 标准）等。

一、国外相关质量标准简述

发达国家在水产品及水产发酵调味品方面的相关标准体系发展较早。日本政府设立了管理水产品及相关产品质量安全的机构，如农林水产省、厚生劳动省、食品安全委员会等，相关法律主要包括《食品安全基本法》、《农林物质标准化及质量管理法》和《食品安全法》等。美国相关的质量安全监管机构有食品药品监督管理局、环境保护局、动植物卫生检疫局和国家海洋渔业局等，相关法律包括《美国联邦法典》、《联邦食品、药品和化妆品法案》和《加工和进口水产品安全卫生程序》等。挪威则有一套规范严格的法规标准体系，包括了《药物使用法》、《鲜鱼法》和《鱼产品质量法》等法规。

二、我国相关质量标准简述

调味品安全标准体系或标准系统是指在调味品生产过程中的各种标准按其内在联系形成的科学的有机整体。从调味品安全标准体系的角度分析，我国基本建立了涵盖调味品各种产品类别，包括调味品基础术语、安全限量、生产控制技术、检验方法等方面较为完善的调味品安全标准体系。我国有关水产品及其发酵调味品的监管部门主要有国家卫生健康委员会、自然资源部、国家市场监督管理总局、海关总署等，此外在省、市、县等均有相关的延伸机构。

目前，调味品种类很多，根据调味品专业协会对调味品的划分，中国特色的调味品粗分为 17 类。我国调味品相关标准划分情况如下：截至 2014 年底，我国共发布涉及调味品的相关标准 249 项，其中国家标准 141 项，行业标准 108 项，主要内容包括调味品的分类、检验检测方法和产品标准。从标准的数量和标准所涵盖的内容两方面分析，我国发布的 249 项调味品标准中包括食品安全控制与管理标准 55 项、食品检验检测方法标准 87 项、其他产品标准 63 项、食品添加剂标准 44 项。

我国水产品和水产调味品的相关标准见表 8-7 和表 8-8。

表 8-7　水产品原料相关标准汇总表

序号	标准名称	标准编号	标准属性	标准分类
1	水产品中多种有机氯农药残留量的检测方法	GB 23200.88—2016	国家强制性	食品安全国家标准
2	水产品中孔雀石绿和结晶紫残留量的测定	GB/T 19857—2005	国家推荐性	食品安全国家标准
3	水产品中氯霉素残留量的测定 气相色谱法	SC/T 3018—2004	产业推荐性	水产标准
4	水产品中己烯雌酚残留量的测定 酶联免疫法	SC/T 3020—2004	产业推荐性	水产标准

续表

序号	标准名称	标准编号	标准属性	标准分类
5	水产品中呋喃唑酮残留量的测定 液相色谱法	SC/T 3022—2004	产业推荐性	水产标准
6	水产品中喹乙醇残留量的测定 液相色谱法	SC/T 3019—2004	产业推荐性	水产标准
7	水产品中孔雀石绿残留量的测定 液相色谱法	SC/T 3021—2004	产业推荐性	水产标准
8	水产品中甲醛的测定	SC/T 3025—2006	产业推荐性	水产标准
9	水产品中硝基苯残留量的测定 气相色谱法	SC/T 3036—2006	产业推荐性	水产标准
10	无公害食品 水产品中渔药残留限量	NY 5070—2002	产业强制性	农业标准
11	无公害食品 水产品中有毒有害物质限量	NY 5073—2006	产业强制性	农业标准
12	进出口水产品储运卫生规范 水产品保藏	SN/T 1885.1—2007	产业推荐性	进出口行业标准
13	进出口水产品储运卫生规范 水产品运输	SN/T 1885.2—2007	产业推荐性	进出口行业标准

表 8-8　水产调味品相关标准汇总表

序号	标准名称	标准编号	标准属性	标准分类
1	水产调味品	GB 10133—2014	国家强制性	食品安全国家标准
2	绿色食品 水产调味品	NY/T 1710—2009	产业推荐性	农业标准
3	鱼露	SB/T 10324—1999	产业推荐性	商业标准
4	酱腌菜专用辅料生产工艺通用规程 虾油	ZB X 10070—1986	产业强制性	轻工标准
5	蚝油	GB/T 21999—2008	国家推荐性	食品安全国家标准
6	蚝油	SB/T 10005—2007	产业强制性	商业标准
7	蚝油	SC/T 3601—2003	产业推荐性	水产标准
8	虾酱	SB/T 10525—2009	产业推荐性	商业标准
9	虾酱	SC/T 3602—2016	产业推荐性	水产标准

目前，调味品标准的限量研究主要集中在一些常规理化和卫生指标上，而对一些食品添加剂的限量及应用、潜在的有毒有害物质的检验标准和限量等，无配套的标准可依。然而，调味品生产过程离不开动植物原料，这些原料在生长及储藏过程中会使用农药或兽药，且在生产过程中，这些有毒物质不可能完全去除，我国调味品标准体系关于这方面的研究几乎为空白，因此，急需建立农药、兽药在调味品中残留限量的标准。例如，香辛料在收获、加工、储运等环节易被微生物及其代谢产物污染(尤其是各种毒素污染)，然而，目前香辛料的安全标准还只是常规项目的检测(如菌落总数、大肠菌群、致病菌等)，对毒素(如黄曲霉毒素)

的检测项目几乎为空白。

与国际调味品标准相比，我国的检测方法标准也较为缺乏，如CAC规定兽药残留种类有44种，且都配备了详尽的检测方法，我国虽然规定了100多种兽药最大残留限量指标，但仅有35种检测方法标准，其中在不得检出或者禁止使用的37种兽药中只有5种有配套的检测方法标准。此外，我国调味品的理化和卫生指标与发达国家相比过低，如酱油中起增鲜作用的三氯丙醇，我国规定允许限量为1mg/L，而欧盟的允许限量为20μg/L，英国则规定尽量达到技术上可以减低的程度，为10μg/L。

此外，我国食品标准的国际化工作虽然取得了积极的进展，但与国际食品标准体系相比，还存在较大差距。目前，我国调味品标准以产品标准为主，安全限量标准或指标较少，作为重要技术数据和技术支撑的调味品安全标准体系还没有充分建立，主要问题是体系覆盖范围不够全面、安全限量标准缺乏、安全检测方法标准不足及部分标准标龄过长、通用性较差等。具体表现为标准总体水平偏低，长期以来，我国食品标准主要围绕食品供给数量而建立，对食品安全要求水平较低；国家标准、行业标准和地方标准之间存在交叉、重复甚至矛盾，部分企业标准门槛远低于相应的国家标准或行业标准，重要标准短缺，部分调味品至今还没有标准可以参考；制定标准的科学依据不够完善。

三、生产过程标准

水产调味品的生产是由多个工艺过程构成的，为了提升产品质量，需要对每一个工艺过程进行把关，对各个过程制定相关的标准规定，将安全观念渗透到每一个环节，才能更好地保证最终产品的低危害性或零危害性。目前，我国食品质量标准正逐步向生产过程标准细节化方向发展，水产调味品与酱油、醋等市场份额大的调味品不同，对于这一类市场占有率相对较小的食品来说，由于其工艺不具统一性，所以难以针对某一具体产品制定合适的生产过程标准，在现行的标准下，则需要根据具体的过程，参考对应的标准。

以现代发酵法制作虾酱的生产为例，图8-3为简易的工艺流程。

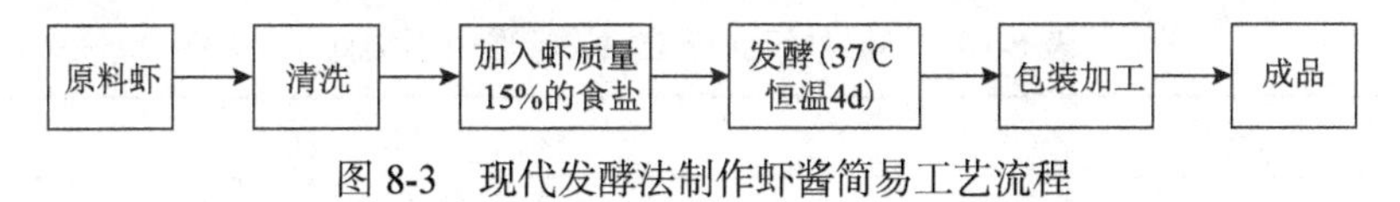

图8-3　现代发酵法制作虾酱简易工艺流程

在上述工艺过程中，我国现实行的水产标准——《虾酱》(SC/T 3602—2016)，从原料辅料、添加剂、理化指标、安全指标、感官评定等几个方面进行了标准的制定，参考的相关标准如表8-9所示。

表 8-9　虾酱的水产标准相关标准引用文件

编号	名称
GB/T 191—2008	包装储运图示标志
GB 2733—2015	鲜、冻动物性水产品
GB 2760—2016	食品添加剂使用标准
GB 5009.3—2016	食品中水分的测定
GB 5009.4—2016	食品中灰分的测定
GB 5009.5—2016	食品中蛋白质的测定
GB/T 5009.39—2003	酱油卫生标准的分析方法
GB/T 5461—2016	食用盐
GB 5749—2006	生活饮用水卫生标准
GB 7718—2011	预包装食品标签通则
GB 10133—2014	水产调味品
GB 28050—2011	预包装食品营养标签通则
GB/T 30891—2014	水产品抽样规范
JJF 1070—2005	定量包装商品净含量计量检验规则
SC/T 3011—2001	水产品中盐分的测定

原料和辅料方面，标准对原料虾的品质进行了相关要求，水产品杂物所占质量不超过 10%；食用盐作为重要的原料，标准也做了相关的规定；感官评定方面，对于颜色、气味都有详细的规定；污染物、微生物限量均参考了食品安全国家标准水产调味品(GB 10133—2014)。

国内有关虾酱的标准中，除了水产标准有相关规定外，我国行业标准也进行了相关标准的制定——《虾酱》(SB/T 10525—2009)，参考的相关标准见表 8-10。比较上述两项标准，发现制定的相关内容大体相同，不同的是行业标准对几种重金属的含量进行了重点引用，也侧面说明了水产调味品行业重金属残留问题相对严重。

表 8-10　虾酱的行业标准相关标准引用文件

编号	名称
GB 2760—2016	食品添加剂使用标准
GB 2762—2017	食品中污染物限量
GB/T 4789.22—2003	食品卫生微生物学检验 调味品检验
GB 5009.3—2016	食品中水分的检测

续表

编号	名称
GB 5009.11—2014	食品中总砷及无机砷的测定
GB 5009.12—2017	食品中铅的测定
GB 5009.17—2014	食品中总汞及有机汞的测定
GB/T 5009.39—2003	酱油卫生标准的分析方法
GB/T 5009.44—2003	肉与肉制品卫生标准的分析方法
GB/T 5461—2016	食用盐
GB 5749—2006	生活饮用水卫生标准
GB/T 6682—2008	分析实验室用水规格和试验方法
GB 7718—2011	预包装食品标签通则
GB 10133—2014	水产调味品
JJF 1070—2005	定量包装商品净含量计量检验规则

四、我国质量标准发展趋势

我国现行的水产品及发酵调味品的质量安全管理采取的是齐抓共管模式。首先要在标准和制度的制定与修订上，提高科学性与可执行力。水产调味品行业的进步、探究的深入将推动合理标准的产生。同时，关注行业的发展，紧跟技术的潮流，让我国的质量标准达到世界先进水平，也是下一步水产调味品质量标准修订过程中的重要目标之一，对于水产调味品这种市场份额较小的产品，进一步的制度标准细节化是发展的必然趋势。为了提高产品质量，确保各类水产调味品的安全，国家加大了相关行业标准修订力度，同时也在致力于推进各类体系认证工作的进行，确保每一类别的认证工作都能落实到具体部门，有所管，有所控，才能发挥先进质量标准的作用。另外，还需要进一步完善相关部门的职能，调味品的生产也属于一条产业链，不是单个产业可以独自完成，因此为了确保产品的优质安全，不仅对水产原料和最终产品进行测定，还需要将标准的运行延伸到生产、加工和流通等中间过程中去，对每个环节进行质量把关，让水产调味品的安全得到更多的保障。

完善质量标准体系，是有效应对水产发酵调味品安全问题的措施之一。发达国家在质量标准建立方面要早于我国，其标准的要求也相对严格，因此要缩小与发达国家在标准体系上的差距，我国还需要做更多的专业研究。

参 考 文 献

蔡春平, 林岗, 刘正才, 等. 2007. 结晶紫在鳗鲡组织中的代谢和消除规律研究. 中国兽药杂志, 41(4): 15-18.

陈健, 江玲丽, 吕永辉, 等. 2013. 水产品中单增李斯特菌的分子流行病学特征与致病力研究. 中国食品学报, 13(9): 182-189.

陈莎莎, 陈中祥, 杨桂玲, 等. 2011. 水产调味品中挥发性盐基氮的测定. 中国调味品, 36(9): 91-93.

程家丽, 张贤辉, 卓勤, 等. 2016. 我国海洋食用贝类重金属污染特征及其健康风险. 中国食品卫生杂志, 28(2): 175-181.

顾捷, 刘琴, 姜利豪, 等. 2013. 水产品中挥发性盐基氮的变化趋势研究. 广州化工, 41(22): 133-134.

郝征红, 张炳文, 邓立刚, 等. 2006. 高效液相色谱法测定水产品中呋喃唑酮残留量的分析研究. 现代食品科技, 22(1): 119-120.

侯传伟. 2008. 我国传统发酵食品与高新技术改造. 农产品加工: 学刊, (7): 248-250.

黄持都, 鲁绯. 2009. 我国调味品标准现状及建议. 中国酿造, 28(11): 177-180.

黄志勇, 李森, 孙茂营, 等. 2005. 养殖水产品中氯霉素残留量的高效液相色谱测定方法. 食品科学, 26(5): 191-194.

黄卓, 王依群, 唐黎明, 等. 2016. 水产品中麻痹性贝类毒素的评价及相关研究. 食品安全质量检测学报, 7(7): 2630-2633.

霍奕璇. 2015. 海鲜调味品的研究进展. 中国调味品, (9): 121-124.

江敏, 许慧. 2014. 节球藻毒素研究进展. 生态学报, 34(16): 4473-4479.

孔青, 林洪, 管斌, 等. 2013. 水产品中的黄曲霉毒素: 一个潜在的食品安全问题. 食品科学, 34(15): 324-328.

李晶. 2012. 水产品下脚料高值化利用技术研究现状. 安徽农业科学, 40(22): 11435-11437.

李来好, 杨贤庆, 郝淑贤, 等. 2006. 罗非鱼、南美白对虾对重金属富集的研究. 热带海洋学报, 25(4): 61-65.

李琳, 沈志华, 李伟明, 等. 2014. 低值鱼的深度酶解及海鲜复合调味料的生产. 中国调味品, (2): 67-71.

李莹, 白凤翎, 励建荣, 等. 2013. 传统海产调味品中微生物及其发酵作用研究进展. 食品与发酵工业, 39(10): 187-191.

林子俺, 庞纪磊, 黄慧, 等. 2010. 水产品中己烷雌酚、己烯雌酚与双烯雌酚残留的毛细管电泳测定. 分析测试学报, 29(1): 55-58.

刘名扬, 肖珊珊, 于兵, 等. 2015. 水产品中孔雀石绿和结晶紫残留检测技术的研究进展. 食品安全质量检测学报, (1): 35-40.

刘萍, 李雪, 周伟杰, 等. 2012. 微囊藻毒素在水产品中的积累规律研究. 中国食品卫生杂志, 24(2): 189-192.

龙昱, 罗永巨, 肖俊, 等. 2016. 重金属胁迫对鱼类影响的研究进展. 南方农业学报, 47(9): 1608-1614.

鲁战会, 彭荷花, 李里特, 等. 2006. 传统发酵食品的安全性研究进展. 食品科技, 31(6): 1-6.
陆开形, 唐建军, 蒋德安, 等. 2006. 藻类富集重金属的特点及其应用展望. 应用生态学报, 17(1): 118-122.
罗辉泰, 黄晓兰, 吴惠勤, 等. 2011. QuEChERS/液相色谱-串联质谱法同时测定鱼肉中30种激素类及氯霉素类药物残留. 分析测试学报, 30(12): 1329-1337.
吕欣然, 白凤翎, 励建荣, 等. 2014. 乳酸菌生物保鲜在水产品中的应用研究进展. 食品工业科技, 35(2): 340-345.
吕欣然, 李莹, 马欢欢, 等. 2016. 辽西传统发酵食品中抗单增李斯特菌乳酸菌的筛选与鉴定. 食品工业科技, 37(3): 143-148.
马艳, 陈迪. 2015. 养殖水产品生加工沙门氏菌污染的风险管理. 渔业研究, 37(2): 153-156.
缪璐欢, 杜静芳, 白凤翎, 等. 2016. 代谢组学在发酵食品有毒代谢产物分析中的研究进展. 食品工业科技, 37(5): 388-393.
曲映红, 曹芳兰, 陈舜胜, 等. 2009. 鱼类挥发性盐基氮的测定. 食品工业, (3): 73-74.
孙宝国, 王静, 孙金沅, 等. 2013. 中国食品安全问题与思考. 中国食品学报, 13(5): 1-5.
孙国勇, 左映平. 2013. 虾酱发酵技术及研究进展. 中国调味品, 38(1): 60-62.
孙娟. 2011. 西加毒素的危害及其检测技术. 生物学杂志, 28(4): 74-77.
陶昕晨, 黄和. 2012. 水产品中氯霉素类药物残留检测技术的研究进展. 中国畜牧兽医, 39(7): 94-98.
滕葳, 柳琪, 李倩, 等. 2010. 重金属污染对农产品的危害与风险评估. 北京: 化学工业出版社.
王涛, 车振明. 2009. 浅谈发酵调味品中黄曲霉毒素的污染. 中国调味品, 34(6): 34-36.
王伟, 刘国庆. 2011. 水产品中重金属镉污染安全评估. 现代农业科技, (11): 326-327.
王晓杰, 于仁成, 周名江, 等. 2009. 河豚毒素生等态作用研究进展. 生态学报, 29(9): 5007-5014.
王晓丽, 孙耀, 张少娜, 等. 2004. 牡蛎对重金属生物富集动力学特性研究. 生态学报, 24(5): 1086-1090.
王竹天. 2013. 食品卫生检验方法(理化部分). 北京: 中国质检出版社.
吴燕燕, 陈玉峰. 2014. 腌制水产品中生物胺的形成及控制技术研究进展. 食品工业科技, 35(14): 396-400.
吴益春, 赵元凤, 吕景才, 等. 2006. 水生生物对重金属吸收和积累研究进展. 生物技术通报, (s1): 133-137.
肖洪, 丁晓雯, 梁菡峪, 等. 2012. 发酵食品中的生物胺及其控制研究进展. 食品工业科技, 33(20): 346-350.
谢雯雯, 熊善柏. 2013. 水产品中甲醛的残留及控制. 农产品加工: 学刊, (1): 20-23, 26.
辛少平, 岑剑伟, 李来好, 等. 2015. 新型柱前衍生-高效液相荧光检测法检测水产品中河豚毒素. 中国水产科学, (1): 139-148.
许建军, 周凤娟. 2006. 我国调味品安全标准存在的主要问题分析. 中国调味品, (11): 4-8.
杨春林, 李佳峻, 胡强, 等. 2013. 超高效液相色谱-串联质谱法测定发酵调味品中黄曲霉毒素B1, B2, G1, G2方法的研究. 中国调味品, 38(2): 79-83.
杨晋, 陶宁萍, 王锡昌, 等. 2006. 水产调味料的研究现状和发展趋势. 食品科技, 31(11): 51-54.

杨妙峰, 郑盛华, 郑惠东, 等. 2010. 近岸海域环境中鱼体对重金属污染物的响应浅析. 渔业研究, (4): 50-55.

姚清华, 颜孙安, 林虬, 等. 2014. 水产品重金属富集规律与风险评估. 福建农业学报, 29(5): 498-504.

于瑞莲, 林承奇, 林喜燕, 等. 2016. 3 种典型有机氯农药对锦鲤幼鱼的雌激素效应及其体内富集. 生态毒理学报, 11(2): 374-379.

翟毓秀, 郭莹莹, 耿霞, 等. 2007a. 孔雀石绿的代谢机理及生物毒性研究进展. 中国海洋大学学报(自然科学版), 37(1): 27-32.

翟毓秀, 张翠, 宁劲松, 等. 2007b. 水产品中的孔雀石绿残留及其研究概况. 渔业科学进展, 28(1): 101-108.

张宝欣. 2002. 几种常见消毒剂在水产品加工中的应用. 齐鲁渔业, (3): 42-43.

张宾. 2016. 水产品生产安全控制技术. 北京: 海洋出版社.

张传永, 刘庆, 陈燕妮, 等. 2008. 重金属对水生生物毒性作用研究进展. 生命科学仪器, 6(11): 3-7.

张萌, 朱春潮, 汪雁, 等. 2016. 克氏原螯虾重金属富集的研究进展. 南昌大学学报(医学版), 56(2): 80-87.

张文德. 2007. 海产品中砷的形态分析现状. 中国食品卫生杂志, 19(4): 345-350.

张永亮, 张浩江, 谢水波, 等. 2009. 藻类吸附重金属的研究进展. 铀矿冶, 28(1): 31-37.

张泽洲, 邢新丽, 顾延生, 等. 2015. 舟山青浜岛水体及海产品中有机氯农药的分布和富集特征. 环境科学, (1): 266-273.

章强, 辛琦, 朱静敏, 等. 2014. 中国主要水域抗生素污染现状及其生态环境效应研究进展. 环境化学, 33(7): 1075-1083.

赵翀, 高智军. 2013. 水产品消毒剂的应用现状和发展趋势. 饲料广角, (23): 20-21.

赵中辉, 林洪, 王林, 等. 2012. 常见水产品中生物胺的调查及分析. 水产科学, 31(6): 363-366.

周嘉明, 姚建华, 赵华锋, 等. 2015. 液相色谱-串联质谱检测鱼类及海鲜类调味品中的雪卡毒素. 中国调味品, (11): 105-110.

周景文, 堵国成, 陈坚, 等. 2011. 发酵食品有害氨(胺)类代谢物: 形成机制和消除策略. 中国食品学报, 11(9): 8-25.

周文彬, 邱保胜. 2004. 藻类对重金属的耐性与解毒机理. 湖泊科学, 16(3): 265-272.

Amaike S, Keller N P. 2011. *Aspergillus flavus*. Annual Review of Phytopathology, 49: 107-133.

Brooks B W, Chambliss C K, Stanley J K, et al. 2005. Determination of select antidepressants in fish from an effluent-dominated stream. Environmental Toxicology and Chemistry, 24(2): 464-469.

Burr G, Iii D G, Ricke S, et al. 2005. Microbial ecology of the gastrointestinal tract of fish and the potential application of prebiotics and probiotics in finfish aquaculture. Journal of the World Aquaculture Society, 36(4): 425-436.

Christiansen J K, Hughes J E, Welker D L, et al. 2008. Phenotypic and genotypic analysis of amino acid auxotrophy in *Lactobacillus helveticus* CNRZ 32. Applied and Environmental Microbiology, 74(2): 416-423.

Cinquina A L, Calì A, Longo F, et al. 2004. Determination of biogenic amines in fish tissues by ion-exchange chromatography with conductivity detection. Journal of Chromatography A, 1032(1-2): 73-77.

Dahabieh M S, Husnik J I, Van Vuuren H J, et al. 2010. Functional enhancement of Sake yeast strains to minimize the production of ethyl carbamate in Sake wine. Journal of Applied Microbiology, 109(3): 963-973.

Dougherty C P, Henricks H S, Reinert J C, et al. 2000. Dietary exposures to food contaminants across the United States. Environmental Research, 84(2): 170-185.

Gardeatorresdey J L, Beckerhapak M K, Hosea J M, et al. 1990. Effect of chemical modification of algal carboxyl groups on metal ion binding. Environmental Science & Technology, 24(9): 1372-1378.

Hirsch R, Ternes T, Haberer K, et al. 1999. Occurrence of antibiotics in the aquatic environment. Science of the Total Environment, 225(1-2): 109-118.

Huber I, Spanggaard B, Appel K F, et al. 2004. Phylogenetic analysis and in situ identification of the intestinal microbial community of rainbow trout (*Oncorhynchus mykiss*, Walbaum). Journal of Applied Microbiology, 96(1): 117-132.

Joséluis R B, Belén C G, Antonio M B, et al. 2010. Coculture with specific bacteria enhances survival of *Lactobacillus plantarum* NC8, an autoinducer-regulated bacteriocin producer, in olive fermentations. Food Microbiology, 27(3): 413-417.

Kim S D, Cho J, Kim I S, et al. 2007. Occurrence and removal of pharmaceuticals and endocrine disruptors in South Korean surface, drinking, and waste waters. Water Research, 41(5): 1013-1021.

Kung H F, Lee Y C, Huang Y R, et al. 2010. Biogenic amines content, histamine-forming bacteria, and adulteration of pork and poultry in tuna dumpling products. Food Control, 21(7): 977-982.

Liu D. 2008. Hangbook of Listeria Monocytogenes. US : CRC Press: 27-60.

Lützhøft H H, Halling-Sørensen B, Jørgensen S E, et al. 1999. Algal toxicity of antibacterial agents applied in Danish fish farming. Archives of Environmental Contamination and Toxicology, 36(1): 1-6.

Martin M H, Coughtrey P J. 1982. Biological Monitoring of Heavy Metal Pollution. Dordrecht: Springer.

Moczydlowski E G. 2013. The molecular mystique of tetrodotoxin. Toxicon Official Journal of the International Society on Toxinology, 63(1): 165-183.

Sheng P X, Ting Y P, Chen J P, et al. 2004. Sorption of lead, copper, cadmium, zinc, and nickel by marine algal biomass: characterization of biosorptive capacity and investigation of mechanisms. Journal of Colloid and Interface Science, 275(1): 131-141.

Silla Santos M H. 1996. Biogenic amines: their importance in foods. International Journal of Food Microbiology, 29(2-3): 213-231.

Wang Y, Wang T, Li A, et al. 2008. Selection of bioindicators of polybrominated diphenyl ethers, polychlorinated biphenyls, and organochlorine pesticides in mollusks in the Chinese Bohai sea. Environmental Science & Technology, 42(19): 7159-7165.

Xue H B, Stumm W, Sigg L, et al. 1988. The binding of heavy metals to algal surfaces. Water Research, 22(7): 917-926.

第九章　水产发酵调味品分析检测及评价技术

第一节　引　　言

近年来，随着我国食品安全事件的频繁发生，食品安全早已经成为社会和公众关注的重要问题。食品中的某些成分是我们重点关注的，它们可能是天然存在于食品原料中，也可能是污染而引入的，或者是由于微生物繁殖而污染产生的，或者是在加工处理过程中由于一些成分发生化学反应而生成的，而这些成分之所以被人类关注，是因为它们对人类的健康、安全存在潜在的危害。

什么是食品安全性，目前还没有一个统一的定义，其含义在不同的国家或机构间是不同的。美国食品与药品监督管理局的食品安全与应用营养中心解释的含义："食品安全性是一个保证疾病或危害不会因为摄入食品而产生的连续体系，在从农场到餐桌这个连续体系中，农场(生产)、加工、运输、零售、餐桌(家庭)等所涉及的每一个人在保持全民族食品供应安全中发挥相应的作用"。FAO/WHO的定义："对食品按照其原定用途进行制作和(或)食用时，提供不会使消费者受到危害的保证"。

随着社会的发展和科技的进步，人类的生活水平得到不断的提高。当前，食品安全已经成为农业、食品工业急需解决的重要社会与经济问题之一。我国在高等教育中设立"食品质量与安全"专业，就是社会对解决相关问题而积极开展的应对措施。如何提高食品安全标准，减少食品中有害生物、化学污染物，降低食源性疾病的危害性和发生率，提高对食品中有害物质、有害生物的监测技术是各国科学家在新形势下的重要研究课题。

当今食品检测较过去，在内容、深度及广度方面都有了很大的进步，除了检查食品是否含有毒素之外，更增加了对食品的营养物质、化学成分，以及微生物的种类、性质和数量进行一定的检查和测定及评定。而水产发酵调味品越来越受到人们的青睐，成为人们饮食中重要的组成部分，因此对其安全性及营养成分检测也变得尤为重要。

除安全性和营养成分检测是人们关注的焦点以外，水产发酵调味品因其特殊的风味而受到人们喜爱，所以对营养价值及风味物质的检测就成了评价其优劣的重要指标。食品风味是指摄入口内的食物刺激人体的感觉器官，包括味觉、嗅觉、痛觉及触觉等在大脑中留下的综合影响。风味是影响食品品质的一个非常重要的因素，一般包括滋味(非挥发性风味)和气味(挥发性风味)两个方面。在食品生产中，风味与食品的营养价值、质地等均受到生产者、消费者的极大重视。

第二节　理化检测

食品的理化检验是指运用现代的检测分析手段，监测和检验食品中与营养及卫生指标有关的化学物质，指出这些物质的种类和含量，是否合乎卫生标准和质量要求，从而决定有无食用价值及应用价值。检测范围包括动物性食品、植物性食品、饮料、调味品、食品添加剂和保健食品等，研究其营养卫生及质量问题。

水产调味品理化检验的任务主要包括：①对加工过程的物料及产品品质进行控制和管理；②对储藏和销售过程中食品的安全性进行全程质量控制；③为新资源和新产品的开发、新工艺的探索提供科学依据。主要内容包括：感官检验、营养成分检测、添加剂的检测和有毒有害物质的检测。

一、食品感官检验

食品感官检验是人的感觉器官对食品的各种质量特征的“感觉”，如味觉、嗅觉、听觉、视觉等；用语言、文字、符号或数据进行记录，再运用统计学的方法进行统计分析，从而得出结论，对食品的色、香、味、形、质地、口感等各项指标做出评价的方法。在进行其他食品理化检测之前，必须首先进行感官检验。如果食品感官检验不合格，或已明显腐败变质，或在外观上不被人们接受，没有必要再进行其他理化检测。因此，感官检验合格与否，是进行食品理化检测的先决条件。

感官检验的速度通常比任何机械仪器所分析的数据都要快，另外所需要投入的成本也较低。检验人员只要利用自己的感觉器官直接做出判断即可。仪器检测与感官检验相比则更为复杂，仪器检测是通过相应的科学技术对食品质量进行分析。

运用感官检验食物时会受到多种因素的影响。首先是食品自身的颜色、气味、形状等会对检验人员的心理产生影响，对感官检验的准确性造成干扰。其次，检验人员自身也是非常重要的影响因素。食品检验人员的动机和态度对食品感官检验的准确性产生直接影响。当食品检验人员态度认真、工作仔细时能够得到较为准确的检验结果；当检验人员对工作较为敷衍，没有进行认真检验时就会影响检验结果的准确性。再次，食品感官检验的形式也会对检验产生干扰，不同的检验形式会产生不同的心理，最终的检验结果也会有所差别。最后，检验室的环境对检验结果也会产生影响。检验室环境适合感官检验时，检验结果的准确性会有保障；当检验室环境较差会对检验者的生理和心理等各方面产生不利影响，最终使其对食品质量的判断产生偏差。感官检验包括简单描述检验、感官剖面检验等，要求对评价产品的所有感官特性，如外观、芳香特征、口中的风味特征、组织特性等进行定量定性分析和描述，常用于新产品的研制和开发，检测产品在储存期的变化等方面。食品感官检验的四种基本方法如下。

1. 视觉检验法

这是判断食品质量的一个重要感官手段。食品的外观、形态和色泽对于评价食品的新鲜程度、食品是否有不良改变以及蔬菜、水果的成熟度等有着重要意义。视觉检验应在白昼的散射光线下进行，以避免灯光阴暗发生错觉。检验时应注意整体外观、大小、形态、块形的完整程度、清洁程度、表面有无光泽、颜色的深浅、色调等。在检验液态食品时，要将它注入无色的玻璃器皿中，透过光线来观察；也可将瓶子颠倒过来，观察其中有无夹杂物下沉或絮状物悬浮。

2. 嗅觉检验法

食品的气味是由一些具有挥发性的物质产生的，嗅觉检验在15～25℃的常温下进行，因为食品中的挥发性物质时常需要在加热条件下才能挥发出来。在检验食品的异味时，液态食品可滴在清洁的手掌上摩擦，以增加气味的挥发。检验畜肉等大块食品时，可将一把尖刀稍微加热刺入深部，拔出后立即嗅闻气味。

3. 味觉检验法

感官检验中的味觉对于辨别食品品质的优劣是非常重要的一环。味觉器官不但能品尝到食品的滋味，而且对于食品中极轻微的变化也能敏感地察觉。例如，做好的米饭存放到尚未变馊时，其味道即有相应的改变。味觉器官的敏感性与食品的温度有关，在进行食品滋味检验时，最好使食品处在20～45℃之间，以免温度的变化会增强或减低对味觉器官的刺激。几种不同味道的食品在进行感官评价时，应当按照刺激性由弱到强的顺序，最后检验味道强烈的食品。在进行大量样品检验时，中间必须休息，每检验1种食品之后必须用温水漱口。

4. 触觉检验法

凭借触觉来鉴别食品的膨、松、软、硬、弹性(稠度)，以评价食品品质的优劣，也是常用的感官检验方法之一。例如，根据鱼体肌肉的硬度和弹性，常常可以判断鱼的新鲜程度；评价动物油脂的品质时，常需检验其稠度等。在感官测定食品的硬度(稠度)时要求温度应在15～20℃之间，因为温度对硬度会有一定的影响。

感官检验是新型水产发酵调味品开发中评价产品优劣的重要部分，一般采用简单描述的方法对开发产品进行评价打分。于江红在紫贻贝高鲜调味料的制备技术研究过程中采用简单描述法及排序法对不同条件制备的调味料进行感官检验，两种方法所得结果一致，从而确定了最佳的酶解前处理方法。连鑫在确定快速发酵虾酱发酵剂最佳接种比例时采用描述性定量分析法。感官评价标准如表 9-1 所示，规定评分从 0 到 9，“0”代表完全没有所指的味道，“9”代表所指味道非常强烈，以此为指标进行单因素试验后，采用响应面法考察发酵温度、发酵时间、发酵菌株接种量对感官评价的影响，建立了数学模型，确定了虾酱快速发酵最佳工艺条件。

表 9-1　虾酱风味感官评价标准

项目	香气描述	项目	滋味描述
虾味	对虾特征的鲜甜气味	鲜味	以肉、水产品的肉汤所带的鲜味为主
腥味	水产品具有的腥气味	咸味	10%食盐溶于水的口感为适当标准
发酵味	虾酱的特征香味	甜味	新鲜对虾煮熟后产生的滋味标准
氨气味	水产品腐败后产生的刺激氨气味	苦涩味	虾头、虾壳产生的苦涩味

二、营养成分检测

水产发酵调味品的营养价值和呈味的含氮营养物质密不可分。水产发酵调味品都含有游离氨基酸，氨基酸各自具有特定的味道，它们是最重要的呈味成分。调味料呈现怎样的味道，由各种氨基酸的阈值、含量或者与其他成分相互作用来决定。与原料有关的主要氨基酸有以下几种：谷氨酸、甘氨酸、丙氨酸、组氨酸、精氨酸、甲硫氨酸、缬氨酸、脯氨酸。其中一些是人体必需氨基酸，这些氨基酸对人体有重要的营养价值。肽类也是水产调味料中的呈味成分之一，人类摄食的蛋白质经消化酶作用后，更多的是以低肽(如二肽、三肽)形式被吸收。某些低肽不仅能提供人体生长、发育所需的营养物质，还具有防病治病、调节人体生理机能的功效。

水产发酵调味品营养成分的测定一般包括水分及水分活度的检测、蛋白质及氨基酸的检测、脂肪的检测、碳水化合物的检测、矿物质的检测和维生素的检测等。

1. 水分及水分活度的检测

食品中的水分一般是指 100℃左右直接干燥的情况下，所失去物质的总量。水分是影响食品质量的重要因素，控制水分是保障食品不变质的手段之一，水分含量的测定贯穿于产品开发、生产、市场监督等过程，是食品分析的重要项目之一。而单纯的水分含量并不是表示食品稳定性的可靠指标，这是由水与食品中的其他成分结合的方式不同而造成的，为了更好地定量说明食品中水的存在状态，更好地阐明水分含量与食品保藏性能的关系，引入水分活度这个概念，水分活度根据平衡热力学定律定义为：溶液中水的逸度与纯水逸度之比值。

水产发酵调味品中水分含量及水分活度与其品质及保藏时间有着密切的关系，因此在检测评价其品质时，水分含量及水分活度是一个重要的检测指标。

水分含量的测定方法主要分为直接法和间接法。直接法是利用水分本身的物理性质和化学性质测定水分的方法，包括干燥法(常压、减压)、蒸馏法以及卡尔费休法，其特点是准确度高、重复性好、应用范围广，但是费时较长。间接法是利用食品的密度、折射率、电导、介电常数等物理性质测定的方法，特点是准确率较低，但快速省时，可自动连续测样。

水分活度在食品工业中的测定方法很多，如蒸汽压力法、电湿度计法、溶剂萃取法、近似计算法和水分活度测定仪法等。现在最常用的方法是水分活度测定仪法。其原理是在一定的温度下，主要利用仪器装置中的传感器，根据食品中水的蒸汽压力的变化，从仪器的表头上可读出指针所示的水分活度。特点是样品测定前需使用氯化钡饱和溶液对仪器进行校正。

2. 蛋白质及氨基酸的检测

蛋白质是生命的基础物质，人体 11%～13%总热量来自于蛋白质。动植物都含有蛋白质，只是含量及类型不同。蛋白质是食品的最重要质量指标，其含量与分解产物直接影响食品的色香味。水产发酵调味品多以蛋白质含量高的鱼虾蟹贝等作为原材料，测定其蛋白质的含量，对于评价食品的营养价值、合理开发利用资源具有重要的意义。水产发酵调味品原料中的蛋白质在微生物及其酶的作用下分解为氨基酸，从而影响产品的质量，氨基酸含量的测定也成为评价产品的一项指标。

食品和其他原材料中蛋白质含量的测定，主要是对总氮含量进行测定，然后乘以蛋白质换算系数。这里也包括非蛋白氮，所以只能称为粗蛋白含量。蛋白质的测定方法主要分为两大类：一类是利用蛋白质的共性，即含氮量、肽键和折射率等测定蛋白质的含量；另一类是利用蛋白质中的氨基酸残基、酸性和碱性基团以及芳香基团等测定蛋白质含量。具体的方法包括凯氏定氮法、水杨酸比色法、双缩脲比色法、福林酚试剂法以及紫外光吸收法等。其中最常用的是凯氏定氮法，此法的应用范围广，适应于各种食品中蛋白质的测定，灵敏度高，准确度好，最低检出量为 0.05mg 氮，相当于 0.3mg 蛋白质，不需要大型仪器，但是耗费时间长且对环境有污染，且由于样品中常含有核酸、生物碱、含氮类脂以及含氮色素等非蛋白质的含氮化合物，故本法测出的结果为粗蛋白质含量。

氨基酸总量的测定采用的方法有两种：一种是双指示剂甲醛滴定法，原理是氨基酸含有—COOH 显示酸性，又含有—NH_2 显示碱性，具有酸、碱两重性质。

由于这两种基团的相互作用，氨基酸成为中性的内盐。当加入甲醛溶液时，—NH_2与甲醛结合，其碱性消失，破坏内盐的存在，就可用碱来滴定—COOH，以间接方法测定氨基酸的含量，该法的缺点是适用于浅色至无色的检测液。另一种是电位滴定法，原理是根据酸度计指示 pH 值来控制滴定终点，适用于有色样液的检测。除了对总的氨基酸含量进行测定外，还会对单一氨基酸的测定，主要包括色氨酸含量、赖氨酸含量以及脯氨酸含量的测定。

全自动氨基酸分析仪作为一种自动化分析氨基酸组成的仪器应用领域越来越广泛，无论是对玉米、大豆、小麦等农作物的氨基酸含量进行检测，对果汁、饮料进行真伪的鉴别，还是对酱油级别的认定，全自动氨基酸分析仪都表现出良好的稳定性及灵敏性。其原理是利用样品各种氨基酸组分的结构不同、酸碱性、极性及分子大小不同，在阳离子交换柱上将它们分离，采用不同 pH 值离子浓度的缓冲液将各氨基酸组分依次洗脱下来，然后逐个与另一流路的茚三酮试剂混合，再共同流至螺旋反应管中，于一定温度下(通常为 115～120℃)进行显色反应，形成在 570nm 有最大吸收的蓝紫色产物。其中，羟脯氨酸与茚三酮反应生成黄色产物，其最大吸收在 440nm。水产发酵调味品中富含的各种氨基酸对产品的营养有着巨大的贡献，因此全自动氨基酸分析仪也会越来越多地应用于水产发酵调味品品质评价中。

3. 脂肪的检测

水产发酵调味品中脂肪含量的测定主要采用的方法包括：索氏提取法、碱性乙醚提取法等，不同的方法适应于脂肪含量及种类不同的食品基质。

索氏提取法是利用溶剂回流和虹吸原理，使固体物质每一次都能被纯的溶剂所萃取，所以萃取效率较高。萃取前应先将固体物质研磨细，以增加液体浸溶的面积。然后将固体物质放在滤纸套内，放置于萃取室中。当溶剂加热沸腾后，蒸汽通过导气管上升，被冷凝为液体滴入提取器中。当液面超过虹吸管最高处时，即发生虹吸现象，溶液回流入烧瓶，因此可萃取出溶于溶剂的部分物质。就这样利用溶剂回流和虹吸作用，使固体中的可溶物富集到烧瓶内。由于有机溶剂的抽提物中除脂肪外，还或多或少含有游离脂肪酸、甾醇、磷脂、蜡及色素等类物质，因而索氏提取法测定的结果只能是粗脂肪。此法适用于脂肪含量较高，结合态脂肪含量少或经水解处理过的样品，样品应能烘干、磨碎，不易吸湿结块，此法经典，对大多数样品的测定结果比较可靠，但是费时长，溶剂用量大，需要专门的索氏提取器。

碱性乙醚提取法是将样品先用碱液处理，使酪蛋白钙盐溶解，并降低其吸收能力，才能使脂肪球与乙醚混合。乙醇和石油醚存在时，使乙醇溶解物留存在溶液内，加入石油醚则可使乙醚不与水混溶，而只抽出脂肪和类脂化合物，石油醚的存在可分层清洗，将醚层分离并除去后，即可得出脂肪含量。

食品中脂肪的测定也常用酸性乙醚提取法，此法是将食品经过盐酸水解后，用乙醚提取脂肪，然后在沸水浴中回收和除去溶剂，称量而获得游离和结合的脂肪含量。该方法不适合含磷脂量高的食品，如鱼、贝、蛋品等，因为在盐酸加热时，磷脂几乎完全分解为脂肪酸和碱。同时此法也不适用于测定含糖量高的食品，因为糖类遇强酸易碳化而影响测定。故该法不适于水产发酵调味品中脂肪的测定。

4. 碳水化合物的检测

食品中碳水化合物的检测种类很多，包括总糖、蔗糖、还原糖、淀粉、粗纤维以及膳食纤维含量，而水产发酵调味品原料中含糖量一般不高，因此主要的测定指标一般是总糖含量以及还原糖含量。

总糖含量是食品生产中常规分析项目，它反映的是食品中可溶性单糖和低聚糖的总量，其含量的高低对产品的色、香、味、组织形态、营养价值、成本等有一定的影响。总糖测定的原理是糖与浓硫酸发生反应，脱水生成甲基呋喃甲醛(羟甲基糖醛)，再与蒽酮缩合成蓝绿色化合物，该化合物在 620nm 处有最大吸收峰，吸光度大小和溶液中糖的含量成正比，故可比色定量。

还原糖的测定是将样品去除蛋白质后，以亚甲基蓝作为指示剂，用样液直接滴定标定过的碱性硫酸铜溶液，达到终点时，稍微过量的还原糖将蓝色的亚甲基蓝指示剂还原为无色，而显出氧化亚铜的鲜红色，根据样品的消耗体积，计算还原糖的含量。本法的特点是试剂用量少，操作和计算简单快速，滴定终点明显，但不适合色度较深的样品。

5. 矿物质的检测

水产发酵调味品中矿物质检验不仅包括对有毒重金属的检测，同时也包括对各种有益微量矿质元素的检测。不同的元素检测对应着不同的方法，如汞的检测采用冷原子吸收光谱法、铬的检测采用二苯氨基脲比色法、铅的检测采用火焰原子吸收光度法，而现在电感耦合等离子体质谱法因对金属元素分析尤为擅长而越来越多地应用于食品矿质元素含量的监测分析中。

6. 维生素的检测

维生素是维持身体健康所必需的一类有机化合物。这类物质在体内既不是构成身体组织的原料，也不是能量的来源，而是一类调节物质，在物质代谢中起重要作用。这类物质由于体内不能合成或合成量不足，虽然需要量很少，但必须经常从食物中摄取。维生素是一个庞大的家族，现阶段所知的维生素就有几十种，大致可分为脂溶性和水溶性两大类。有些物质在化学结构上类似于某种维生素，经过简单的代谢反应即可转变成维生素，此类物质称为维生素原，如 β-胡萝卜素能转变为维生素 A，7-脱氢胆固醇可转变为维生素 D_3，但这类反应要经许多复杂代谢反应才能形成。

维生素种类繁多，因此其测定方法也因其种类的不同而有所不同，如维生素 A、维生素 D、维生素 K_1、维生素 E、维生素 B_6、β-胡萝卜素等含量的测定采用高效液相色谱法，而总胡萝卜素和维生素 B_{12} 含量的测定采用比色法，此外还有荧光法测定维生素 B_1、维生素 B_2 的含量，2,4-二硝基苯肼比色法测定维生素 C 的含量。

三、食品添加剂的检测

由于食品添加剂不是食物的天然成分，少量长期摄入也有可能对机体产生潜在危害。随着食品毒理学方法的发展，原来认为无害的食品添加剂近年来发现可能存在慢性毒性和致畸、致突变、致癌的危害。故各国对此给予高度的重视。

国内外常用的食品添加剂分析检测方法，大致可分为生物测定法和理化分析法两大类。生物测定法包括免疫分析法和生物传感器法，理化分析法包括化学分析法和仪器分析法。目前食品添加剂的检测方法多采用仪器分析法，有气相色谱法和液相色谱法等，表 9-2 列举了几种检测方法优缺点对比。

表 9-2　食品添加剂检测方法比较

检测方法	优点	缺点
气相色谱法	高选择性、高分离效能、高灵敏度、快速	应用范围受到限制，通用性不强
高效液相色谱法	可以对酸性、碱性、中性化合物，以及离子型化合物和难挥发化合物进行同时分析，分离效果好	溶剂消耗量大，检测器种类较气相色谱少，灵敏度不如气相色谱高，色谱柱制备较困难，价格贵，只能检测对紫外线有吸收和本身能发射荧光的物质
色谱-质谱联用法	具有高分离效能，准确鉴定未知化合物的结构特点	气相-质谱联用仪仪器昂贵，不能直接检测分析极性或热不稳定的物质；液相-质谱联用仪接口技术不成熟，仪器昂贵
薄层色谱法	简单、快速、直观、灵活	灵敏度不高，近年来使用较少
离子色谱法	快速、简单、灵敏、选择性好	分析成本高
毛细管区带电泳	高效，高分离效能，操作简单，灵活	尚缺乏灵敏度很高的检测器
免疫分析法	强特异性，高灵敏度，方便快捷，分析量大，分析成本低，安全可靠	一次只能测定一种化合物，很难同时分析多种成分，信息量少
酶生物传感器	乙酰胆碱酯酶传感器技术是目前应用最广泛的快速检测技术	检测物质种类受限，分析结果重现性差，使用寿命短，成本高

四、有毒有害物质的检测

食品受到有毒有害物质污染后，感官品质、性状、营养成分和安全性将会发生改变，必将会影响其质量，对食用者造成一定的危害。随着我国食品工业的不断发展，几十年来食品安全方面已取得了突出成绩，但是仍然存在不少的问题，目前较为严重的安全问题就是有毒有害物质污染。无论是直接食用还是经加工后食用的食品，成人食品或儿童食品，传统食品或特色食品，有毒有害物质污染中毒事件频频发生，且屡禁不止。

近年来，我国频发的食品安全有毒有害物质污染相关事件主要有:

(1)为节约成本，用霉变的饲料饲养牲畜，导致牲畜分泌的生乳含有黄曲霉毒素 M1，乳制品企业原材料把关意识不强，导致生产的乳制品中黄曲霉毒素 M1 超标。

(2)为使辣椒及辣椒制品颜色变得更鲜艳，违法添加苏丹红，为躲避执法部门的追查，辣椒、辣椒制品及调味料又被不法分子违法添加了新的改善颜色的工业染料——罗丹明 B、碱性橙 2。

(3)为延长保质期、改善外观和质地，腐竹中违法添加硼砂、甲醛、乌洛托品、碱性嫩黄 O 等。

(4)为增加“仿蛋白质”含量，乳及乳制品中违法添加三聚氰胺。

(5)为预防在运输过程中发生病变，水产品中违法添加孔雀石绿、结晶紫。

(6)为牟取暴利，违法使用“瘦肉精”饲养出“健美猪”，导致“瘦肉精”残留严重，肉制品生产企业原材料把关不严，导致生产的肉制品经人食用后出现“中毒”现象。

第三节　风 味 检 测

水产发酵调味品中风味成分包括挥发性物质和非挥发性物质两大类，其中挥发性物质决定食品的气味，是食品风味质量的最重要的决定因素；而非挥发性物质不仅决定了食品的滋味，同时绝大部分非挥发性物质也是挥发性物质的前体物质，对各种食品的特征性风味具有重要的作用。

从风味物质形态的角度，风味检测可分为滋味物质的检测(非挥发性物质检测)和气味物质检测(挥发性物质检测)；从仪器的角度，可分为常规仪器检测，即高效液相、紫外吸收、原子吸收、气质联用等，和仿生学仪器检测，即电子鼻、电子舌等。

一、非挥发性风味物质的检测

食品中的非挥发性物质(滋味成分)包括了游离氨基酸、核苷酸关联化合物、糖原、有机酸、有机碱、无机离子等物质。目前对非挥发性物质的检测研究已经较为成熟，采用化学法可以检测糖原、有机碱和部分阴离子，利用高效液相可以检测游离氨基酸、核苷酸关联化合物、有机酸等成分，采用原子吸收可以检测出对食品呈味有作用的阳离子。呈味化合物大致可分为含氮化合物和非含氮化合物两大类，如含氮化合物中的游离氨基酸和核苷酸等物质，非含氮化合物中的糖原、有机酸、有机碱、无机离子等物质都是构成水产发酵调味品滋味的主要组成部分。

(一)含氮化合物

1. 氨基酸

游离氨基酸是重要的呈味物质，大多贡献甜味或者苦味。甘氨酸、丙氨酸、苏氨酸、丝氨酸、羟脯氨酸、精氨酸、脯氨酸、半胱氨酸、赖氨酸和甲硫氨酸等氨基酸贡献于水产品甜的味道，谷氨酸和天冬氨酸的钠盐——谷氨酸单钠和天冬氨酸单钠均具有鲜味，但谷氨酸单钠的鲜味比天冬氨酸单钠强很多。组氨酸、赖氨酸、精氨酸、甲硫氨酸、亮氨酸、缬氨酸、异亮氨酸、酪氨酸、苯丙氨酸等具有苦味。这些氨基酸的共同作用使水产食品的风味更加饱满。

氨基酸的检测分析方法有很多。近 20 年来，随着键合反相色谱的应用及柱前衍生化技术的发展，氨基酸的分析多采用高效液相色谱法，它具有分辨率高、灵敏度高、快速且操作简单以及可一机多用的优点。柱前衍生反相高效液相色谱法是用衍生剂将氨基酸在柱前转化为适于反相色谱分离并能被灵敏检测的衍生物，衍生物通过色谱分离，用紫外或者荧光检测器检测。柱前衍生的关键在于衍生化试剂的选择。选择衍生化试剂的标准是能与各氨基酸定量反应，每种氨基酸只生成一种化合物且产物有一定的稳定性，不产生或易于排除干扰物。目前，常用的衍生化试剂包括邻苯二甲醛、丹酰氯、磺酰氯二甲胺偶氮苯、2,4-二硝基氟苯、异硫氰酸苯酯。此外自动氨基酸分析仪也越来越广泛地应用于游离氨基酸的分析中。

2. 核苷酸及其关联化合物

核苷酸是由嘌呤碱基、嘧啶碱基、烟酰胺等与糖磷酸酯组成的一类化合物。核苷酸及其关联化合物主要包括三磷酸腺苷(ATP)、二磷酸腺苷(ADP)、肌苷酸(IMP)、次黄嘌呤(Hx)、腺苷酸(AMP)、肌苷(HxR)、腺嘌呤核苷(AdR)、鸟苷酸(GMP)，其中 IMP、GMP 和 AMP 具有鲜味，而 Hx 呈苦味。IMP 在肉类动物中含量较高，而 GMP 在各种蘑菇等真菌类食品原料中含量较高。核苷酸和某些游离氨基酸组分共同存在时对风味起相互促进作用。当呈鲜味核苷酸与谷氨酸单钠、天冬氨酸单钠同时存在时，就可以产生协同效应，使鲜味更强烈。谷氨酸和

AMP之间的相互作用可以产生一些鱼肉的味道。核苷酸和甘氨酸、谷氨酸、丙氨酸、甲硫氨酸在海胆性腺中相互作用产生海胆的独特风味。

测定核酸含量的方法有很多种，如紫外吸收法、荧光光度法、高效液相色谱法、毛细管电泳法等。以测定碱基定量的紫外吸收法虽然快速、灵敏度也较高，但此法在测定粗制品时，蛋白质、核酸、色素等其他紫外吸收杂质对结果有干扰作用。且大分子核酸在变性、降解后有增色现象，特别是对大分子核酸的测定，此法精确度较差。高效液相色谱法和毛细管电泳法是新近发展起来的灵敏度较高的方法。高效液相色谱法准确性好，灵敏度高，最低可以测到10μg核酸的水平。

（二）不含氮化合物

1. 有机酸

有机酸在水产品中的呈味较难分辨，但发酵水产食品含有大量的酸类物质，如乳酸、琥珀酸和乙酸，以及磷酸和核苷酸等，酸味较明显。有机酸来源较广泛，不但水产品自身含有，也能通过其他途径产生，如糖类经过糖酵解途径产生乳酸。糖经过分解代谢可以产生酸和醇，是重要的风味前体物质。现常用的有机酸分析方法有气相色谱及其联用分析方法、高效液相色谱法、离子色谱法及其他方法等。

2. 有机碱

甜菜碱和氧化三甲胺是在水产品中发现的最普遍的有机碱类，它们都具有甜味。甜菜碱主要为甘氨酸甜菜碱，它在无脊椎鱼肉中具有甜味，且含量丰富。甜菜碱含量测定方法也随之迅速发展，最早见报道的是Pearec等用碘盐沉淀甜菜碱的碘量法，之后出现了比色法、非水滴定法、重量法、毛细管电泳法、薄层扫描法等一系列含量测定方法。一般处理样本量少的情况下，可选用高效液相色谱法、非水滴定法及微型电极法，灵敏度较高，测定结果较理想。氧化三甲胺的分解产物——三甲胺，与水产品变质有关，主要的检测方法包括分光光度法、离子色谱法、液相色谱法和毛细管电泳法等，现有的方法中，气质联用法和毛细管电泳法对于三甲胺的检测限低，分别在10^{-9}～10^{-8}mol/L之间，但由于毛细管电泳法的重复性差，不建议使用。采用气质联用-衍生化法可一次性将多个样品中的胺类物质衍生化，形成稳定的衍生物易于保存，而固相萃取技术不能同时进行多个样品的萃取保存。因此，可以采用气质联用-衍生化法，选择合适的衍生试剂和内标物，并根据胺类化合物的化学性质，调整色谱条件对生物样品中的三甲胺、二甲胺、氧化三甲胺进行定量分析。

3. 糖类

糖类本身具有非常舒适的甜味，大多数水产品都或多或少含有一些游离的葡萄糖和核糖，而果糖则仅存在于少数品种的水产品中。

4. 无机离子

水产品内部的无机离子在代谢的各方面发挥着重要的作用，如调节渗透压和酸碱平衡，而且还是维持生命活动的必需组成成分。无机离子对风味作用的研究非常少，但 Na^+、K^+、Cl^-、PO_4^{3-}等无机离子已被确定为贡献风味的重要因素。

二、挥发性风味物质的检测

水产品本身通常具有甜的、独特的、似植物的或带有淡淡的铁腥味，而经过发酵工艺制得的水产食品风味具有多变性。总的来说，水产品以及发酵水产食品的挥发性成分主要包括醛类、醇类、酮类、含氮化合物、含硫化合物、酸类和酯类等化合物。

醛类具有果香、干酪香、坚果香、清香和甜香，浓度对它的香气类型有重要影响，醛类具有极低的阈值，因此它具有一种很强的能与其他物质重叠的风味效应，甚至当它只有痕量时，也存在这种效应。长链的醛类，虽然沸点高，挥发性低，但它们可能是其他重要风味化合物的前体物质。短链的醛具有清香和似植物的气味，在各种水产品中都有大量报道，如沙丁鱼、对虾、小龙虾、海蟹和鱿鱼。乙醛、丁醛、3-甲硫基丙醛、戊醛、4-庚烯醛等是新鲜虾中存在的主要醛类。而2-甲基丙醛、3-甲基丁醛、2-甲基丁醛、3-甲硫基丙醛、苯甲醛等这些醛类对发酵潮汕鱼露的特征风味起重要作用。Katsuya 等分析检测泰国鱼露，认为 2-甲基丙醛、2-甲基丁醛这两种醛类对鱼露特征风味的形成有重要贡献。

醇类对食品风味的贡献通常是植物香、芳香、酸败和土气味。醇类由于其较高的阈值，对食品风味的贡献较小。醇类的分子结构对它的香气强度、特征和类型有一定的影响。一般而言，各种 C_5～C_9 的挥发性氮基化合物及醇贡献于甲壳纲鱼肉的是特征甜香及植物香风味。新鲜虾中存在的醇类主要有乙醇、苯乙醇、丁醇、3-甲基丁醇、1-戊烯-3-醇等。十二烷醇贡献似花香气味，1-辛烯-3-醇贡献蘑菇、泥土般的香味，是一种亚油酸的氢过氧化物的降解产物，是海明、小龙虾、对虾、大鳌虾和海蟹中主要的挥发性醇。

酮类对食品常常贡献甜的花香和果香风味。一定链长的甲基酮类（C_3～C_{17}）具有独特的清香和果香，并且随着碳链的延长贡献更强花香特征。烯酮类是脂质在加热期间通过脂质氧化生成的产物，具有似玫瑰叶香。2,3-丁二酮对海蟹的呈味有重要作用，它贡献奶油般的香味；3-羟基-2-丁酮具有很强的挥发性，是新鲜虾中存在的主要酮类；2,3-丁二酮和 2,3-戊二酮具有强烈的黄油香气，它们为小龙虾和欧洲鳃鱼贡献肉香和黄油香。

酸类是微生物发酵的主要代谢产物，具有酸味和醋味，它可能来源于糖类的分解，还可能来源于氨基酸的代谢。乙酸、丁酸、异丁酸和戊酸等在发酵香肠中均已被鉴定。酯类赋予食品甜的果香味，水产品中很少存在小分子脂肪酸酯。目前酯类在许多发酵水产品中检出。

含氮化合物主要包括吡嗪、吡啶、吡咯和吡唑。吡嗪类化合物通常具有坚果香、烘烤香。吡啶类化合物贡献一种令人不愉快的、刺激性气味，但在低浓度时有典型的、令人愉快的芳香特征。吡咯在低浓度时具有甜的、焦香的风味。

含硫化合物贡献一种典型的肉香。直链的和杂环的含硫化合物广泛存在于各种虾和蟹中。二甲基三硫具有类似青菜的气味；二甲基二硫贡献类似洋葱或白菜的香气，或坏鸡蛋的气味，这两种化合物赋予小龙虾一种腐败的熟白菜气味，给予对虾一种另类的洋葱气味。

1. 挥发性风味物质的提取方法

食品的挥发性成分种类繁多，结构复杂多变，该类物质的分离提取是一项复杂和艰巨的工作。目前传统提取技术有顶空法、动态顶空收集法（DHS）、吹扫捕集法（PT）、溶剂萃取法、蒸汽蒸馏法、超临界流体萃取法（SFE）和同时蒸馏萃取法（SDE）。其中，SDE 和 PT 应用较早，使用也很广泛，国内外已普遍用于各种肉制品芳香成分分析中；SDE 综合了蒸汽蒸馏和溶剂萃取两种方法的优点，具有操作成本低、方便快速、重复性好、适用范围广、香味物质回收率高等优点，尤其适合于低挥发性与水不溶性化合物的分离浓缩，此法能够在短时间内以少量溶剂获得高浓度的样品，因而在风味分析中得到广泛的应用，但此法缺陷在于挥发性较强的物质往往在浓缩过程中随溶剂一同挥发；DHS 有利于高挥发性物质的吸附，但其较高的解吸温度可能改变风味物的结构和组成。

与传统的提取技术相比，20 世纪 90 年代发展起来的固相微萃取法，几乎克服了传统方法所有的缺点，该方法无需有机溶剂，简单方便，测试快，集采样、萃取、浓缩、进样于一体，并能与气相色谱、液相色谱联用，是目前研究利用最为广泛的提取方法。

2. 挥发性风味物质的检测方法

1）气相色谱-嗅觉辨别法（GC-O）

根据结果表示的不同，GC-O 又包括三种类型，第一种是检测频率法，就是将挥发性提取物经气相色谱分离后，评味员在与气相色谱相连的嗅辨装置上评定各分离物的气味特征，以可感觉出该物质的评味员的人数作为其气味强度；第二种为时间-强度法，挑选经过用标准物进行嗅感强度培训的评味员在嗅辨装置上评定各分离物气味特征，其结果以嗅感强度表示；第三种为香气抽提物稀释法，即将挥发性提取物不断用相应溶剂稀释，经气相色谱分离后在嗅辨装置上评定，直至不能闻到气味为止，挥发物的嗅感强度以稀释因子表示，该类方法虽然实施较为简便，但需特殊嗅辨装置，国内对其的研究还处于起步阶段。

2）气相色谱-质谱联用法（GC-MS）

在 GC-MS 分析的基础上，用已经鉴定出的风味物的纯品单独稀释，以各评味员所能感觉的最低浓度的平均值作为该物质的阈值，结果以香味值（该物质在挥发性提取物中浓度/阈值）表示。GC-MS 综合了两种分析技术的优势，实现了多组分混合物的一次性定性、定量分析，因此在风味研究中表现出了得天独厚的优势。该方法是目前国内在风味成分的分析中应用最广泛的分离、鉴定技术。但是这种方法只能对各风味物风味特性进行单独评定，而无法分析各风味物之间的协同或拮抗效应。

目前，顶空固相微萃取（HS-SPME）和 GC-MS 联用技术已被广泛用于水产品及调味品中挥发性风味物质的检测。有研究利用 HS-SPME 和 GC-MS 联用技术分析鱼粉挥发性风味物质，分析了吡啶、吡嗪、芳香族碳氢化合物、含硫化合物和氨基酸等物质。有研究者利用 GC-MS 分析了冷冻虾夷扇贝和干燥虾夷扇贝的挥发性成分，分离鉴定出 157 种挥发性成分，包括酮、醇、醛、芳烃、杂环化合物、酚类化合物、含硫化合物、萜类、酯、烷烃、呋喃和酸等，且干燥扇贝较冷冻扇贝含有更多的挥发性成分和更高浓度。另有研究者用 GC 分析了鱼酱、豆酱、鱼露、酱油的挥发性风味物质，共检测出 123 种挥发性化合物，主要包括醛、醇、酯、酮、呋喃、硫和含氮的化合物、芳烃和脂肪酸等。其中，芳香化合物对香气的贡献很大；而鱼露产品的特点是氨、腥、坚果和干酪的气味；酱油产品以坚果和干酪的香气为主；利用酒曲发酵的鱼酱可有效地提高产品的甜香味，减少了坚果、肉和腐臭的气味。

3. 挥发性风味物质的定性定量测定

目前，挥发性风味成分定性的主要方法有以下 4 种：①与标准物的保留参数对照定性；②用参考文献提供的保留数据定性；③利用气质联机进行定性；④利用检测器的选择性定性。

色谱定量方法已非常成熟，但由于挥发性风味成分种类多、含量低、缺少标样，迄今为止，挥发性风味成分的定量多建立在峰面积或峰面积的比值上。挥发性风味成分的定量分析方法有面积归一法、内标法、外标法。面积归一法要求各成分能流出色谱柱，并且只有当色谱图上显示色谱峰时方可进行定量计算，因此在实际应用中受到限制。外标法也称标准曲线法，而这种方法受到分析条件的限制，对操作者的分析技术水平要求较高。目前最常用的是内标法，该方法将一定量的标准纯物质作为内标加到样品中，同时测定内标物和各成分的峰面积及相对响应值，计算出各组分在样品中的含量，该法可以消除实验操作中的误差，克服归一法的缺点，检测结果也较归一法准确。然而同一检测器对不同物质具有不同的响应值，两个等量的不同物质出峰面积往往不相等，由于缺少标样，到目前为止，各种成分对特定检测器的相应校正因子都没有报道，因此还不能以此计算绝对含量。

三、仿生学仪器检测

除上述检测方法外，仿生学仪器越来越多地应用于食品风味检测领域。仿生学仪器就是通过模仿人体感官机理研制出来的风味评定仪器，目前主要有电子舌和电子鼻。

1. 电子舌

电子舌是模仿人体味觉的机理研制出来的。电子舌中的味觉传感器阵列相当于生物系统的舌头，感受被测溶液中的不同成分，信号采集器就像是神经感觉系统采集被激发的信号传输到电脑中，电脑发挥生物系统中脑的作用，通过软件对数据进行处理分析，最后对不同物质进行区分辨识，得出不同物质的感官信息。根据不同的原理，电子舌(味觉传感器)的类型主要可分为膜电位分析的味觉传感器、伏安分析味觉传感器、光电方法的味觉传感器、多通道电极味觉传感器、生物味觉传感器、基于表面等离子共振原理制成的味觉传感器、凝胶高聚物与单壁纳米碳管复合体薄膜的化学味觉传感器及硅芯片味觉传感器等。

目前电子舌主要运用于茶叶品质评价、饮料的辨别、酒类识别、植物油识别等食品领域。Lvova 等用电位分析的电子舌对茶叶滋味进行分析评价，对立顿红茶、四种韩国产的绿茶和咖啡的研究表明，采用主成分分析法的电子舌技术可以很好地区分红茶、绿茶和咖啡，并且也能很好地区分不同品种的绿茶。滕炯华等研究的电子舌由多种性能彼此重叠的味觉传感器阵列和基于误差反向传播算法(又称 BP 网络)的神经网络模式识别工具组成，它能够识别出 4 种浓度为 100%的苹果汁、菠萝汁、橙汁和紫葡萄汁。研究表明，电子舌识别的电信号与味觉有关的化学物质成分具有相关性，可以实现在线检测或监测。相关研究利用味觉传感器和葡萄糖传感器对日本米酒的品质进行了检测，该味觉传感器阵列由 8 个类脂膜电极组成，利用主成分分析法进行模式识别和降维，最后显示出二维的信号图，分别代表了滴定酸度和糖度含量，电子舌的信号输出值与滴定酸度、糖度之间具有很大的相关性。

电子舌亦运用到了水产品的新鲜度评价中。韩剑众等用多频脉冲电子舌，对鲈鱼、鳙鱼、鲫鱼 3 种淡水鱼和马鲇鱼、小黄鱼、鲳鱼 3 种海水鱼进行了评价试验。淡水鱼宰杀后置于 4℃下冷藏，冰冻海水鱼在室温下解冻后再置于 4℃下冷藏，每天每种鱼取 5 份肉样进行电子舌检测，结果表明，鱼在不同时间点的品质特性可以用电子舌加以有效区分，据此可以较准确地表征鱼类新鲜度的变化。电子舌不仅可以有效区分淡水鱼和海水鱼，而且可以辨识不同品种淡水鱼或海水鱼之间的差异。水产发酵调味品产业规模和开发力度的增加，电子舌也会更多地应用于分析其滋味特点。

2. 电子鼻

电子鼻是模拟生物鼻的工作原理进行工作的，它一般由气敏传感器阵列、信号预处理单元和模式识别单元三大部分组成。气敏传感器阵列用来感应气体中的化学成分，可以用来测量物理量的变化，它是由多个单独的传感器组成，具有交叉灵敏度高、响应频带宽等特点，正确地选择传感器的种类和材料对于整个电子鼻系统的性能有着很大的影响；信号预处理单元对气敏传感器阵列的响应模式进行预加工，完成滤波、交换和特征提取，其中最重要的就是对信号的特征提取；模式识别单元相当于动物和人类的神经中枢，把提取的特征参数进行模式识别。电子鼻获得的不是被测物质气味组分的定性或定量结果，而是物质中挥发性成分的整体信息，即气味的“指纹数据”，它显示了物质的气味特征，从而实现对物质气味的客观检测、鉴别和分析，具有检测速度快、范围广、数据客观、可靠和可重复性等优点。

目前，国内外对电子鼻的研究非常广泛，主要应用是对酒类、肉类、茶叶等食品挥发气味的识别和分类，目的是对其进行质量分级和新鲜判别。电子鼻应用于各种酒类的检测，主要是在品牌的鉴定、异味检测、新产品研发、原料检验、蒸馏酒品质鉴定、制酒过程的管理和监控等方面。对纯水和稀释的酒精样品进行检测以增加对比性，采用 6 个导电高分子传感器阵列，数据采集采用 test point TM 软件，模式识别技术采用主成分分析法，在 matlab v4.2 上进行，同时对样品进行气相色谱分析，研究结果表明，该电子鼻系统可以完全区分 5 种测试样品，测试结果和气相色谱分析的结果一致。

肉品营养丰富，是微生物生长良好的培养基，因此易受微生物污染引起腐败变质，利用电子鼻可以快速、准确地评定肉品的新鲜度，从而保证肉品的品质。Boothe 等利用电子鼻研究了鸡肉在储藏过程中挥发性成分的变化，判断了不同的储藏时间和温度对鸡肉腐败变质的作用程度。另有研究者采用 GC-MS 和由 8 个金属氧化物传感器及偏最小乘分析模式识别法形成的电子鼻分析了 4 种不同饲养方式的猪肉在加工过程中的气味变化，研究结果表明，电子鼻不仅可以清晰地区分不同饲养方式的猪肉，也可以评价猪肉加工过程中香气的变化，从而对肉制品的品质做出评定。茶叶的香气含量低、组成复杂、易挥发、不稳定，在提取过程中易发生氧化、聚合、缩合等反应，因此对香气成分的提取比较困难，需要采取特殊的分离提取技术。而利用电子鼻技术对茶叶香气的分析，可以省去香气物质的提取过程，分析快速准确。

在水产食品领域，电子鼻可以用于识别鱼肉的鲜度。有学者采用金属氧化物传感器检测了冷冻储藏的黑线鳕和鳕鱼的鲜度，发现随着鱼体挥发性化合物浓度增加，传感器的响应呈线性变化，并且能够及时地检测到鱼的早期腐败。Schweizer-Berberich 用 8 个电流传感器检测了冷藏鳟鱼的气味变化，发现传感器的响应随储藏时间而变化，并且与气体成分中的胺类和硫化物之间存在很好的相关性。国内有研究利用电子鼻检测虾的新鲜度，柴春祥和凌云用电子鼻技术检测了虾在不同试验条件下挥发性成分的变化，考察了保存温度和时间对虾挥发性成分的影响，通过对 4℃保存 5d、−10℃保存 20d、−15℃保存 60d 的虾样品进行电子鼻检测，得出电子鼻输出信号随采集时间的延长而增加，对输出信号与采集时间的关系进行数据分析发现，电子鼻输出信号与采集时间呈线性关系，可以用其斜率表示各个样品的特征值，电子鼻输出信号的特征值随虾样品保存温度的升高而增加，也随保存时间的延长而增加。

参 考 文 献

柴春祥, 凌云. 2010. 电子鼻检测虾新鲜度的研究. 食品科技, 35(2): 246-249.

韩剑众, 黄丽娟, 顾振宇. 2008. 基于电子舌的鱼肉品质及新鲜度评价. 农业工程学报, 24(12): 141-144.

洪鹏志, 章超桦, 杨文鸽, 等. 2002. 翡翠贻贝肉酶解动物蛋白营养评价及其生理活性初探. 水产学报, 26(1): 85-89.

黎景丽, 文一彪. 2000. 对蚝油生产工艺的探讨及其营养成份与保健作用. 中国调味品, (3): 3-9.

连鑫. 2014. 传统虾酱中风味微生物的分离及快速发酵技术的研究. 广东海洋大学硕士学位论文.

柳淑芳, 杜永芳, 朱文慧, 等. 2005.食用鱼类甲醛本底含量研究初报. 渔业科学进展, 26(6): 77-82.

滕炯华, 王磊, 袁朝辉. 2004. 基于电子舌技术的果汁饮料识别. 测控技术, 23(11): 4-5.

汪敏, 赵哗. 2009. 电子鼻和电子舌在鱼肉鲜度评价中的应用研究. 肉类研究, 6: 63-65.

吴建平. 1998. 生物活性肽的研究进展. 食品与机械, (1): 6-8.

须山三千三, 鸿巢章二. 1992. 水产食品学. 吴光红等译. 上海: 上海科学技术出版社.

于江红. 2015. 紫贻贝高鲜调味料的制备技术研究. 中国海洋大学硕士学位论文.

周立红, 陈学豪, 徐长安, 等. 1997. 用微核技术研究孔雀石绿对鱼的诱变作用. 集美大学学报(自然科学版), (2): 55-57.

Boothe D D H, Arnold J W. 2002. Electronic nose analysis of volatile compounds from poultry meat samples, fresh and after refrigerated storage. Journal of the Scien of Food and Agricuture, 82: 315-322.

Chung H Y, Yung I K S, Ma W C J, et al. 2002. Analysis of volatile components in frozen and dried scallops (*Patinopecten yessoensis*) by gas chromatography/mass spectrometry. Food Research International, 35(1): 43-53.

Fuke S, Konosu S. 1991. Taste-active components in some foods: a review of Japanese research. Physiology & Behavior, (49): 863-868.

Giri A, Osako K, Okamoto A, et al. 2010. Olfactometric characterization of aroma active compounds in fermented fish paste in comparison with fish sauce, fermented soy paste and sauce products. Food Research International, 43(4): 1027-1040.

Fukami K, Ishiyama S, Yaquramarki H, et al. 2002. Identification of distinctive volatile compounds in fish sauce. Journal of Agricultural and Food Chemisery, 50: 5412-5416.

Iiyama S, Suzuki Y, Shu E, et al. 1996. Objective scaling of taste of sake using taste sensor and glucose sensor. Materials Science and Engineering C, 4(1): 45-49.

Lvova L, Legin A, Vlasov Y, et al. 2003. Multicomponent analysis of Korean green tea by means of disposable all-solid-state potentiometric electronic tongue microsystem. Sensorsand Actuators, 95: 391-399.

Maehashi K. 1999. Isolation of peptides from an enzymatic hydrolysate of food proteins and characterization of their taste properties. Bioscience, Biotechnology, Biochemistry, 63(3): 555-559.

Maga J A, Sizer C E. 1973. Pyrazines in foods. A review. Journal of Agricultural and Food Chemisery, 21(1): 22-30.

Mjos S A, Solvang M. 2006. Patterns in volatile components over heated fish powders. Food Research International, 39(2): 190-202.

Mottram D S. 1998. Flavour formation in meat and meat products: a review. Food Chemistry, 62(4): 415-424.

Nogushi M. 1975. Isolation and identification of acidic oligopeptides occurring in a flavor potentiating fraction from a fish protein hydrolysate. Journal of Agricultural and Food Chemisery, 23(1): 49-53.

Sanceda N G, Sanceda M F, Encanto V S, et al. 1994. Sensory evaluation of fish sauces. Food Quality and Preference, 5(3): 179-184.

Schweizer-Berberich P M. 1994. Characterisation of food freshness with sensor arrays. Sensors and Actuators B Chemical, 18(1-3): 282-290.

Sullivan Z M, Honeyman M S, Gibson L R, et al. 2007. Effects of triticale-based diets on finishing pig performance and pork quality in deep-bedded hoop barns. Meat Science, 76(3): 428-437.

附录　发酵食品质量标准

DB35/T 1089—2011 发酵鱼粉中寡肽含量的测定

DB65/T 2828—2008 发酵风味饮料 格瓦斯

DBS22/030—2014 食品安全地方标准 非发酵型半固体调味料

DBS35/003—2017 食品安全地方标准 红曲黄酒

DBS45/038—2017 食品安全地方标准 黄皮酱

DBS65/013—2017 食品安全地方标准 发酵驼乳

GB 26400—2011 食品安全国家标准 食品添加剂 二十二碳六烯酸油脂（发酵法）

GB 28310—2012 食品安全国家标准 食品添加剂 β-胡萝卜素（发酵法）

NY/T 1508—2017 绿色食品 果酒

NY/T 1885—2017 绿色食品 米酒

NY/T 900—2016 绿色食品 发酵调味品

QB/T 4710—2014 发酵酒中尿素的测定方法 高效液相色谱法

RHB 703—2012 发酵水牛乳

RHB 803—2012 发酵牦牛乳

RHB 902—2017 发酵驼乳

SC/T 3602—2016 虾酱

ZB X 66012—1987 高盐稀态发酵酱油质量标准

ZB X 66015—87 固态发酵食醋

索　引